青海大学教学团队建设项目
青海大学教材建设基金 资助

动物医学实验技术——基础兽医学

主　编　张勤文　俞红贤

副主编　荆海霞　李　莉　沈明华　宁　鹏　陈付菊

编　委（按姓氏笔画排序）

文　英　令小东　宁　鹏　祁有朝　李　英

李　莉　沈明华　张红见　张勤文　陈付菊

荆海霞　俞红贤　常　兰　常建军　康　明

U0386855

科学出版社

北　京

内 容 简 介

本书紧密围绕动物医学专业本科生培养目标，从加强学生实践操作技能的角度出发，对动物医学专业基础课学习中需要学生掌握的实验基本理论、操作要领和实验详情等进行了全面介绍。本书主要包括两部分：基本操作技术及规范和实验指导。基本操作技术及规范主要针对专业基础理论、专业实践环节中需要学生了解和掌握的基础实验、专业实验和综合性实验环节的实验方法、基本技能的操作技术规范，以期帮助学生掌握正确的实践操作技能，培养和提高学生的实验能力。实验指导主要为动物医学专业学生在本科学习阶段专业基础课的实验指导，其主要内容有家畜解剖学、组织胚胎学、动物生理学、兽医病理解剖学、兽医病理生理学、兽医药理学及综合性实验指导。学生通过此部分学习，应对动物医学专业的实验课程模块有深入的了解，并通过系统实验训练，更好地理解、掌握理论知识，为其他动物医学课程的学习打下坚实的基础。

本书编写充分考虑了多学科、多层次的教学要求，适合作为动物医学、动物科学、生物技术等相关专业的本科生教材，也可供研究生参考使用。

图书在版编目（CIP）数据

动物医学实验技术：基础兽医学 / 张勤文，俞红贤主编 . —北京：科学出版社，2021.6
　　ISBN 978-7-03-069066-1

　　Ⅰ . ①动… Ⅱ . ①张… ②俞… Ⅲ . ①兽医学-实验医学 Ⅳ . ①S85-33

中国版本图书馆 CIP 数据核字（2021）第 104407 号

责任编辑：丛 楠 马程迪 / 责任校对：严 娜
责任印制：赵 博 / 封面设计：迷底书装

科学出版社 出版
北京东黄城根北街 16 号
邮政编码：100717
http://www.sciencep.com
北京厚诚则铭印刷科技有限公司印刷
科学出版社发行 各地新华书店经销
*
2021 年 6 月第 一 版 开本：787×1092 1/16
2024 年 9 月第五次印刷 印张：12 1/2
字数：296 000
定价：49.80 元
（如有印装质量问题，我社负责调换）

前　言

　　本书是青海大学获批的国家级一流本科专业——动物医学专业建设的重要成果之一，也是青海大学基础兽医学教学团队经过不断探索与实践的成果。

　　组织编写本书主要是因为现有的实验指导书大多地域特色明显，如南方地区以猪、禽为主，沿海地区涉及鱼类的内容较多。而西北地区以牛、羊为主，且由于地处青藏高原，教学过程中，必然要让学生了解高原低氧适应等内容，因此为加强对学生实践技能的锻炼和培养，提高教学质量，适应教学改革与发展对高素质人才的需求，动物医学相关专业的教授和专家编写了本书，以期能为动物医学专业学生基础课程实践教学提供参考和借鉴。

　　本书编写内容紧紧围绕培养目标，着重向学生介绍动物医学专业基础课程学习中需要学生掌握及了解的实验基本理论、操作要领等，重点突出，文字精练规范，内容充实，有较高的实用价值。对于学生验证和巩固基本理论及基本知识，深化和拓展对理论知识的理解具有重要作用。

　　本书的编者多年从事动物医学相关专业的教学与科研工作，具有丰富的实践经验，并在某一方面有所专长。本书内容深入浅出，涉及全面，起到参考书、教科书和工作手册的作用，对促进学生实践技能的培养和操作技能的提高大有帮助。本书在编写过程中，得到了青海大学教务处的大力支持，也得到青海大学基础兽医学教学团队建设经费和教材出版基金的资助，在此表示衷心的感谢。

　　愿所有学习动物医学的学生及从事相关学科研究的科研人员在本书的启迪下，获得更好的收获。

主　编

2021 年 5 月

目　　录

第 一 章 动物实验基本操作技术及规范

动物实验是动物医学专业实践课程必不可少的环节，而实验动物是动物实验的重要支撑和保障，二者还广泛应用于生物学、医学、药学、畜牧学等学科。

一、实验动物

广义上讲，实验动物是指经人工培育的、专门供实验研究使用的动物。但为了实验结果的可靠，对实验动物的要求相对严格。因此，狭义的实验动物是指经过人工培育、遗传背景清楚、对其微生物和寄生虫进行控制，用于科学研究、教学及药品和生物制品安全性评价的动物。

动物实验是指以实验研究为目的，在动物福利得到保障的前提下，对实验动物进行各种处理，以获得新的、科学的实验数据的过程。

实验动物按遗传学可分为：①近交系实验动物，即纯系实验动物，指动物间连续兄妹交配，或相当于兄妹交配20代以上培育的动物品系；②封闭群实验动物，即一个种群动物位于固定地点，5年以上不从外部引进任何新种，仅在群内随机交配繁殖，该动物可来源于近交系或非近交系，能保持群体一般特性，且易大量繁殖；③杂交一代（F_1）实验动物，指两个不同近交系杂交产生的第一代动物。

实验动物按微生物控制程度可分为：一级，普通动物；二级，清洁动物；三级，无特定病原体动物，即 SPF 动物；四级，无菌动物，即 GF 动物。

二、实验用动物

实验用动物是指所有可用于动物实验的动物。人类进化的历史，也是人类对动物驯化的历史，人类使用动物进行实验研究历史较久。早期没有专门培育的实验动物，往往使用驯养的家畜、家禽等开展实验，直至20世纪初才开始繁育专门用于动物实验的实验动物。目前真正经过人工培育的实验动物仅100多种，远远无法满足科学研究的需要，必须采用其他动物进行实验研究，甚至较多的科学研究对象本身就是生活在自然界的野生动物。因此，实验用动物范围更大，主要包括人工培育的实验动物、家畜、家禽和野生动物。

动物实验的基本技术包括实验动物的提取和保定、个体标记技术、被毛的去除方法、麻醉、给药技术、血液采集和制备技术，以及动物伦理、动物福利和实验动物的安乐死等。

第一节 常用实验动物

实验动物具有生物学特性明确、遗传背景清楚、表型均一、对刺激敏感性和反应性一致的特点。这些特点有利于人们进行实验时获得精确、可靠的结果，并且使实验具有良好的可重复性，因而广泛用于生物医学研究。

动物实验中常用的实验动物如下。

一、青蛙和蟾蜍

二者均属于两栖纲无尾目，青蛙属蛙科，蟾蜍属蟾蜍科。品种很多，是脊椎动物由水生向陆生过渡的中间类型。蟾蜍较大，皮肤粗糙，表面有许多突起，眼的后方有一对毒腺，所分泌的黏液为蟾酥。青蛙和蟾蜍的心脏主要由一个心室、左右两个心房、动脉圆锥和静脉窦组成。静脉窦是青蛙和蟾蜍心脏的正常起搏点，损伤时将引起心率减缓甚至停跳。心脏的动脉圆锥向前延续成为动脉干（主动脉），然后立即向左右分成 3 对动脉弓：颈总动脉弓、主动脉弓和肺皮动脉弓。

青蛙和蟾蜍的心脏在离体情况下仍有很久的节律性搏动，可用于心脏功能方面的实验研究，如离体心脏灌流、心肌兴奋性及收缩、心电图等。蛙舌和肠系膜是观察炎症及微循环变化的良好标本。利用蛙下肢血管灌注方法可进行水肿和各种因素对血管作用的实验。用蟾蜍后肢制作坐骨神经-腓肠肌、坐骨神经-缝匠肌标本，在生理学实验中常用于神经、肌肉兴奋性的观察。此外，还可用于脊髓休克、脊髓反射、谢切诺夫抑制、反射弧的分析等方面的实验。

二、家兔

家兔属于哺乳纲兔形目兔科，是草食动物，寿命为 4～9 年。品种甚多，全世界有 6 属 50 余种。最常用的品种有：①中国本兔（白家兔），毛色多为纯白，红眼睛，是我国长期培育的一个品种，成年兔重 1.5～3.5kg。②青紫蓝兔（山羊青兔或金吉拉兔），毛色银灰色，成年兔重 2.3～3.5kg。③大耳白兔（日本大耳白兔），毛色纯白，红眼睛，两耳长大，血管清晰，便于静脉注射和采血，成年兔重 4～6kg。

家兔颈部有单独的降压神经分支，在人和其他哺乳动物中，此神经不单独分离。学生实验中常涉及的神经有 3 对：迷走神经（最粗）、交感神经（较细）、降压神经（又称为缓冲神经，三者之中最细，位于迷走神经和交感神经之间）。学生实验中常涉及的血管为颈总动脉，这条动脉在进入颅腔前分为颈内动脉和颈外动脉，在分支处的血管壁上存在压力感受器——颈动脉窦和化学感受器——颈动脉体。两侧的颈总动脉分别与两侧的三条神经由膜包被形成颈总动脉鞘。

家兔易于繁殖和饲养，性情温顺，灌胃、取血方便。由于兔耳缘静脉浅表，易暴露，因此是静脉给药的最佳部位。家兔颈部降压神经与迷走神经分离、自成一束，常用于心血管反射活动（是研究降压反射的首选动物）、呼吸运动、泌尿功能调节的研究。另外，卵巢、胰岛等可用于内分泌实验。离体兔耳和离体兔心常被选作灌流实验的标本，进行心血管方面的分析性研究。在心肌细胞电生理学的研究中，兔心的窦房结常用来进行心脏起搏电位的研究。

需要注意的是，家兔心血管系统较为脆弱，有时会出现反射性衰竭。家兔的大脑皮层运动区经定位已具有一定的雏形，因此家兔也常用于大脑皮层机能定位和去大脑僵直、神经放电等实验。家兔的消化管运动活跃，可用于消化管运动及平滑肌的研究。另外，家兔缺乏呕吐反射与咳嗽反射，故研究此类问题时，不宜选用。

三、小鼠

小鼠属于哺乳纲啮齿目鼠科。小鼠温顺易捉，操作方便，对多种病原体易感，实验的准确性和一致性较高，是医学实验中用途最广泛和最常用的动物，广泛用于药理学（药物筛选实验、生物药效学实验、半数致死量或半数有效量的测定）、毒理学、生殖生理学和肿瘤学等学科。

四、大鼠

大鼠属于哺乳纲啮齿目鼠科，具有小鼠其他方面的优点，但性情不如小鼠温顺，受惊时表现凶恶，易咬人，雄鼠间常发生殴斗和咬伤。大鼠可用于胃酸分泌、胃排空、水肿、炎症、休克、败血症、心功能不全、肾功能不全等实验。

五、豚鼠

豚鼠属于哺乳纲啮齿目豚鼠科，又称为天竺鼠、荷兰猪。其性情温顺、胆小，不咬人，喜欢生活在清洁安静的环境中。豚鼠耳蜗管发达，听觉灵敏，在生理学上常用于耳蜗微音器的实验，也用于临床听力的实验研究。此外，还用于离体心房和心脏实验、钾代谢紊乱、酸碱代谢紊乱、肺水肿等实验，也用于离体肠、子宫平滑肌、心肌细胞电生理特性等实验。豚鼠对结核分枝杆菌敏感，是用于抗结核病药物实验的常用动物。

六、犬

犬属于哺乳纲食肉目犬科。犬听觉、嗅觉灵敏，反应敏捷，易饲养，可调教，对外界环境的适应能力强，对手术的耐受性较强。犬具有发达的血液循环与神经系统，内脏构造及其比例与人相似，因而犬广泛适用于许多系统的急性、慢性实验研究，是较理想的实验动物。在生理学研究中常用于心血管系统、脊髓传导、大脑皮层机能定位、条件反射、内分泌腺摘除和各种消化系统机能的实验研究。犬还用于药理学、毒理学、行为学、肿瘤学、核医学及临床某些疾病的研究。

七、羊

羊属于哺乳纲偶蹄目牛科羊亚科。羊喜粗食，易饲养，性格温顺，具有复胃，颈静脉表浅，多用于采血、心电图、复胃消化生理及其内的微生物观察等。

八、猪

猪属于哺乳纲偶蹄目猪科。猪嗅觉灵敏，对外界环境适应能力强，常用于巴氏小胃、血液循环系统及病理、药理实验。猪在解剖学、生理学、疾病发生机制等方面与人极为相似，因此在生理科学领域中的应用率越来越高。

第二节　实验动物的捉取和保定

实验动物的捉取和保定是所有动物实验操作中最基本的技术，是进行各种动物实验的前提。不同种类动物的捉取和保定方法差别较大，即便同种动物，其捉取和保定方法也存在差异。此外，不同实验者的操作习惯也存在差异。但无论采用何种捉取和保定方法，都应遵循基本原则：做好个人安全与防护，防止对动物造成人为损伤，禁止粗暴对待动物。

由于多数实验动物对非条件性的各种刺激会产生防御性反抗。因此，在捉取和保定前应对动物的生活习性有所了解，并采用合适的捉取和保定方法，防范动物的攻击和逃脱。通常在捉取和保定实验动物过程中首先要缓慢、友好地接近动物，同时注意观察其反应，让动物逐渐适应。捉取时的动作力求迅速、准确、熟练，在动物感到不安之前捉取到它们。

一般实验时间较短和无特殊保定要求的实验操作，可采取徒手保定。如进行较长时间的实验或对动物实验有特殊的体位保定要求时，可使用专门的保定器械。

一、常用的保定器械

1. 大鼠、小鼠固定器　　多呈一端封闭的圆筒状，根据实验目的和动物的个体大小选用合适规格和种类，一般将大鼠或小鼠放在固定器打开的开口处，其会自行钻入固定器，关闭入口，使其不能退出即达到保定目的。此时动物呈蜷伏姿势，尾部露出，常用于尾侧静脉注射、采血等操作。

无专用固定器时，可借助实验室现有器械，如借助大烧杯倒置将小鼠扣在烧杯内，尾巴可整条露出烧杯外。

2. 兔固定盒　　兔固定盒可将家兔的头部和尾部露出，此种保定常用于兔耳缘静脉注射、体温测定等操作。无专用的兔固定盒时，可先将家兔捉取后使其蜷伏于桌面，采用软布包裹兔身，也有较好的保定效果。

3. 犬保定器材　　驯服犬能够听从主人的指挥，可由犬主唤来而无须捉取，如要捉取，可先从侧面靠近犬并抚摸其颈背部皮毛，用手将其抱住。未经驯服、调教的犬在捉取时可使用长柄环状铁钳固定住犬的颈部或用长柄铁钩钩住颈部的项圈控制住犬。

保定犬时可使用专用的犬口罩或用束带束缚犬嘴。犬口罩通常由金属网、皮革或棉麻等材料制成。

驯服犬还可采用悬吊式保定架进行保定。在此种保定下可进行体检、灌胃、采血、注射等常规操作。

4. 动物麻醉状态下的保定器械　　麻醉后保定主要用于各种手术操作，保定时要求充分暴露手术部位，保定器械通常由手术台面及相应的用于固定四肢、头部或躯体其他部位的附件组成。将动物麻醉后，以细绳、胶布或橡皮筋将四肢牵引展开并保定于手术台相应附件处，可以采取俯卧、仰卧、侧卧等体位保定，必要时以门齿牵引钩或牵引绳扣住上门齿或用类似部件对头部进行保定。

二、常见动物的捉取和保定技术

1. 两栖动物的捉取和保定　　常见的用于动物实验的两栖动物有青蛙、蟾蜍和牛蛙。青蛙和蟾蜍个体较小，可单手捉取和保定，牛蛙个体较大，捉取和保定时常双手进行操作。

（1）捉取方法　　捉取青蛙和蟾蜍时，可以左手手掌紧贴其背部，以中指、无名指、小指压住其左腹侧和后肢，拇指和食指分别压在左、右前肢，以右手进行操作。捉取蟾蜍时，注意不要挤压其两侧耳部突起的毒腺，以免毒液喷出。

（2）保定方法　　如实验时间较长，可用大头针将其保定在蛙板上。依实验需要采取俯卧位或仰卧位。

2. 小鼠的提取与保定

（1）提取方法　　徒手从鼠笼中将小鼠尾中部或基部抓住后取出（不可抓尾尖），也可用镊子夹住小鼠的尾巴提起。

（2）保定方法

1）徒手保定：右手捉住小鼠尾，将小鼠放于表面粗糙的物体上，操作熟练者可将小鼠放于实验台上，向后轻拉鼠尾。当其向前挣扎时，左手拇指和食指抓住小鼠两耳和颈部皮肤，无名指、小指和手掌心夹住其背部皮肤和尾部，并调整小鼠在手中的姿势。此方法多用于肌内、腹腔和皮下注射及灌胃等实验。

2）固定板保定：将小鼠麻醉后置于固定板上，仰卧位，先用胶布缠绕四肢，再用针将胶布扎在固定板上进行保定。此方法常用于心脏采血、解剖、外科手术等实验。小鼠固定板可自制，取一块边长15～20cm的木板（三合板或五合板最佳），板前方边缘钉1根钉子，用于固定其头部，小鼠上腭切齿上牵一根线。在板左右边缘各扎入2根针或钉入2根钉子。消毒后备用。

3）固定器保定：让小鼠直接钻入固定器内并关闭入口，露出尾巴。

3. 大鼠的提取和保定

（1）提取方法　　大鼠体重较小（<200g）时，可抓住大鼠尾根将其提起，也可抓其颈背部皮肤将其提起。大鼠体重较大（>200g）时，须一手抓鼠尾，一手抓颈背部皮肤，防止大鼠身体局部受力过重而发生损伤。个别大鼠性情凶猛时可戴防护手套。

（2）保定方法

1）徒手保定：用拇指、食指捏住大鼠耳朵和头颈部皮肤，余下三指紧捏住背部皮肤，置于掌心并调整好大鼠在手中的姿势即可。此种方法常用于体重小的大鼠灌胃、腹腔注射、肌内注射和皮下注射的实验操作。

2）固定板保定：用于手术的大鼠用固定板保定的方法与小鼠的相同，但应选择更大些的固定板。固定板可用方木板或泡沫板制成。操作时，将麻醉的大鼠置于大鼠固定板上，保持仰卧位，用胶布缠粘四肢，再用针透过胶布扎在固定板上，固定好四肢；或用棉线扎腿固定好四肢。为防止大鼠苏醒时咬伤人和便于颈、胸部等实验操作，应用棉线牵引大鼠两上门齿，固定头部；也可用不同长短的圆柱形玻璃管将大鼠套住，用拧弯的回形针钩在门齿上以保定。

3）卵圆钳保定：用于腹腔注射或肌内注射时，大鼠的保定可借助有齿卵圆钳，即用有齿卵圆钳夹住大鼠头颈后部皮肤，持钳手同时抓住鼠尾，将鼠尾向钳柄部拉，使钳与鼠背平直，将鼠一侧后肢同样用持钳手抓住，即可操作。

4. 豚鼠的提取和保定

（1）提取方法　　提取豚鼠时，手掌先扣住豚鼠背部，在其肩胛前方用拇指、食指环扣住颈部，另一只手托住臀部。如果在实验时豚鼠频繁挣扎，操作者可能会因颈部手指越抓越紧而引起豚鼠窒息，不宜采用此方法。

另外，也可用纱布将豚鼠头部轻轻盖住，操作人员轻轻抓住其背部或者让其头部在实验人员的臂下，然后进行实验操作。

（2）保定方法

1）徒手保定：由助手将左手的食指和中指放在豚鼠颈背部两侧，拇指和无名指放在肋部，分别用手指夹住左右前肢，抓起来。然后反转左手，用右手的拇指和食指夹住右后肢，用中指和无名指夹住左后肢，使鼠体伸直成一条直线。也可坐下来，用大腿夹住豚鼠的后肢，右手进行实验操作。

2）固定板保定：用固定板保定豚鼠，和大鼠、小鼠基本一样，用木制或泡沫固定板和线绳保定。

5. 家兔的提取和保定

（1）提取方法　　提取时，动作轻柔避免使家兔受惊，于家兔头前部将两耳轻轻压于手掌内，家兔便俯卧不动，此时将颈背部被毛和皮肤一起抓住提起，并用左手托住家兔腹部，使其体重主要落在左手。家兔性情温顺，一般不咬人，但其挣扎时极易抓伤操作人员，因此必须防备其四肢的活动。

（2）保定方法

1）徒手保定：由助手用一只手抓住家兔颈背部皮肤，另一只手抓住兔的两后肢，保定在实验台上。此法适用于腹腔注射、肌内注射。另一种方法是由助手坐在椅子上，用左手拇指和食指抓住两只耳朵后顺势抓住家兔颈背皮肤，可较好地固定头部，大腿夹住家兔的下半身，用右手抓住两前肢将家兔固定。此法适合经口给药。

2）固定盒保定：未麻醉的家兔可采用固定盒保定。这种保定方法常用于采血、注射、观察等实验操作。

3）台式保定：将家兔麻醉后仰卧置于兔手术台上，四肢用粗棉绳打活结绑住后，拉直四肢将绳另一端绑在兔手术台四周的固定挂钩上，头以固定夹保定或用一根粗棉绳牵引家兔门齿系在固定台铁柱上。这种保定方式常用于家兔静脉采血、注射、测量血压和手术等操作。

6. 羊的提取和保定

（1）提取方法　　羊较容易提取。通常只需要在羊脖子上戴上项圈后用绳牵拉即可。

（2）保定方法　　可用特制的羊固定架保定。这种方法能使羊保定牢固、舒服，避免挣扎，而且无须捆缚羊蹄，便于取血等实验操作。

7. 猪的提取和保定

（1）提取方法　　一人从背后紧抓猪的两耳将其提起，使其臀部着地，两腿膝部合拢将其躯干夹住。

（2）保定方法　　可将猪仰放在"V"形槽内进行保定，也可用木制三角固定架和帆布吊兜来保定小型猪。保定幼龄猪时，可抓住其两条后肢，使其两前肢离地，趴伏于猪舍矮墙上。

用固定架时，使猪仰卧，四肢用棉绳固定在三脚架的四边。如没有三脚架，也可用犬固定台。帆布吊兜可根据猪的大小设计成一长方形的布兜，中央4层，四周8层，中央开5个口，以便插入四肢及排便。将帆布吊兜固定在木制固定架上，活动板上放便盆。如时间过长，可将活动板上升到猪可站立的高度，以减轻肢体的压力。

8．犬的捉取和保定

（1）捉取方法　　犬的捉取方法较多。捉取未经驯服和调教的圈养犬时，可用特制的长柄铁钳固定犬的颈部，由助手将其嘴缚住。捉取驯服犬时，可从侧面靠近，轻轻抚摸其颈背部皮毛，用手将其抱住，由另一人用布带缚其嘴。或用皮革、金属丝或棉麻制成的口网套在犬口部，并将其附带于后颈部打结，防止脱落。

扎犬嘴的方法是用 1m 左右的绷带（细绳）兜住犬的下颌，绕到上颌打一个结，再绕回下颌打第二个结，然后将布带引至头后颈项部打第三个结，并多系一个活结。

（2）保定方法

1）慢性实验时犬的保定方法：将已驯服的犬拉至固定架上，将犬头和四肢绑住，再用粗棉布带吊起犬的胸部和下腹部，固定在架的横梁上，即可进行体检、灌胃、取血、注射等实验操作。

2）急性实验时犬的保定方法：将已麻醉犬的嘴上绷带解绑，把犬放在实验台上，先固定头部，后固定四肢。

头部的固定：用特制的犬头固定器，其为一圆铁圈，圈的中央横有两根铁条，上面的一根略弯曲，与棒螺丝相连，下面一根平直。固定时先将犬舌拉出，将犬嘴伸入铁圈，再将平直铁条横贯在上、下颌间，然后向下旋转棒螺丝，使弯曲铁条压在犬的鼻梁上。将铁柄固定在实验台的铁柱上。

四肢固定：先用粗棉布带（或绳）的一端缚扎于腕关节和踝关节以上部位，如采取仰卧位，可将两后肢左右分开，分别固定于手术台两侧的挂钩上。将左右前肢的两条棉布带从犬背后交叉穿过，分别固定于两侧木钩上。缚扎四肢的结扣方法是在活扣外再打个活结，便于实验结束后的松解。

保定的姿势一般采用仰卧位和俯卧位。仰卧位常用于颈、胸、腹、股等部位的实验，俯卧位常用于背、脑脊髓的实验。

9．猫的捉取和保定

（1）捉取方法

1）驯服猫的捉取：伸出一只手入笼抓猫肩背部的皮肤，将其提出，另一只手抓住其前腿并托住猫，然后将其夹在腋下。注意防备猫的锐爪和牙齿伤人。

2）未驯服猫的捉取：捉取时，需耐心、谨慎。先对猫温声和气地打招呼，然后伸出一只手，由头至颈轻轻抚摸，抓住肩背部皮肤，将猫从笼中拖出来，用另一只手抓住腰背部皮肤，即可将猫抓住。

3）性情凶暴的猫的捉取：可用布袋或网捕捉。在捉取过程中应避免猫的利爪和牙齿伤人，操作时应戴皮手套。

（2）保定方法

1）徒手保定：由助手用一只手抓住猫颈背皮肤，同时捏住两个耳朵，不让其头部活动，用另一只手抓住两前肢，实验者抓住其两后肢，将猫保定在实验台上。或者由助手用一只手抓住猫颈背皮肤，另一只手抓住猫腰部皮肤，将其按压在台上。

2）固定盒保定：用固定盒保定猫时，方法基本同家兔。

10．鸡的捉取和保定

（1）捉取方法　　在捉取鸡时，用食指和拇指或食指和中指抓住其颈部，使其背部贴于手掌，然后抓住双翅基部夹于无名指和中指之间。另一手将腿并拢抓牢。

（2）保定方法　　保定时，必须将其腿和翅膀一并抓住，以防止其受伤或骨折。也可用麻袋、布袋或头巾保定。

第三节　动物个体标记技术

在动物实验过程中，为了对不同组别、不同个体的动物进行区别，需要将动物进行标记。标记的方法较多，应根据动物品种、实验需求及实验方法选择合适的标记方法。无论选用何种标记方法，标记必须符合清楚、容易辨认、持久、对动物伤害较小及操作简便的基本原则。如有可能，尽量不要标记在动物身上。群养的动物可以按其特有毛色、花纹进行识别，如犬、猫、禽等常通过照片和文字记录其外表和毛色特征，单笼饲养的动物在饲养笼上挂牌标注，当这些方法不能满足实验要求时，如群养动物的外表及毛色基本相同，可采用染料标记等方法加以区别。

1. 哺乳动物标记

（1）临时标记　　临时标记常用染色法。它是用化学染色剂在动物体表明显部位，如被毛、四肢等处进行涂染的方法，或用不同颜色来区分不同组别或不同个体动物。此法操作容易，对动物伤害小，适用于白色或浅色的动物，尤其适合小动物，是实验中最常用、最简便的标记方法。

常用的标记液有3%～5%苦味酸溶液（黄色）、0.5%中性红或碱性品红溶液（红色）、2%硝酸银溶液（咖啡色，涂后需光照10min）、煤焦油乙醇溶液（黑色）。如无染色液，也可用油性记号笔进行临时标记，但该种标记仅能维持2～3d。

标记时，用毛笔蘸取选取的溶液，在动物体表逆毛涂刷不同部位，以示不同号码，一般涂成斑点。由于染色标记后染色液可自行褪色，而且这些标记也可因为尿液或饮水浸渍、动物间的摩擦和舔毛、被毛脱落等原因而被破坏，因此需要经常检查，及时复染。

编号原则：先左后右，从前到后。一般把涂在左前肢上的记为1号，左侧腹部为2号，左后肢为3号，头顶部为4号，腰背部为5号，尾基部为6号，右前肢为7号，右侧腹部为8号，右后肢为9号。若动物数量较多，编号超过10或更多时，可使用两种不同颜色的溶液作复合标记，即把一种颜色作为个位数，另一种颜色作为十位数。利用这种交互使用可编到99号。例如，把红色的记为十位数，黄色记为个位数，那么左后肢红色，右前肢黄色，则表示37号，以此类推。

（2）半永久性标记　　半永久性标记通常有挂耳标法和戴项圈法两种。

挂耳标法通常用市售的耳标签挂耳标记，可用于标记多种动物。耳标签一般由塑料、薄的铝片或钢片制成。使用耳标签时必须选择大小合适的耳标签。

戴项圈法是将标有号码的金属牌固定在动物的颈圈上，金属牌常用铝片或不锈钢制成，可长期使用不生锈。

（3）永久性标记　　永久性标记常有烙印法、针刺法、剪耳法、剪趾法和剪尾法等。

由于烙印法对动物体伤害较大，且烙印部位容易造成感染，因此较少使用；而针刺法是用人工针刺号码，然后涂以染料，其操作烦琐，实验动物数量大时不适用。

剪耳法是使用专用打孔器直接在动物耳朵上打孔或打成缺口进行编号的方法，无打孔器时用剪刀在耳缘剪缺口也可代替此方法。一般习惯在耳缘内侧打小孔,按前、中、后分别表示为1、2、3号,在耳缘部成一缺口,按前、中、后分别表示4、5、6号,打成双缺口状则表示7、8、9号。通常左耳表示十位数,右耳表示个位数。

小鼠可用剪趾法来标记。将小鼠左右前肢的脚趾按不同排列记作不同的数字,一般习惯从左向右剪去第一趾为1号,剪去第二趾为2号,剪去第三趾为4号,剪去第四趾为7号,第一、二趾同时剪去为3号,第一、三趾同时剪去为5号,第二、三趾同时剪去则为6号,以此类推,一侧脚趾可编至14号。通常左脚表示十位数,右脚表示个位数,按此法可剪成1～149号。剪趾法的优点是解决了皮肤黑色或深色小鼠用染色法标记时不易分辨的情况。但此法在长期试验时,小鼠可因长出新趾而不易区分。

剪尾法主要用于大鼠、小鼠的分组。此法简单易行,不需要特殊工具。但此法仅限于两组动物之间的区分,无法给每只动物编号,而且需在尾尖部取血时不可采用。

2. 禽鸟类的标记

(1)挂腿圈法　　禽鸟类可用金属或塑料腿圈进行标记。金属牌常用不生锈的铝片,目前也有市售打好号码和记号的铝制牌。在标记时将金属薄片固定在拴腿的皮带圈上,将此圈固定在禽鸟类腿的上部。此种方法简便、实用。

(2)穿鼻法　　常用鼻鞍或鼻盘标记禽类。用单根尼龙丝或金属丝穿过鼻孔将印有号码的塑料鼻鞍或鼻盘固定住。

3. 新的标记方法　　相较于传统的实验动物标记方法,高科技在实验动物标记方面的应用目前已日渐增多。其中,微芯片埋植标记是最具代表性的方法,其是在动物皮下埋植微芯片进行永久标记的方法。每个微芯片具有独一无二的编号,工作人员通过专用的便携式微芯片扫描仪读出芯片上的信息进行识别,由于微芯片能携带大量信息,可以将该动物的有关信息如来源、遗传背景、出生日等都载入芯片。但目前由于该方法成本较高尚未普及。

第四节　实验动物被毛的去除方法

实验动物大多具有被毛,在实验过程中被毛会影响实验操作和观察,如手术、注射药物、观察现象等,因此常需要去除动物被毛,常用方法有以下几种。

一、剪毛法

剪毛法是用剪毛剪紧贴动物皮肤逆着被毛方向将被毛剪去,并将剪下的被毛收集在固定的容器内。动物急性实验中常用此法。

二、拔毛法

禽类、大鼠、小鼠皮下注射或家兔耳缘静脉注射或采血时,常用拔毛法。操作时先将动物固定,用拇指、食指将所需部位被毛拔除,可涂抹少量凡士林,以更清楚地显示血管。

三、剃毛法

大动物手术、采血时常采用此法。用温肥皂水将需剃毛部位的被毛充分浸润,可先用剪毛剪将长毛剪去，再用剃毛刀顺着被毛方向剃毛，若使用电动剃毛刀，可逆着被毛方向剃毛。

四、脱毛法

脱毛法是采用各种化学脱毛剂去除动物被毛的方法。常用的化学药品有硫化钡、硫化钠、硫化钙、硫化锶等。对大动物进行无菌手术或观察动物局部血液循环及其他各种病理变化时常采用此法。

1. 常用脱毛剂配方

1) 硫化钠 3g、肥皂粉 1g、淀粉 7g，加水混合，调成糊状软膏。

2) 硫化钠 8g、淀粉 7g、蔗糖 4g、甘油 5g、硼砂 1g，加水 75ml，调成稀糊状。

3) 硫化钠 8g 溶于 100ml 水，配成 8%硫化钠水溶液。

4) 硫化钡 50g、氧化锌 25g、淀粉 25g，加水调成糊剂。

5) 硫化钡 35g、面粉或玉米粉 3g、滑石粉 35g，加水 100ml，调成糊状。

2. 脱毛方法　　为节省脱毛剂用量，常先用剪毛剪将需脱毛部位的被毛剪短。然后用纱布块蘸脱毛剂在脱毛部位涂成薄层，经 2～3min 后，用温水清洗该部位。再用干纱布将水擦干，涂上一层油脂。

家兔、大鼠、小鼠等小动物常采用 1)、3) 配方，脱毛效果较好。大鼠、小鼠也可不剪毛，直接涂抹脱毛剂。

第五节　常用实验动物的麻醉

在动物实验中，为了减少实验动物的疼痛挣扎，便于手术操作，实验前常需麻醉动物。常用的麻醉方法有局部麻醉和全身麻醉。

一、麻醉前的准备工作

1) 熟悉麻醉药的特点，根据实验内容合理选用麻醉药。例如，乌拉坦（氨基甲酸乙酯）效果好，较稳定，不影响动物的血液循环及呼吸机能。氯醛糖很少抑制神经系统的活动，适用于保留生理反射的实验。乙醚对心肌机能有直接抑制作用，但兴奋交感肾上腺系统，全身浅麻醉时，可增加 20%的心输出量。硫喷妥钠对交感神经抑制作用明显，因副交感神经机能相对增强而诱发喉痉挛。

2) 麻醉前应核对药物名称，检查药品有无变质或过期失效。

3) 犬、猫等进行手术前应禁食 12h 以减轻呕吐反应。家兔和啮齿动物无呕吐反射，术前无须禁食。

4) 需在全麻下进行手术的慢性实验动物，可适当给予麻醉辅助药。例如，皮下注射吗啡镇静止痛，注射阿托品减少呼吸道分泌物的产生等。

二、局部麻醉

局部麻醉药通过可逆地阻断神经纤维传导冲动从而产生局部麻醉作用。进行局部麻醉时，药物接近神经纤维的方式主要有两种：①用作表面麻醉时，药物通过点眼、喷雾或涂布作用于黏膜表面，转而透过黏膜接触黏膜下神经末梢而发挥作用。此类药物除具有麻醉作用外，还有较强的穿透力，如可卡因、利多卡因。②用作浸润麻醉时，用注射的方法将药物送到神经纤维旁。此类药物只需有局部麻醉作用，不一定要求有强大的穿透力，如普鲁卡因。用作局部麻醉的药物质量浓度一般为 1%～2%，通常用 0.5%～1%。所需剂量可视麻醉的范围而定，如进行家兔颈部手术时局部麻醉需用 2～3ml，而进行股三角部位手术时用 1～2ml，一般在手术切口部位进行局部浸润注射。

局部麻醉时，先用注射器抽取适量麻醉药，沿着手术切口的方向将针头全部刺入皮下，回抽针栓无回血后，方可将麻醉药注入，以免因麻醉药误注入血管而导致动物药物中毒死亡。推注麻醉药时，应该一边注射药物，一边向外抽拉注射针头，第二次针头刺入位置应从前一次麻醉部位的末端开始，直至手术切口部位完全被浸润麻醉为止。

三、全身麻醉

全身麻醉方法有两种，即吸入麻醉和注射麻醉。

1. 吸入麻醉　挥发性麻醉药经面罩或气管插管进行开放式吸入麻醉。常用的吸入麻醉药是乙醚。乙醚为无色易挥发的液体，有特殊的刺激性气味，易燃易爆，应用时应远离火源。乙醚可用于多种动物的麻醉，麻醉时对动物的呼吸、血压无明显影响，麻醉速度快，维持时间短，更适合于短时间的手术和实验，如去大脑僵直、小脑损毁实验等，也可用于凶猛动物的诱导麻醉。

给犬吸入乙醚麻醉时可用特制的铁丝嘴套套住犬嘴，由助手将犬保定于手术台，术者用 2 或 3 层纱布覆盖嘴套，然后将乙醚不断滴于纱布上，使犬吸入乙醚。犬吸入乙醚后，往往由于中枢抑制解除而首先有一个兴奋期，开始挣扎，呼吸快而不规则，甚至出现呼吸暂停，如呼吸暂停应将纱布取下，等其呼吸恢复后再继续吸入乙醚，然后逐渐进入外科麻醉期，呼吸逐渐平稳均匀，角膜反射消失或极其迟钝，对疼痛反应消失，此时即可进行手术。

麻醉猫、大鼠、小鼠时，可将其置于适当大小的玻璃罩中，再将浸有乙醚的棉球或纱布放入罩内，并密切注意其反应，特别是呼吸变化，直到麻醉。给家兔麻醉时，可将浸有乙醚的棉球置于一个大烧杯中，术者左手持烧杯，右手抓兔双耳，使其口鼻伸入烧杯内吸入乙醚，直到麻醉。

乙醚麻醉注意事项：①乙醚吸入麻醉中常刺激呼吸道黏膜而产生大量分泌物，易造成呼吸道阻塞，可在麻醉前半小时皮下注射阿托品（0.1ml/kg 体重），以减少呼吸道黏膜分泌物。②乙醚吸入过程中动物挣扎，呼吸变化较大，乙醚吸入量及速度不易掌握，应密切注意动物反应，以防吸入过多、麻醉过度而使动物死亡。

2. 注射麻醉　注射麻醉是动物实验中最常用的麻醉方法，适用于家兔、犬、大鼠、小鼠等各种动物。注射麻醉多采用静脉注射和腹腔注射给药，另外还可采用肌内注射或淋巴囊注射麻醉。

（1）静脉注射麻醉　根据动物的种类选择静脉血管。大鼠和小鼠多选用尾侧静脉，家兔多选用耳缘静脉，犬多选用后肢小隐静脉，豚鼠多选用耳缘静脉和后肢小隐静脉。

静脉注射麻醉生效快，无明显兴奋期。麻醉时，常常先缓慢注入麻醉药总量的 3/4，如果动物瞳孔缩小到原来的 1/4、肌肉松弛、角膜反射迟钝、呼吸减慢，表明药物已经足量。若药量不足，可停 1min 再慢慢注射至总量为止。若还不能麻醉，则停 5min 后再注射少量药物，至麻醉深度满意为止。

（2）腹腔注射麻醉　　啮齿动物常用此方法给药。注射部位应在腹部的左、右下侧 1/4 处，因为此处无重要器官。其中家兔在腹部近腹白线 1cm 处，犬在脐后腹白线侧缘 1～2cm 处注射。给大鼠、小鼠注射时，左手捉拿动物，使腹部向上，头部略低于尾部，右手持注射器将针头平行刺入皮下，再向前进针 3～5cm，针头能自由活动说明已注入皮下。然后注射器以 45°斜刺入腹肌，进入腹腔，此时可有落空感，回抽注射器，若无回流血液或尿液即表明未伤及肝和膀胱，可缓慢注入药物。

腹腔注射麻醉操作简便，但生效较慢，兴奋现象明显，麻醉深度不易控制。

常用注射麻醉药的用法和剂量见表 1-1。

表 1-1　常用注射麻醉药的用法和剂量

药品	动物	给药途径	溶液浓度/%	给药剂量	麻醉持续时间
戊巴比妥钠	犬、家兔	静脉注射	3	1ml/kg 体重	2～4h
	鼠	腹腔注射	0.5	0.66ml/100g 体重	
乌拉坦	家兔	静脉注射	20	5ml/kg 体重	2～4h
盐酸氯胺酮	鼠	腹腔注射	10	1.5ml/100g 体重	
	犬、家兔	静脉注射或肌内注射	1	0.3～0.5ml/kg 体重	20～30min

四、麻醉效果的观察

动物的麻醉效果直接影响实验的进行和实验结果。如果麻醉过浅，动物会因疼痛而挣扎，甚至出现兴奋状态，呼吸、心跳不规则，影响观察。如果麻醉过深，可使机体的反应性降低，甚至消失，更为严重的是抑制延髓的心血管中枢和呼吸中枢，使呼吸、心跳停止，导致动物死亡。因此，在麻醉过程中，必须善于判断麻醉程度，观察麻醉效果。判断麻醉程度的指标如下。

（1）呼吸　　动物呼吸加快或不规则，说明麻醉过浅，可再追加一些麻醉药，若呼吸由不规则转变为规则且平稳，说明已达到麻醉深度。若动物呼吸变慢，且以腹式呼吸为主，说明麻醉过深，动物有生命危险。

（2）反射活动　　主要观察角膜反射和睫毛反射，若动物的角膜反射灵敏，说明麻醉过浅；若角膜反射迟钝，说明麻醉程度适宜；若角膜反射消失伴瞳孔放大，则麻醉过深。

（3）肌张力　　动物肌张力亢进，一般说明麻醉过浅，全身肌肉松弛，麻醉适宜。

（4）皮肤夹捏反应　　麻醉过程中可随时用止血钳或有齿镊夹捏动物皮肤，若反应灵敏，则麻醉过浅；若反应消失，则麻醉程度适宜。

总之，观察麻醉效果要仔细，上述四项指标要综合考虑，在静脉注射麻醉时还要边注入药物边观察。只有这样，才能获得理想的麻醉效果。

五、麻醉的注意事项

1）在使用前应检查麻醉药有无混浊或沉淀，药物配制的时间过久也不宜使用。

2）静脉麻醉时，速度应缓慢并密切观察麻醉深度。最佳麻醉深度的指标是皮肤夹捏反应消失，头颈及四肢肌肉松弛，呼吸深慢而平稳，瞳孔缩小，角膜反射减弱或消失。

3）动物全身麻醉后可使体温下降，要注意保温。

4）麻醉过浅，动物出现挣扎、呼吸急促及尖叫等反应时，可补充麻醉药，但一次补充注射剂量不宜超过总量的 1/5。

第六节　常用实验动物给药技术

给药是动物实验过程中的重要操作，实验动物给药技术主要包括给药前的准备工作和给药操作。

一、给药前的准备工作

1. 给药剂量的确定　　给药剂量是指单位体重所给予药物（或受试物）的量，通常按 mg/kg 体重或 g/kg 体重计算。动物实验给药剂量是否达到作用与动物种属、年龄和给药途径相关。

（1）种属　　不同动物对相同药物的反应性大多存在种属差异，这种差异与药物在不同动物体内具有不同的代谢途径及代谢率等因素密切相关。动物实验中，常需在不同种属动物之间进行给药剂量的换算，即根据一种动物的已知剂量计算出另一种动物的等效剂量。

一般情况下，对于同种药物，动物的耐受性大于人类，因此给药剂量通常也大于人类，如以人的剂量为 1，则大鼠和小鼠的剂量为 25～50，豚鼠和家兔的剂量为 15～20，犬和猫的剂量则为 5～10，此法适用于对剂量设置要求较粗略的研究。而精确的动物给药剂量，则应以药物说明书中明确给出的给药剂量为准。

（2）年龄　　大多数药物或毒物通过肝的微粒体酶系统进行生物转化，幼龄动物的微粒体酶系统尚未发育完善，功能不全，故对药物的敏感性通常较强，给药剂量一般应小于成年动物。

（3）给药途径　　从不同的途径给药，药物的代谢途径和速率有较大差别，造成动物反应性的差异。例如，以口服剂量为 100，则灌肠的剂量应为 100～200，皮下注射剂量为 30～50，肌内注射剂量为 25～30，静脉注射剂量为 25。

2. 给药量的确定　　给药量是指一次或多次可给予动物的药物或受试物的总量。其和给药剂量是两个不同的给药参数。给药量是给药剂量和动物体重的乘积，给药剂量是确定给药量的依据。大多数情况下，药物以液体剂型给予，则给药量以 ml 为单位，若为固体或膏体则以 g 为单位，须和给药剂量相区别。

给药前须明确实验动物在每种给药途径下能够耐受的最大给药量，尤其是液态药物的给药量，只有确定了给药量才能确定药物的配制浓度。给药量过大可危及动物健康甚至生命，也可使药物不能充分发挥药效，如灌胃容量超过胃的负荷时药物快速通过胃进入小肠，或导致食物反流、胃扩张甚至破裂，静脉注射量过大容易引起心力衰竭和肺水肿。通常静脉注射给药量应小于体重的 1/100，皮下注射、肌内注射和腹腔注射的给药量应不超过体重的 1/40。

3．给药途径和方法的确定　　动物实验时，通常先确定给药途径。给药途径的选择需要考虑动物种属、对药物吸收和分布要求、药物性质、给药量等因素，然后根据给药途径采取不同的给药方法。

实验动物的给药途径主要有经消化道给药、经呼吸道给药、经表皮或黏膜渗透给药、血管内给药、经组织（肌内、皮内）给药、腹腔给药和一些特殊部位给药等，确定了给药途径后再视给药途径采用不同的给药方法，有注射、涂抹、吸入等方式。

由于药物进入体内和转化、排出的机制不同，因此不同给药途径和方法导致药物的吸收途径、吸收速率、分布范围和代谢差异很大。例如，灌胃或口服时药物可能被消化酶破坏而失去作用；静脉注射给药时药物直接进入血液循环，可快速分布全身，并减少其他途径给药时药物在吸收过程中产生的各种变化；腹腔注射时药物通过腹膜吸收并进入血液循环，由于吸收面积大，速率也较快，仅次于血管内注射；皮下注射和肌内注射给药时，药物均通过微血管吸收，但肌内注射的药物吸收速率比皮下注射更快。不同注射给药途径的药物吸收速率由快至慢依次为：静脉注射＞腹腔注射＞肌内注射＞皮下注射。

通常根据给药目的及药物的性质来确定给药途径。静脉注射给药通常分为静脉内注射和静脉点滴两种形式。静脉内注射多用于需要迅速发生药效且不宜口服时，或者药液刺激性较强而不适用于其他注射途径的药物；静脉点滴用于迅速发生药效但需缓慢持续给药的过程，如补充体内水分、营养、维持电解质平衡及麻醉等；腹腔注射给药同样用于需要迅速起效的药物，但不适用于具有较大刺激性的药物；当药物的刺激性较强、用药量较大，或者要求迅速起效时，采用肌内注射；皮下注射给药要求药物迅速起效但不能或不宜口服，多用于治疗性给药和预防接种；皮内注射是将药液注入表皮与真皮之间，主要用于过敏试验观察局部反应、局部麻醉的前期步骤。对于不适用于注射等方式的药物，可通过灌胃或口服给药。呈粉尘、气体、蒸汽等状态的药物，可通过动物呼吸道给药。例如，乙醚吸入麻醉；动物实验过程中给动物吸入一定量的气体观察呼吸、循环等变化；动物造模过程中给动物定期吸入一定量的有毒有害气体等。吸入给药，在毒理学研究中应用尤其广泛。给药途径和方法决定给药量的多少。通常静脉注射和腹腔注射时给药量可稍大，而肌内、皮内注射给药时量常很小。实验动物口服给药时，经常采取灌胃方式，灌胃给药则必须在动物胃容量负荷内并尽量不影响动物正常食欲，如药物具有较高稳定性并且不会严重破坏饲料或者饮水的口感，可以将药物掺入饲料或饮水中让动物自行摄取，但掺食很难控制动物的摄入量，而且饲料中掺入药物的总量不得超过饲料总量的5%。

4．给药器材的选择　　大多数实验动物给药都需要借助合适的器材或者器械，如灌胃时需采用灌胃针或胃管投服，个别动物还需要开口器；吸入给药时需要特定的吸入装置；各种注射给药需要选用合适的注射器，采用不合适的注射器往往导致给药失败，为减少注射带给动物的疼痛，应尽量选择细小的针头，并精确控制注射量，选择容量稍大于注射量的注射器。

5．受试药物的配制　　实验动物给药前通常需要将受试药物配制成合适的浓度和剂型。配制受试药物所用的溶剂、助溶剂、赋形剂应无毒，不与受试药物发生化学反应，不改变受试药物的理化性质和生物活性。常将受试药物配制成以下剂型。

（1）水溶液　　水溶液为最常用的剂型，凡能够溶于水的药物应尽量配制成水溶液。

水溶液可用于各种途径给药，须注意静脉注射药物必须用生理盐水配制。

（2）油溶液　　不溶于水但溶于油的药物，如挥发油、类固醇化合物等，可将其溶于植物油中，如精制的花生油、橄榄油、玉米油、芝麻油等。油剂可口服、肌内注射和皮下注射。

（3）混悬液　　对于既不能溶解于水，也不溶于油的药物，可配制成混悬液。配制时先将药物置研钵中研磨达 80 目以上，然后逐步加入少量助悬剂反复研磨至所需浓度。混悬液仅用于口服或腹腔注射，使用前须搅拌均匀。常用的助悬剂有 1%～2%羧甲基纤维素钠、1%～2%西黄芪胶浆剂、35%阿拉伯胶、5%可溶性淀粉等。

（4）乳剂　　乳剂又称为乳浊剂，适用于配制可溶于油但不溶于水的物质。配制时将药物置研钵中加入少量乳剂以单一方向研磨，然后缓慢加入水搅拌均匀，常用的乳剂有吐温 80、吐温 60、聚乙二醇等。乳剂可注射给药。

（5）有机溶剂　　当药物不溶于水和油，但能溶于某些有机溶剂时可将其配制成有机溶剂。通常将药物先溶于 95%乙醇或丙酮中，再用生理盐水稀释，乙醇最高浓度不超过 2%，丙酮最高浓度为 5%。

二、给药操作

1. 静脉注射给药

（1）大鼠、小鼠的静脉注射给药　　大鼠、小鼠尾侧静脉分布于尾部两侧，位置浅表，容易固定，因此在静脉注射给药时经常选择尾侧静脉给药。大鼠注射常选择距尾根 1/5 处，小鼠注射常选择距尾根 1/4 处，此部位皮肤较薄，血管明显，容易进针。

参考给药剂量：快速注射时（1min 以内注射完毕），适宜给药剂量均为 5ml/kg 体重以下，给药速度小于 3ml/min；缓慢注射时（5～10min 注射完毕），大鼠每次给药剂量小于 20ml/kg 体重，小鼠每次给药剂量小于 25ml/kg 体重，给药速度小于 1ml/min。

注射方法：可将大鼠或小鼠倒扣在大烧杯内，将鼠尾露出并拧转 90°，使一侧尾静脉朝上，用酒精棉球进行消毒，以左手拇指、食指夹住鼠尾尾根阻止血液回流，无名指、小指夹住鼠尾末梢，中指托起鼠尾即可见尾侧静脉。注射针头针眼朝上，针头和尾侧静脉夹角小于 30°，刺入静脉后推注少量药液，如推注无阻力且尾部皮肤未见发白鼓胀，说明针头在静脉内，此时放松左手拇指和食指，并继续推注其余药液。如血管较细，可将鼠尾用 37℃温水浸泡 5min 左右，或用灯光烘热使尾侧静脉充盈。注射完毕压迫片刻止血。如需多次注射，应首先在靠近鼠尾末端进针，以后逐渐向尾根部移动，两静脉交替使用。

注射器械：大鼠、小鼠尾侧静脉注射时尽量选用细针头，可减轻对血管壁的损伤且有利于血管壁修复，并减少注射后出血。针头型号的选择视静脉的粗细而定，小鼠一般使用 5 号注射针头或更小，大鼠通常选用 6 号注射针头或更小，注射器规格通常为 0.25～1ml，有利于控制注射速度。

（2）家兔的耳缘静脉注射给药　　家兔的外耳大且血管明显，容易固定和操作，从家兔耳缘静脉注射给药是最常用方式。

参考给药剂量：快速注射时（1min 以内注射完毕），适宜给药剂量为 2ml/kg 体重以下；缓慢注射时（5～10min 注射完毕），每次 10ml/kg 体重以下。

注射方法：快速注射时使用兔固定盒或助手保定，缓慢注射时需使用兔固定盒以维持较长时间的保定。拔去注射部位被毛并用酒精棉球擦拭，用左手食指和中指夹住家兔耳缘静脉近耳根处，无名指和小指垫于耳下，拇指绷紧家兔耳缘静脉近耳尖处，右手轻弹兔耳，使静脉充盈明显，针头沿血流方向平行刺入静脉，针头刺入后无阻力，推注少量药物时无阻力且皮肤未发白隆起，可继续推注其余药液，注射完毕后拔出针头并压迫止血。

注射器械：5～7 号针头，2～5ml 注射器较为常用。

（3）犬的静脉注射给药　　犬的静脉注射相对容易，注射部位常选取前肢内侧皮下头静脉、后肢外侧小隐静脉、后肢内侧大隐静脉、前股内侧正中静脉。

参考给药剂量：快速注射时（1min 以内注射完毕），每次 2.5ml/kg 体重以下；缓慢注射时（5～10min 注射完毕），每次给药 5ml/kg 体重以下。

注射方法：下面主要介绍前肢内侧皮下头静脉注射和后肢外侧小隐静脉注射。

前肢内侧皮下头静脉注射：前肢内侧皮下头静脉位于前肢内侧皮下，沿前肢内侧外缘延伸，容易固定，是犬静脉注射最常用部位。注射时犬由助手或宠主保定，助手或宠主位于犬的左侧，用左手从腹侧环抱犬的颈部固定头部，右手臂搭在犬背并跨过犬背后紧握右侧肘关节使静脉充盈明显，也可用止血带于肘上部扎紧使血管怒张，以便于注射。注射前应对注射部位进行剪毛、消毒，操作者左手握住犬注射肢，拇指方向与静脉血管平行保定静脉，右手持注射器使针头与静脉呈 45°刺入，见回血后沿血管方向顺针，此时可放松对静脉近心端压迫，固定好针头注入药物，注射中妥善固定静脉以防滑脱，针头刺入不可过深。

后肢外侧小隐静脉注射：此静脉位于后肢膝关节与跗关节间，靠近跗关节，位于后肢外侧浅表皮下。操作时由助手或宠主将犬侧卧保定，剪去注射部位被毛并消毒，在股部绑扎止血带或由助手握紧股部使血管怒张，注射者左手固定静脉，右手持注射器，针头与静脉呈 45°刺入，见回血则放松对静脉近心端的压迫，并继续将针尖沿血管方向推进少许，固定好针头注入药物。

固定针头前，观察注射部位及犬的状态，如皮下是否有隆起、注射速度是否过快、针管中血液是否已回流等。

注射器械：犬静脉注射给药也尽量采用 7 号以内规格的细针头，以减轻对血管壁的损伤。

2．腹腔注射给药

（1）大鼠、小鼠的腹腔注射给药　　腹腔注射给药是小型啮齿动物常用的给药途径，药物经腹膜吸收后进入全身血液循环，多用来替代静脉注射给药。但刺激性药物不能从腹腔注射，否则易引起腹膜炎及其他并发症。

参考给药剂量：大鼠每次给药剂量一般控制在 1ml/100g 体重以内，最多 2ml/100g 体重；小鼠每次给药剂量一般控制在 0.2ml/10g 体重以内，最多 0.8ml/10g 体重。

注射方法：注射者左手徒手保定大鼠或小鼠，使其腹部朝上，且保持头部略低，以使腹腔脏器移向上腹部，保定时抓紧大鼠背部皮肤可使腹部皮肤处于紧绷状态，注射者右手持注射器于下腹部腹正中线向任意一侧旁开 1～2mm 刺入皮下，在皮下平行腹中线推进针头 3～5mm，再以 45°向腹腔内刺入，当针尖通过腹肌后右手能够感觉到抵抗力消失，回抽无回流物时可缓缓注入药液。

注射器械：大鼠、小鼠腹腔注射给药通常采用 6 号以内针头，1～5ml 注射器。

（2）家兔的腹腔注射给药　　参考给药剂量：每次不超过 5ml/kg 体重，最多 20ml/kg 体重。

注射方法：助手在操作台面上将家兔采取仰卧位进行保定，头部略低以使腹腔脏器向膈肌方向移动，家兔腹腔注射进针部位为后腹部腹白线两侧 1cm 处，注射者手持注射针头，针头向前刺入皮下并平行于皮肤推进少许，再以 45°斜刺入腹腔，刺穿腹膜时可感到阻力消失，回抽无回流物时注入药物。

注射器械：家兔的腹腔注射给药通常采用 7 号以内针头，2～5ml 注射器。

（3）犬的腹腔注射给药　　参考给药剂量：每次不超过 1ml/kg 体重，最多 20ml/kg 体重。

注射方法：犬的腹腔注射部位为脐后腹壁白线一侧 1～2cm 处。操作时由助手保定犬使之腹部向上，针头垂直刺入腹腔，回抽无回流物即可注射。

注射器械：常采用 7 号以内规格针头。

3．皮下注射给药

（1）大鼠、小鼠的皮下注射给药　　皮下注射给药是小型啮齿动物经常采用的给药方式，大鼠常选择左侧下腹部或后肢皮肤进行皮下注射，小鼠常选取颈、背部皮肤进行皮下注射。

参考给药量：大鼠每次一般不超过 0.5ml，最多 1ml；小鼠每次一般不超过 0.1ml，最多 0.3ml。

注射方法：助手徒手保定动物，并用酒精棉球消毒注射部位皮肤，注射者将皮肤略提起一个小三角区，形成皮下空隙，注射器刺入皮下向前再刺入 0.5～1cm，若针头可轻松左右摆动则表明针头在皮下，轻轻回抽无回流物时可慢慢注入药物。注射后需按压针刺部位片刻以防药液外漏。

注射器械：大鼠、小鼠皮下注射器械可采用 1～2ml 注射器，小鼠通常采用 6 号以内针头，大鼠通常采用 7 号以内针头。

（2）家兔的皮下注射给药　　家兔常选取背部和腿部进行皮下注射给药。

参考给药剂量：每次一般不超过 1ml/kg 体重，最多 2ml/kg 体重。

注射方法：注射部位消毒，然后用一只手的拇指和中指将注射部位皮肤捏起形成三角区，针头垂直于三角区刺入，针头可自由摆动即确认针头位置在皮下，之后进行注射。

注射器械：家兔的皮下注射给药通常选取 7 号以内针头和 1～5ml 注射器。

（3）犬的皮下注射给药　　犬常选取颈部和背部进行皮下注射给药。

参考给药剂量：每次一般不超过 1ml/kg 体重，最多 2ml/kg 体重。

注射方法：操作时由助手或宠主保定犬，使其保持安静，注射部位消毒后，手指将注射部位皮肤捏起形成三角区，然后将注射器直接刺入这些部位皮下即可。

注射器械：注射针头常选 8 号以内规格。

4．肌内注射

（1）大鼠、小鼠的肌内注射给药　　大鼠、小鼠的肌肉量较小，因此较少采用肌内注射，如需要注射，也选择肌肉相对丰满且无大血管或神经的部位，大鼠常选股四头肌、臀肌，小鼠选股四头肌。

参考给药量：大鼠每次一般不超过 0.1ml，最多 0.2ml；小鼠每次不超过 0.05ml，最多 0.1ml。

注射方法：助手保定大鼠或小鼠，或将动物置于合适的固定器内，露出注射部位，消毒后捏住该处肌肉垂直刺入，应防止刺伤坐骨神经和股骨。

注射器械：大鼠、小鼠的肌内注射通常选用 0.25～1ml 的注射器，大鼠采用 6 号以内针头，小鼠采用 5 号以内针头。

（2）家兔的肌内注射给药　　家兔的后肢肌肉发达，肌内注射多选取臀部和大腿后侧肌肉。

参考给药剂量：每次一般不超过 0.25ml/kg 体重，最多 0.5ml/kg 体重。

注射方法：助手负责保定动物，两手分别抓住家兔的前肢、后肢，使家兔趴于操作台面，注射者将家兔臀部注射部位被毛剪去，消毒后持注射器与肌肉呈 60°刺入，针头无回血即可注射。单人操作时，将兔头向后尾向前夹于腋下确保家兔无法挣脱，并抓紧家兔的两后肢，另一手持注射器垂直刺入家兔的臀部肌肉。

注射器械：家兔的肌内注射给药通常采用 6 号针头，2～5ml 注射器。

（3）犬的肌内注射给药　　犬的肌内注射部位多选取臀部或大腿部肌肉。

参考给药剂量：每次一般不超过 0.25ml/kg 体重，最多 0.5ml/kg 体重。

注射方法：助手或宠主使犬自然站立并保持安静，针头以 60°刺入肌肉，回抽无血即可注入药物，注射后轻轻按摩注射部位帮助药物吸收。

注射器械：犬的肌内注射给药通常选用 7 号以内规格的注射针头。

5. 灌胃给药

（1）大鼠、小鼠的灌胃给药　　给大鼠、小鼠投喂不适用于注射等方式的液体药物、固体药物时，可制成液体后给药。灌胃给药是通过特制的灌胃针将药物经口腔、食管直接送入胃中，该方法可准确控制给药量和给药时间，是大鼠和小鼠经口给药的主要途径。

参考给药剂量：大鼠每次一般不超过 1ml/100g 体重，最多 4ml/100g 体重；小鼠每次一般不超过 0.1ml/10g 体重，最多 0.5ml/10g 体重。

灌胃方法：大鼠、小鼠灌胃时为保证安全操作，应由操作者亲自徒手保定动物。大鼠或小鼠保定后保持头部向上，头向后仰使其口腔和食管处在一直线上，从一侧口角（门齿和臼齿间的空缺处）插入灌胃针，如灌胃针前端折弯，弯势应与食管的生理弯曲一致。灌胃针沿着上腭推至喉头，在此处以灌胃针头轻压舌根，迫使动物抬头，令灌胃针前端顺利进入食管，再沿食管缓慢推进，当灌胃针前端抵达贲门位置时缓慢推入药物。

未进行过灌胃操作的新手，为掌握合适的进针深度，可先在大鼠或小鼠体侧丈量口角至最后肋骨间的距离，此距离即灌胃针进入的参考深度。灌胃进针操作和推入药物时应确保动物安静并随时观察其反应，如保定不到位或将灌胃针误插入气管，大鼠或小鼠会剧烈挣扎，如果推注药物进入气管则会引发剧烈呛咳，此时应拔出灌胃针，并使其恢复平静后再重新开始操作。

大鼠、小鼠习性为夜间进食，而实验室饲喂大鼠、小鼠通常白天喂食，因此白天灌胃前通常需禁食，或在头一天晚上投喂食物，第二天早晨待大鼠或小鼠胃部排空后再进行灌胃操作。

灌胃器械：通常使用灌胃针进行操作。灌胃针为一前端膨大呈光滑球状的长针，膨大的前端可防止进针时刺破口腔和食管。大鼠灌胃针长度通常为 6～8cm，直径 1～2mm，针后接 2～10ml 的注射器；小鼠灌胃针长度通常为 2～3cm，直径 0.9～1.5mm，针后接 1～2ml 注射器。

（2）家兔的灌胃给药　　参考给药剂量：每次一般不超过 10ml/kg 体重，最多 15ml/kg 体重，且一次最大灌胃量应不超过 150ml。

灌胃方法：助手将家兔以自然蹲伏或直立进行保定，操作者将开口器横放于家兔上下颌间，固定于舌上，采用 14 号导尿管为灌胃管，经开口器中央孔进入口腔，沿上腭插入食管 15～18cm，插管顺利时兔不挣扎，将灌胃管外端浸入水中，如有气泡逸出提示灌胃管插入气管中，应拔出重新插入，确认胃管进入胃中方可注入药液。灌胃给药完毕后再注入适量生理盐水或清水将管中残留药液冲入胃内，捏闭灌胃管外口抽出，取下开口器。

单人操作可将家兔保定于专用兔保定盒内，一只手的虎口卡住并固定兔嘴，另一只手持灌胃管由唇裂（避开门齿）插入兔口中，给药方法同上。

灌胃器械：灌胃管（14 号导尿管）、家兔用开口器。

6. 口服给药

（1）家兔的口服给药　　片剂、丸剂、胶囊可采用强饲法经口直接投喂给药。操作时将家兔夹于腋下保定，露出头部，以拇指和食指压迫左右口角迫使其张口，将药物用长镊夹住放到兔舌根处，闭合口腔让家兔自行吞下。家兔可能会将药物留在口腔并用舌头顶出，给药后应检查确认家兔将药物吞下，事先湿润家兔的口腔可使其便于咽下药物。

（2）犬的口服给药　　对犬以片剂、丸剂、胶囊给药时常经口投入，操作简便，一般不需要特殊器械，适合驯服犬。给药时由助手使犬蹲坐，操作者一只手置于犬的上颌，拇指和食指从犬嘴两边伸入口腔迫使犬张嘴，并将犬上颌向上抬使犬口鼻向上，另一只手的拇指和食指夹住药片，无名指和中指将犬的下颌向下压，此时可直视喉咙，手指将药物送入犬舌根，随后合起上下颌并抚摸犬的喉部帮助下咽，此时可感觉到犬的吞咽动作。给药前先以水湿润口腔可使药物容易下咽。

7. 吸入给药　　吸入给药通常采用静式或动式吸入给药装置进行给药。

（1）静式吸入给药　　将动物置于密闭容器内，容器中悬挂滤纸，将挥发性药物滴加在滤纸上，密闭容器，动物自然吸入药物。动物吸入药物量与其肺通气量有关，如大鼠肺通气量约为 25L/h，小鼠肺通气量约为 2.5L/h，但该方法受到容器大小的限制，且药物气体浓度无法精确控制。

（2）动式吸入给药　　将动物置于专用吸入给药装置，通入药物蒸汽或气体，可进行精确控制。

第七节　实验动物血液采集和制备技术

实验动物样品的采集是从活体动物或者动物尸体上采集生物样品，最常采集的样品为血液。此外，还包括其他各种体液、分泌物及身体组织的采集。采集到的样品主要用于研究分析和疾病诊断，样品采集时应尽可能保留所采样品的在体性状和生物学活性，有时为了将采集样品的状态维持到检查分析时，经常会对采集的样品进行制备。

一、实验动物血液采集

血液采集（采血）是动物实验过程中最常见的操作。采血前，应根据实验目的考虑采血途径和样品制备与保存方式，根据不同的实验动物考虑采血量、采血频率，以及采血对动物健康、福利的影响和对研究的背景性干扰。

1. 采血前的准备工作

（1）确定采血量　　动物的血液总量包括循环血量和组织滞留血量，采血量的多少可根据实验动物的循环血量确定。一般实验动物的循环血量占体重的 6%～8%，幼龄动物血液总量较老龄动物占比大，体重相同时瘦弱动物血液总量较肥胖动物占比大。

采血时，如不需要动物存活，则应主要考虑采血量对各项研究数据结果的影响，如需要动物存活，则应重点考虑失血对动物本身健康的影响。采血到一定程度可干扰动物正常生理功能，严重时威胁实验动物健康，同时会使相关实验测定结果偏离正常范围。采血量达循环血液的 15% 以上时，动物易发生失血性休克，因此单次采血量应低于循环血量的 15%。

最大安全采血量是指单次采血不引起动物死亡或严重威胁实验动物健康的采血量上限，一般为血液总量的 10%～15%；最小致死采血量是指单次采血引起动物死亡的最小采血量，一般为血液总量的 20%。

多次采血，尤其是短时间内的多次采血，需将每次采血量合计以估计动物失血的总量，并衡量后果。

（2）确定采血途径　　不同采血途径采取的血液样品，其化学成分区别较大。例如，动脉血的血氧浓度、氧分压较高，静脉血的血氧浓度较低，二氧化碳分压较高，且静脉血含有较多机体代谢产物，因此根据研究内容和目的不同，采用不同的采血途径获取血液样品。研究血液中的激素、细胞因子水平和测定常规血液生化等指标时常采用静脉血；研究毒物对肺功能的影响、血液酸碱平衡、水盐代谢紊乱时则须采取动脉血；测定血常规时因用血量较少，可采集毛细血管血。

有些采血途径采集血液样品时需要麻醉动物，如小鼠眶静脉窦采血。当采血会引起动物较大不良反应或较严重的后遗症时，如心脏采血，有可能对研究带来明显的干扰，以及严重影响动物福利，特别是在需要重复采血时，因此这些采血途径仅限于在没有其他替代途径时使用。例如，啮齿类的推荐采血途径为尾侧静脉，在要求动物存活的研究中，从眼球后采血仅用于其他采血途径无法得到足够量的血液时；从心脏采血仅在要求同时处死动物时应用，并在动物麻醉状态下进行。

采血量与采血途径密切相关。通常动脉采血比相邻静脉采血可获取更多血液；动物的种属不同，采血部位也有较大差别，如大鼠和小鼠尾部较长且被毛稀疏、皮肤较薄，皮下血管浅表，常用于采血；豚鼠、家兔和猪均有较大且薄的耳，耳静脉和动脉容易固定和操作，多从耳部采血。

（3）采血准备事项　　根据研究目的的不同，在采血前首先应明确对血液样品的具体要求，如血液来源（动脉血、静脉血或动静脉混合血）、血样总量、采血后是否需要动物存活等；然后应清楚所用实验动物的采血途径、各种途径的采血量、该动物的最大安全采血量、最小致死采血量等，以选择适当采血方法。

此外，采血时，还应提前做好以下准备。采血场所照明条件良好，采血应尽量在白天进行，利用自然光进行所有操作，如无法保证，则应尽量在白炽灯下操作。采血时室温应尽量保持在20℃左右。

采血前应对采血部位进行消毒，准备合适的采血器具（采血针头、注射器、采血管、毛细管等）并确保无菌干燥，在同一采血部位少量频繁采血应选较细针头，大量单次采血或采血间隔时间较长时应选择较粗针头。

若需采集抗凝血或分离血浆，在注射器或试管内预先加入抗凝剂，或直接购置市售的已加工处理好的抗凝管，但需注意抗凝剂是否会对检测项目造成影响，如检测血清钠离子含量，则抗凝剂就不能选用肝素钠或EDTA-Na_2。

在同一条静脉上多次采血，采血部位应从远心端逐渐移向近心端，以免受到前次采血对静脉损伤的影响。

1）抗凝血与非抗凝血。抗凝是应用物理或化学的方法抑制血液中的某些凝血因子，阻止血液凝固的过程，由此得到的未凝固血液即抗凝血。在动物实验过程中，较少用物理抗凝方法得到抗凝血，多应用抗凝剂或抗凝血酶对采集的动物全血进行抗凝。

可在采血管中滴加一定浓度的抗凝剂溶液，烘干制成抗凝管，但有些动物如小鼠的血液凝固非常快，采用烘干的抗凝管常常不能达到理想的抗凝效果，因此常将一定量的抗凝剂加入采血管或试管中直接采血，这样可使血液与抗凝剂迅速充分混合，及时阻断血液凝固，但应避免剧烈振荡导致溶血。如采集少量血液，应考虑抗凝剂溶液对血液的扩容作用。高浓度抗凝剂导致渗透压上升可造成细胞皱缩，影响血液学检查。

非抗凝血是不加抗凝剂时采集到的血液样品，待血液凝固后取血清做检测。

常用抗凝剂如下。

A．EDTA-K_2抗凝剂。EDTA-K_2最佳抗凝剂量为1.5mg/ml血。常用15%水溶液或生理盐水溶液，4℃可稳定保存，100℃烘干不影响抗凝效果。抗凝标本适用于一般血液学检查。EDTA-K_2可使红细胞体积轻度膨胀，采血后短时间内平均血小板体积不稳定，30min后趋于稳定。EDTA-K_2可使血液中钙离子、镁离子浓度下降，并使肌酸激酶、碱性磷酸酶含量降低，不宜做相关项目检查。

B．肝素抗凝剂。肝素最佳抗凝剂量为10～12.5IU/ml血。常用1%肝素生理盐水溶液，0.1ml可抗5～10ml血，可将抗凝剂加入采血管内或抽入注射器内，也可于110℃灭菌15min制成抗凝管。用于全身抗凝时，1%肝素生理盐水溶液静脉注射，大鼠肝素抗凝剂用量为3.0mg/250g体重，家兔为10mg/kg体重，犬为5～10mg/kg体重。

肝素抗凝血液常用于电解质、pH、血气分析、红细胞渗透性试验、血浆渗透量、血细胞比容测定。肝素可改变蛋白质等电点，因此不能用于盐析法分离蛋白质做分类测定；过量可引起白细胞聚集和血小板减少，不宜做白细胞分类和血小板计数；肝素抗凝血不适合制作血涂片，因瑞氏染色后呈深背景而影响镜检；抗凝标本应尽快使用，放置过久血液仍会凝固。

C．枸橼酸钠抗凝剂。枸橼酸钠常用抗凝剂量为6mg/ml血。使用时取枸橼酸钠（含2个结晶水）配制成3.8%水溶液，与血液以1∶9混合。枸橼酸钠抗凝血适用于大部分凝血试验、血小板功能分析及红细胞沉降速度测定，不宜做生化检验，不能用于血钙测定，并可减少血液淀粉酶、无机磷、肌酸激酶的含量。

2）血液的离心分离。抗凝血离心后获得血浆，非抗凝血离心后获得血清。

血浆的分离制备：抗凝血于 3000r/min 离心 10min，可在采血管上层见到淡黄色透明或半透明的上清液，即血浆，占血液溶剂的一半左右。下层暗红色的沉淀为红细胞，红细胞层上有一薄层灰白色物质，即白细胞和血小板。用移液管吸出上清液置于冻存管中存储，−20℃以下可长期保存。

血清的分离制备：将采集的非抗凝血于室温下斜面静置 30min，实验室条件下可再于 4℃冰箱冷藏 15min，使血液收缩促进血清析出，2000～2500r/min 离心 15～20min，可见采血管上层无色或浅黄色透明上清液，即血清，其体积占血液容积一半以下，吸出上清液置于冻存管中于 −20℃以下保存。

2．常见实验动物采血方法　　常见实验动物根据品种、个体大小和采血需求不同，常采用不同的采血方法。常用的采血方法有尾部采血、眼部采血、耳部采血、心脏采血，以及主要动、静脉采血等。

一般具有长尾的动物可从尾部血管采取少量血液，且对机体损伤很小，目前主要用于大鼠、小鼠和小型猪的少量采血。

小型啮齿动物，如大鼠和小鼠，其眼部血管丰富，可较容易且反复地从眼部采集血样。但眼部采血也发现较多不良反应，如眼部穿刺后造成眼球后出血，导致血肿和眼压过高，引起动物疼痛；采血操作时压迫眼部或来源于血肿的压力导致角膜溃疡、角膜炎等；采血时造成视神经和其他眼窝内结构损伤，导致视力下降和失明；采血所用的毛细管引起眼眶脆骨骨折和神经损伤，伴随玻璃体液丢失的眼球穿通伤等。为避免或减轻以上不良反应，眼部采血要求技术娴熟，采血时须避免损伤角膜，不得持采血器在眼窝内上下左右移动刺探。为使动物失血后损伤恢复，同侧眼部再次采血至少间隔 2 周。

解剖结构耳朵较大、耳部血管浅表丰富的动物，可以从耳部采集少量甚至中等量的血液，适合反复采血，对机体的损伤也较小。

心脏是一个动力器官，具有向全身泵送血液的功能，血流丰富，通常体型较小、体表血管不明显的实验动物可采用心脏采血方法。心脏采血分为非手术（体表穿刺）和手术（开胸穿刺）两种方法。心脏采血具有潜在性的疼痛和致命后遗症，较多用于终末采血，且必须在动物全身麻醉状态下进行。

除上述尾、眼、耳、心脏等采血部位外，从动物的躯体和四肢动、静脉采血还有多个可选部位。对体型较小的实验动物而言，由于其体表血管纤细，往往需采用适当的手术方法从深部血管采血，此种采血通常只用于终末处理。而对体型较大的实验动物，则可以较容易地从体表浅层动、静脉反复采血。可视研究需要而采用注射器抽取、安置插管、开放性创口等方法。

（1）大鼠采血方法　　通常大鼠可根据实验需要选择尾部、眼部、心脏，以及主要动、静脉采血。

1）大鼠尾部采血方法。大鼠尾部采血时可不麻醉。其尾侧静脉位于尾部两侧皮下，位置浅表，容易定位和操作，是少量采血的常用部位。从尾部采集的血常用作血液常规检查、制作血涂片、血糖测定等。

A．大鼠尾侧静脉采血。如欲提高静脉可见度，采血前用乙醇、二甲苯擦拭，或温水浸泡（37℃左右）5min 左右。针刺采血时将大鼠用固定器保定后留出尾部，拉直拧转

90°使一侧尾静脉向上，在距离尾尖约 1/4 处持采血针以 30°向心刺入皮下，再平行刺入尾侧静脉，待血液从针内缓慢滴出，下置试管收集。参考采血量为每次 0.1～0.2ml。采血后按压伤口片刻止血。如需多次采血，从尾尖到尾根方向多次选点采血，两次采血间隔至少 1cm，左右静脉交替。尾侧静脉适合频繁采血。

大鼠尾部皮肤较厚且不透明，尾侧静脉不够清晰，针刺难度相对较大，切开血管采血相对容易。切割静脉采血时，将大鼠用固定器保定后留出尾部，拧转 90°使一侧尾静脉向上，在尾下端 1/4 处以刀片垂直切开表皮和静脉，即可见暗红色静脉血涌出，在切口处聚集呈半球状，直接用毛细管吸取即可，或在切割处皮肤上事先涂抹凡士林，切割后让切口朝下，血液自行流下，在下方以试管收集，使血液直接沿管壁进入试管。采血后压迫止血。如切割过深伤及尾动脉，则会有鲜红色动脉血快速流出，且无法在尾部表面聚集而直接流下，止血需时较长。

B．大鼠尾尖采血（断尾）。保定方法与尾侧静脉采血保定方法相同，消毒后剪去长 0.5～1.0mm 的大鼠尾尖，用手由尾根至尾尖按摩使血液流出，通常血流较缓慢呈滴状，可吸取或用试管、玻片收集。断尾仅限于尾尖 5mm 以内，适合短时间内（24h 以内）频繁采血操作，再次采血时只需将伤口处血凝块除去，即可收集血液，而无须再次切除尾尖。连续切除尾尖最多不能超过 5mm，且不适合老龄动物。参考采血量为每次 0.1～0.2ml。

2）大鼠眼部采血。大鼠眼部采血需将大鼠麻醉后进行。大鼠眼眶下静脉形成静脉丛，以采血针刺过球结膜割破静脉丛进行引流采血，采血后球结膜自行修复，故可反复采血，适合少量多次采血，常用于生物化学项目的检验。早期动物实验时摘除眼球造成开放性创口，可采取眼眶动静脉混合血，但出于动物福利考虑，现已不提倡摘除眼球采血用于存活性研究。

采用穿刺引流法进行大鼠眼球后静脉丛采血，需用乙醚将大鼠浅麻醉，或用眼科麻醉药做局部麻醉，向上保定大鼠，一只手的拇指及食指轻轻压迫动物的颈部两侧，使眶下静脉丛充血，此时眼球会外突。另一只手持采血针管或前端为锐利斜口、内径 0.5～1.0mm 的硬质玻璃毛细管，使之与鼠面颊成 45°的夹角，由眼内角向喉头方向刺入，采血器前端斜面先向眼球，刺入后再转 180°使斜面背对眼球，边旋转边刺入 4～5mm，利用采血针或毛细管的锐利边缘割破静脉丛，可见血液进入毛细管，即稍退出毛细管前端，利用虹吸现象使血液充满毛细管，如推进至感到有阻力但仍未见血液，则可能因为毛细管阻止了血液的流出，应停止推进，边旋转边将针退出 0.1～0.5mm，血液可自然流入毛细管中。当得到所需的采血量后，即除去加于颈部的压力，同时将采血器拔出，眼部出血立刻停止，用拇指和食指帮助闭合眼睑并用纱布或棉球按压片刻止血。参考采血量为每次 0.5～1.0ml。

3）大鼠心脏采血。大鼠心脏位于胸腔正中剑状软骨下，心尖略偏左。如实验所需采血量稍大，可采用心脏采血。采血后需要大鼠继续存活则常用体表穿刺法从大鼠心脏采集血液，但大鼠心脏较小且心率较快，通过体表穿刺采血需要一定的技术。采血后无须大鼠存活时则可开胸在直视条件下以注射器从心脏抽取血液，由于开胸后大鼠胸腔负压消失，很快窒息，心脏停止搏动而使采血量较穿刺采血法少，采血不完全。

大鼠体表穿刺心脏采血时，可将大鼠麻醉后仰卧保定，用手在体表感觉心脏搏动可大致判断心脏位置，针头从剑状软骨与腹腔间凹陷处向下倾斜 30°向心刺入，见回血后即可抽取。另一个体表穿刺部位在左胸第4、5肋间，将大鼠麻醉后仰卧保定，拉伸大鼠前肢使之向两侧平举，以手指触摸心搏最明显部位进行定位，垂直进针。此法进针较浅，需控制深度以免刺穿心脏后刺入肺脏，针尖入肺时可采集出泡沫样血液。采血后大鼠心脏可自行修复，故心脏采血量较少时动物可继续存活，但在采血过程中麻醉不全导致大鼠发生挣扎或者由于进针不准而多次进针可使大鼠心脏损伤严重，导致存活率明显降低。抽取血液不宜过快，否则会使大鼠心脏停止搏动导致死亡。穿刺未进入心脏时，需拔出针头重新刺入。针尖通常刺入左心室采集到动脉血，但也可能因进入右心采集到静脉血。

　　由于心脏采血具有潜在性的疼痛和致死可能性，较多用于终末采血。参考采血量为每次1～2ml（存活）。

　　4）大鼠主要动、静脉采血。从大鼠多处动、静脉可采集较多血液，常用于无须动物存活的终末性采血。断头法采血操作简便，适合大批量动物采血，但血液为动静脉混合血；注射器穿刺或血管插管采血需手术分离血管进行操作，可获得纯净血液，且可按研究要求采取动脉血或静脉血。大鼠后肢多处血管较浅表，可供存活性采血，前肢主要从腋下动脉或静脉采血，可采用开放性创口或者注射器抽取，均为致死性采血。此外，还可从腹主动脉等处采血。

　　A．大鼠断头采血。徒手保定大鼠，左手拇指和食指在背部紧握大鼠颈部皮肤，使大鼠头部向下，右手用剪刀猛剪鼠颈或用锋利刀片切断颈部肌肉和血管导致颈部多条大血管断裂，在下方用盛器收集血液。断头采血容易混入被毛、大量组织液等，对血液品质有较大的影响。参考采血量为5～8ml。

　　B．大鼠颈静脉采血（穿刺）。大鼠麻醉后仰卧保定，切开颈部皮肤，钝性分离大鼠颈部皮下结缔组织，使大鼠颈静脉充分暴露，用注射器逆血流方向刺入静脉抽取静脉血。

　　C．大鼠颈动脉采血（插管）。大鼠麻醉后仰卧保定，切开颈部皮肤，钝性分离大鼠颈部皮下结缔组织，在气管两侧分离出颈动脉，用止血钳做双钳闭后于中间剪口置入插管，然后放开向心端收集动脉血。

　　D．大鼠浅背侧跖静脉采血（穿刺）。大鼠无须麻醉，由助手保定大鼠，一只手的拇指和食指捏住采血侧后肢膝关节迫使后肢伸直，足背向上，并压迫足踝处使静脉充盈，消毒后持注射器刺入血管抽取血液，或在皮肤上涂抹凡士林防止血液沾染到被毛，持注射器刺破该处表皮和血管，用毛细管吸取。采血后压迫止血，可重复采血。

　　E．大鼠隐静脉采血（穿刺）。大鼠无须麻醉，由助手保定大鼠或用固定器保定，分开两后肢，舒展股部和尾部间的皮肤，略拔去该部位被毛，可见皮下位于跗关节旁的隐静脉，在该处涂以凡士林防止血液沾染被毛，用注射器刺破静脉后血液自行流出，用毛细管收集。采血后稍压迫止血，可重复采血。

　　F．大鼠股动脉采血（穿刺）。将大鼠麻醉后，由助手保定大鼠，采血者用左手向外下方拉直大鼠后肢，充分暴露腹股沟，探触并根据搏动定位股动脉，右手用注射器刺入血管抽取。采血后压迫2min以上止血。

　　G．大鼠股静脉采血（穿刺）。将大鼠麻醉后，由助手保定，采血者用左手拉直动物后肢，使股静脉充盈，右手持注射器刺入血管，采血后压迫片刻止血。参考采血量为每次0.4～0.6ml。

　　H．大鼠腋下静脉采血。将大鼠麻醉后仰卧保定，切开一侧腋下皮肤，钝性分离皮下结缔组织，暴露腋下静脉，持注射器刺入抽取血液。

I.大鼠腹主动脉采血。大鼠腹主动脉粗大明显，血管壁强韧，采用开腹穿刺采血时适合病理组织取材和需要大量血样的研究，因此大鼠腹主动脉采血为致死性采血。此法可采集大量纯净的动脉血液，动物脏器内血液排出彻底，组织中残留血液少，对大鼠脏器病理取材和切片分析较为有利。

大鼠腹主动脉采血时需将大鼠深度麻醉后仰卧保定，打开腹腔后将腹腔脏器推向一旁，暴露腹主动脉，在腹主动脉分支为左右髂动脉的上方约 1cm 处用压迫阻断血流，在动脉分支处（倒"Y"形）向心刺入采血针，放松对动脉近心端的压迫，同时抽取血液。须注意抽血速度不宜过快。参考采血量为每次 10ml 以上。

（2）小鼠采血方法　　小鼠采血常采用尾部、眼部、心脏，以及主要动、静脉采血。

1）小鼠尾部采血方法。小鼠尾部皮肤较薄，尾侧静脉位置浅表，清晰且容易辨认，是少量采血的常用部位。小鼠尾侧静脉切割或针刺均可采血，从尾部采血无须麻醉，血样常用作血液常规检查、制作血涂片、血糖测定等。

A.小鼠尾侧静脉采血。小鼠尾侧静脉最佳采血部位为小鼠尾尖端 1/4～1/3 处，此处皮肤较薄，静脉清晰。小鼠尾侧静脉采血方法同大鼠。

B.小鼠尾尖采血（断尾法）。采用断尾法从小鼠尾尖采血的操作和注意事项同大鼠，每次仅剪去尾尖 0.5～1mm 组织，且断尾仅限于尾尖 5mm 以内。参考采血量为每次 0.05～0.1ml。

2）小鼠眼部采血。小鼠眼部采血时操作和要求与大鼠眼部采血相同，但采血器刺入 2～3mm 即可割破静脉丛。参考采血量为体重 20～25g 的小鼠每次可采 0.2～0.3ml。

3）小鼠心脏采血。小鼠心脏采血时操作和要求与大鼠心脏采血相同。但因小鼠个体小，体表穿刺时进针浅，尤其是从胸腔穿刺时，须掌握好进针的深度，避免进针过深伤及肺。参考采血量为每次可采 0.2～0.5ml（存活）。

4）小鼠主要动、静脉采血。与大鼠相同，小鼠也可通过不同动、静脉采集到不同需求的血液。小鼠断头法采血操作简便，适合大批量动物采血，但血液为动静脉混合血。颈部血管穿刺采血可获得纯净血液，且可按研究要求采取动脉血或静脉血。小鼠后肢多处血管较浅表，相关采血均为存活性采血，前肢主要从腋下动脉或静脉采血，均为致死性采血。此外，还可从小鼠颌下静脉、腹主动脉等处采血。

（3）家兔采血方法

1）家兔耳部采血。家兔耳廓较大且血管明显，是最常用的采血部位，采血时无须麻醉且操作简便。

A.兔耳中央动脉采血。兔耳中央动脉是位于兔耳中央的一条颜色鲜红、外形粗大的动脉血管，其耳梢末端容易固定，是理想的采血位置。采血时将家兔保定在兔固定盒内露出头部，适度揉搓兔耳或轻弹血管，以使动脉扩张。采血者左手固定兔耳，右手持注射器在中央动脉的末端沿动脉平行向心方向刺入动脉，见回血即可抽取血液。也可用锋利刀片切割小口采集血液，但需在切割处事先涂抹凡士林以便于收集血液。取血完毕后按压采血部位 2min 以上止血。需连续采血时，可在兔耳中央动脉留置导管以便于频繁采血。

兔耳中央动脉采血一般使用 6 号针头，针刺部位从中央动脉末端（耳尖部）开始，一般不在近耳根部采血。参考采血量为每次 10～15ml。

B．兔耳缘静脉采血。将家兔置于兔固定盒内保定后露出头部，用手轻轻摩擦兔耳使静脉扩张充盈，左手固定兔耳，右手持注射器抽取，将针头逆血流方向刺入皮下后平行刺入耳缘静脉抽取血液，采血完毕用棉球压迫止血。也可用注射器针头在耳缘静脉末端刺破血管或用刀片切割小口，收集自然流出的血液。参考采血量为 5～10ml（最大采血量）、2～3ml（一般采血量）。

2）家兔心脏采血。家兔仰卧保定于兔手术台，稍用力按压胸左侧第 3、4 肋，可感受到心脏搏动明显，对此部位进行剪毛、消毒。采血时，一只手稍用力按压并绷紧皮肤，另一只手持针在第 3、4 肋间胸骨左缘 3mm 处穿刺，针头刺入心脏后，持针手可感觉到兔心脏有节律地跳动，血液会自然流入注射器。如抽不到血，可以前后进退调节针头的位置，但切忌将针头在胸腔内左右摆动，以防弄伤家兔的心、肺，可以拔出重新穿刺。一般家兔心脏采血 20～25ml/次，采血后间隔一周方可再次采血。

3）家兔主要动、静脉采血。家兔耳血管丰富，是采血的主要途径。除此之外，常用的动、静脉采血途径还有颈动、静脉和股动、静脉。

A．家兔颈动、静脉采血。家兔实验过程中需要大量采血时常从家兔颈动、静脉采血。采血时先将家兔麻醉，仰卧保定，剃除颈正中线两侧被毛，距头颈交界处 5～6cm 处剪开皮肤，钝性分离颈部肌肉，暴露气管，即可见平行于气管的桃红色颈动脉和位于外侧的深褐色颈静脉，此外还可见到白色的迷走神经。可根据实验需求持注射器直接刺入动脉或静脉抽取所需动脉血或静脉血。此部位 1 次可采血 10ml 以上。取血完毕，拔出针头，用干灭菌纱布轻轻压迫取血部位止血。

家兔急性实验的静脉取血方便。如需多次采血，可采用插管取血，先分离一段颈动脉或静脉，双止血钳以间距 3～4cm 钳闭血管阻断血流，另在近心端置一缝线，然后在血管上做"T"形或"V"形切口，向心方向置入导管，深 1～2cm，用缝线固定好后松开止血钳，从插导管另一端收集血液。

B．家兔股动、静脉采血。实验过程中需大量采血时可从家兔股动脉或股静脉采血，根据实验要求，从股动脉采集动脉血，从股静脉采取静脉血。

股动脉采血时，先将家兔麻醉后仰卧保定，助手向外拉直一侧后肢，暴露腹股沟，在腹股沟三角区动脉搏动明显处剪除被毛，采血者以左手食指、中指触摸定位股动脉并施力固定，右手持注射器或采血针刺入血管采集血液，拔针后用纱布按压止血 3min。家兔股动脉采血时一般使用 6 号针头。

股静脉采血时需先手术分离股静脉，注射器与血管平行向心方向刺入即可采血。采血完毕后要注意用灭菌干纱布轻压取血部位止血。

C．家兔后肢胫部皮下静脉取血。家兔仰卧保定于操作台面上，剪去胫部被毛，在胫部上端用橡皮管结扎，即可在胫部外侧浅表皮下清晰见到皮下静脉。剪毛后消毒，用左手拇指和食指固定好静脉，右手持注射器沿皮下静脉平行方向刺入血管，回抽有血液时表示针头已刺入血管，即可取血。单次可采 2～5ml。采血完毕用灭菌干纱布压迫采血部位 5min 左右。

（4）豚鼠采血方法

1）豚鼠耳部采血。豚鼠耳廓大而薄，血管分布丰富且清晰可见，采血时容易操作。

豚鼠耳部采血可两耳交替采血，也可在耳的不同部位进行，采血操作与兔耳采血方法相同。参考采血量为 0.5ml。

2）豚鼠心脏采血。豚鼠心脏采血操作和要求与大鼠心脏采血类似，需注意体表穿刺时进针深度，视动物个体大小而不同。取血量根据实验要求确定，少量采血豚鼠可存活，大量采血可致死。参考采血量为 5～7ml（存活）、15～20ml（致死）。

3）豚鼠主要动、静脉采血。豚鼠除耳部和心脏采血外，其他动、静脉可采血部位有限，主要从四肢和腹主动脉采血。

A．豚鼠股动脉采血。将豚鼠麻醉后仰位保定在手术台上，剪去腹股沟部位的被毛，在血管搏动明显处小心切开长 2～3cm 的皮肤，分离并暴露股动脉。如需多次采血，用双止血钳以间距 2cm 左右钳闭血管阻断血流，另在近心端置一缝线，然后在动脉壁上做"T"形或"V"形切口，向心方向置入导管，用缝线固定好后松开止血钳，从导管另一端按实验需要收集血液。如是一次致死性采血，可一次采集血液 10～20ml。

B．豚鼠足背跖静脉采血。此部位采血是豚鼠采取少量血液的主要方法，豚鼠足背跖静脉有两根（外侧跖静脉和内侧跖静脉），二者均可进行采血。

采血时助手保定豚鼠，捏住豚鼠采血侧后肢膝部，使膝关节伸直，足背朝上，并阻断血液回流，使足部静脉充盈，采血者找出足背跖静脉后，以左手拇指、食指拉住豚鼠的趾端进行固定，右手持注射器刺入静脉，采集血液。或刺入后将针拔出，即有血流出，呈半球状隆起，用毛细管吸取。采血后用纱布或脱脂棉压迫止血。

C．豚鼠颈动、静脉采血。需要大量血液时可从豚鼠的颈动、静脉采血，操作方法与要求与大鼠或家兔动、静脉采血相同。

（5）猪采血方法

1）猪尾部采血。猪尾部血管主要为正中尾动脉及其两侧的正中尾静脉。3 支血管都位于荐骨肌形成的细沟内，从尾根起的 10～20cm 血管的直径变化不大。猪尾部采血常用针刺采血法和断尾采血法。

猪尾部针刺采血时需进行保定，保定后采血者提起尾部，触摸到第 6 至 7 尾椎（约距尾根 15cm）椎体中央凹陷处确认血管沟，消毒后将采血针头以 20°刺入，见回血即可采集，针刺角度宜小且刺入宜深，便于固定针头。采血后压迫止血。

猪尾静脉采血与耳缘静脉采血相比采血量相当，但无法直视血管进针，全凭经验判断，不过很少出现溶血，保定容易且安全。

2）猪耳部采血。猪耳缘静脉最为清晰明显，通常实验中采取少量至中量的血液时，常从猪的耳缘静脉采集。采血时由助手保定猪的头部，如猪个体较小，可将猪倒立提起。采血前先用酒精棉球擦拭或轻弹猪耳使静脉清晰显露，左手固定血管，右手持连接针头的注射器从耳壳远端静脉分叉处向耳根方向刺入皮下，再刺入静脉分叉处，平行刺入静脉抽取血液。采血后用棉球压迫止血，反复采血时采血部位应由静脉远心端向近心端移动。

3）猪的主要静脉采血。小型猪的颈部和后肢血管都较粗大，易于操作并掌控采血过程。

A．猪小隐静脉采血。猪的小隐静脉沿前腓肠肌后外侧面延伸，位于跟腱外侧面，其由跖底内侧、外侧静脉汇合而成，汇合点位于跗关节处，此处几条静脉均较粗大浅表，以手触压即可感觉到，采血时出血速度较快，对猪损伤小，为猪采血常用的部位。

采血时猪侧卧保定，将体上侧的后肢向斜后方拉直，再将跗关节以下部分向前稍拉动使跗关节呈半屈曲状，在跗关节上方 10cm 处用乳胶管扎紧或由助手握紧，即可见跖底内侧静脉怒张，消毒后采血者左手掌心向上抓握固定跗关节处进针点皮肤，右手持采血针将针头与进针点皮肤呈 70°刺入，然后放平针头沿跖底内侧静脉管刺入，见回血即可抽取血液或用试管在针头处收集。

B．猪前腔静脉采血。适用于体型较小而需要血量较多的采血。猪前腔静脉粗大而位置相对固定，但不能直接观察到静脉，所以需要凭借经验进针。

猪仰卧保定，将其前肢向后方拉直。也可取站立姿势并将猪头部抬高保持后仰姿势，使其肩胛位置下移，尽量拉伸颈部皮肤和皮下组织。此时在颈部左侧或右侧，胸骨端与耳基部的连线上靠近胸骨端旁 2cm 处可见凹陷，对此部位进行消毒，将采血针于凹陷处刺入，方向为朝向后内方与地面呈 60°，刺入 2～3cm 后可一边刺入一边回抽针管，刺入血管时即可见血液进入针管内。针尖进入血管可有刺破厚纸的感觉，采血后迅速拔针按压进针处，防止局部血液渗出。

此途径采血需注意进针位置、进针斜度和指向，右侧进针容易进入前腔静脉，左侧进针则容易进入臂头动脉。根据采血量和采血频率选择采血针头，频繁而少量采血用细针，采血次数较少而采血量大时用粗针。

（6）禽采血方法

1）禽的心脏采血。禽心脏采血时可由助手抓住禽的双翅和两腿，右侧卧位保定，在触摸心脏搏动明显处或胸骨脊前端至背部下凹处连线的 1/2 处消毒后，垂直或稍向前方刺入 2～3cm，回抽有回血时，抽拉采血。

2）禽的翅静脉采血。将禽侧卧保定，翅膀展开，露出腋窝部，拔去羽毛可见翅静脉。消毒采血部位皮肤，采血时左手拇指压迫静脉向心端，血管充盈后，右手取连有 5 或 6 号细针头的注射器，从无血管处向翅静脉刺入，见血液回流即可抽血。

（7）犬采血方法

1）犬耳部采血。犬耳缘静脉适用于少量采血。可从耳缘静脉穿刺采取微量的血液用作血涂片分析。耳缘静脉包括前缘静脉和后缘静脉，均纵向呈树枝状由耳根向耳尖延伸，血管清晰，容易操作，操作时剪去耳尖部短毛，即可见耳缘静脉。

2）犬的主要静脉采血。犬四肢血管均明显粗大，适宜反复采血。

A．犬前肢头静脉采血。犬前肢头静脉是犬最常用的采血部位。该静脉位于前肢内侧皮下，靠前肢内侧外缘行走，血管清楚，容易固定。采血时助手保定犬使其自然蹲立并向前平举一侧前肢，或保定犬侧卧于手术台面，伸出体上侧前肢，以止血带在静脉近心端扎紧阻止血液回流。消毒后采血者持装有 6 号针头的注射器向血管旁刺入皮下后与血管平行刺入静脉，见回血即松开对静脉近心端压迫，并将针尖顺血管再推进少许，固定好针头抽取血液，采血后用棉球压迫止血。

B．犬后肢外侧小隐静脉采血。后肢外侧小隐静脉也是犬常用的采血部位，此静脉位于后肢胫部下 1/3 的外侧浅表皮下，由前侧向后行走。采血时由助手保定犬使之侧卧，剪去静脉所在部位被毛，用止血带绑在犬股部或由助手握紧股部阻止血液回流，可见静脉充盈，采血者持 6 号针头注射器向血管旁刺入皮下后与血管平行刺入静脉，见回血则放松静脉近心端压迫，并使针尖顺血管推进少许，固定好针头抽取血液。该静脉浅表易滑动，操作中应妥善固定静脉。

（8）羊采血方法　　羊多用颈静脉采血。颈静脉粗大，容易采取，而且取血量较多，一般 1 次可抽取 50～100ml。

羊侧卧保定，由助手用双手握住羊下颌，向上固定住头部。或站立保定后将头拉偏向一侧，在采血侧颈部剪毛并消毒。用左手拇指按压颈静脉，使之充盈，右手持采血针沿颈静脉沟以 45°迅速刺入皮肤及血管，如见回血，则证明已刺入血管。调整针头角度，使之与血管平行再推送 1～2cm，采血至所需量后拔出针头，采血部位以酒精棉球压迫片刻止血。

二、血液样品的处理和保存

采集的血液样品分为全血、血浆和血清。

全血是经过抗凝而含有血细胞成分的血液标本，常用于血红蛋白测定、细胞培养、全血分析或者制备血中各种细胞；血浆是全血标本去除了血细胞后的剩余部分，多用于血液凝固机制的检查；血清是全血经自然凝固后析出的液体，不含血细胞成分和各种凝血因子，常用于血液生化分析。

血液采出后，必须尽快根据研究目的制备成相应的血液标本，在合适条件下保存所需测定的成分才能得到准确的测定结果。采集的血液标本应避光保存，保存容器以玻璃、聚氯乙烯和聚四氟乙烯制品为宜。低温下保存的样品不能在室温慢慢溶解，而应放在 25～37℃水浴中短时间快速溶解，充分混匀，恢复到室温校正总量。血液标本应尽量避免反复冻融，这样会使血液成分改变。因此，为了不改变血液样品的成分，常将血液样品小容量分装保存。

血清一般保存于 4～6℃冰箱或冻结保存数天，多数成分是不会发生改变的。全血严禁冷冻，因为红细胞在冻结时受到物理作用的改变不可逆，将会溶血，影响测定结果。需用全血或血浆的检测项目必须用抗凝容器盛血液标本，于 4℃冰箱中保存。全血在保存时如发现界限不清，血浆与红细胞层交界处有松散的红色絮状，表示有轻度溶血，红色增多则是溶血加重，不能再使用。

血液中特别不稳定的成分，如氨、胆红素、酸性磷酸酶、同工酶、CO_2 等，在采血后必须立即进行检验。血液中具有生物活性的酶在不同温度下保存，其酶活性也会随保存时间延长而降低，如肌酸激酶活性在 −16℃放置 25h，失活 6%；4℃保存 24h，失活 47%；20℃保存 24h，失活 70%。全血在保存过程中，钾、氨、乳酸含量会增加，二氧化碳含量会减少。

三、血涂片制备

血涂片技术是制备血液样品最常用的技术。其是将血液样品制成单层细胞的涂片标本，经染色后可对血液中各种细胞进行形态观察、计数、大小测量等工作。

血涂片一般用将血管刺破后挤出的新鲜血液制备，但通常将血管中挤出的第一滴血弃去不用（因含有较多的单核细胞），第二滴血置于载玻片的一端；也可在载玻片一端滴加一滴采集到的试管中的全血。再取一张边缘光滑的载玻片，斜置于血滴的前缘，先向后稍移动轻轻触及血滴，使血液沿玻片端展开呈线状，两玻片的角度呈 45°（角度过大血涂片较厚,角度小则血涂片较薄),轻轻将载玻片向前推进,即涂成血液薄膜。推进时速度要均匀一致,否则血涂片会呈波浪形,厚薄不匀,初学者可把载玻片放在桌上操作。待血涂片自然干燥后,滴加数滴瑞氏染液盖满血涂片为止,染色1~3min后滴加等量的缓冲液(pH6.4)或蒸馏水,使其与染液充分混匀,静置2~5min。用蒸馏水冲去染液,吸水纸吸干后可在显微镜油镜下镜检观察。

第八节　动物伦理、动物福利及实验动物的安乐死

实验动物为生命科学发展和人类健康做出了重大贡献。随着社会进步和人类文明程度不断提高,善待实验动物既是人类文明道德的体现,也是人与自然和谐发展的需要。把握实验动物福利原则、遵循实验动物福利法规、严格履行动物实验伦理审查制度是切实保障实验动物福利的有效途径。

一、动物伦理与动物福利

1. 动物伦理　　动物伦理学是关于人与动物关系的伦理信念、道德态度和行为规范的理论体系,是一门尊重动物的价值和权利,使人与其他动物生存得更和谐、更完善,以显示人性尊严及生命意义的新的理论。

从事实验动物工作的单位应设立伦理审查机构,对动物实验进行伦理审查,确保实验方案符合伦理要求,并对实验过程进行监督管理,鼓励开展动物实验替代、优化方法的研究与应用,尽量减少动物使用量。伦理审查机构为独立开展审查工作的专门组织,可称为"实验动物福利伦理委员会""实验动物管理和使用委员会"等,依据章程,审查和监督本单位在开展实验动物研究、繁育、生产、经营、运输、动物实验设计和实施过程中,是否符合实验动物福利和伦理要求。经过伦理审查机构批准后方可开展各类实验动物的饲养、运输和动物实验,并接受日常监督检查。

动物伦理审查依据以下几个基本原则。

1)动物保护原则:主要审查是否遵守"3R"原则开展确有必要进行的实验项目。"3R"原则即减量原则、优化原则和替代原则。项目方案体现出对实验动物给予人道的保护,在不影响项目实验结果科学性的情况下,尽可能采取替代、减少、优化的实验动物使用方案,降低实验动物伤害频率和危害程度。

2)动物福利原则:主要审查是否遵守"五大自由"原则,善待实验动物,各类实验动物管理和处置要符合该类实验动物的操作技术规程。

3)伦理原则:从人类文明道德角度,尊重动物生命和权益,遵守人类社会公德。审查动物实验方法和目的是否符合人类的道德伦理标准和国际惯例,保证从业人员和公共环境的安全。

4)综合性科学评估原则:包括公正性原则、必要性原则和利益平衡性原则,此原则主要是为了保证伦理审查机构审查工作的独立、公正、科学、民主。以当代社会公认的道德伦理价值观为基础,兼顾动物和人类利益。

实验操作过程中,应该合理地、人道地处理动物,尽量保证那些为人类做出贡献的动物享有基本的权利,避免对动物造成不必要的伤害,反对和防止对动物的虐待,使实

验动物康乐生、安乐死。

2．动物福利　　动物福利是指为了使动物能够康乐而采取的一系列行为和给动物提供相应的外部条件，让动物处于心理愉悦的感受状态，包括无任何疾病，无行为异常，无心理紧张压抑和痛苦等，使动物能够活得舒适，死得不痛苦。

动物福利具有 5 个基本要素。

1）享有不受饥渴的自由。保证提供动物保持健康和精力所需要的食物和饮水，主要目的是满足动物的生命需要。

2）享有生活舒适的自由。提供适当的房舍或栖息场所，让动物能够得到舒适的休息和睡眠。

3）享有不受痛苦、伤害和疾病的自由。保证动物不受额外的疼痛，预防疾病和及时治疗患病动物。

4）享有生活无恐惧和悲伤的自由。保证避免动物遭受精神痛苦的各种条件和处置。

5）享有表达天性的自由。提供足够的空间、适应的设施，以及与同类动物伙伴在一起。

二、实验动物的安乐死

安乐死是动物实验中用来处死实验动物的一种手段，是从人道主义和动物保护角度，在不影响实验结果的前提下，尽快让动物无痛苦死去的方法，其可以最大限度地减少在实验结束后动物所受的生理和心理痛苦。实验动物实施安乐死，可能是中断实验而淘汰动物的需要，也可能是实验结束后做进一步检查的需要，更多的是为了保护健康动物而处理患病动物。

手术过程中动物常处于麻醉状态，如无须动物存活，可通过破坏心、脑等重要器官或者血液循环引起大出血而使动物在清醒之前迅速死亡，使其不会感受到手术及死亡过程的身心痛苦。如动物处于清醒状态，则需要采用适当的方法进行安乐死。实验动物安乐死常用的方法有颈椎脱臼法、空气栓塞法、放血法、断头法和药物法等。

颈椎脱臼法就是使动物的颈椎脱臼，造成脊髓与脑髓断开，致使动物无痛苦死亡。颈椎脱臼法能使动物很快丧失意识、减少痛苦，容易操作。同时，破坏脊髓后，动物内脏未受损伤，脏器可以用来取样。因此该方法是动物安乐死最常用方法之一。颈椎脱臼法最常用于小鼠、大鼠，也用于豚鼠和家兔。

空气栓塞法是将一定量的空气，由静脉推入动物血液循环系统内，使其发生栓塞而死。当空气被注入静脉后，可在右心随着心脏的跳动与血液相混呈泡沫状，随血液循环到全身各级血管形成气体性栓塞，如空气进入肺动脉可阻塞其分支，进入心脏冠状动脉可造成冠状动脉阻塞，发生严重的血液循环障碍，动物很快死亡。空气栓塞法主要用于较大动物的安乐死，如家兔、猫、犬等。

放血法是通过破坏血管一次性放出动物大量的血液，致使动物死亡的方法。由于采取此法，动物相对安静，痛苦少，同时对脏器无损伤，对采集病理切片也很有利。

断头法是用剪刀将动物颈部横断，然后将其头剪掉，动物因大量失血而死亡。断头法看似残酷但因其经时极短，动物的痛苦时间不长，并且脏器含血量少，便于采样检查。断头法适用于小鼠、大鼠等动物。

药物法主要包括药物吸入和药物注射两种方式。药物吸入是让动物经呼吸道吸入有毒气体或挥发性麻醉药而致死，适用于小鼠、大鼠、豚鼠等小动物。药物吸入常用的气体有 CO_2、CO、乙醚、氯仿等。而药物注射是将药物通过注射的方式注入动物体内，使动物致死，常用于较大的动物，如豚鼠、家兔、猫、犬等。药物注射常用的药物有氯化钾、巴比妥类麻醉药、滴滴涕（DDT）等。

选择何种安乐死方式，要根据动物的品种（系）、实验目的、安乐死术对脏器和组织细胞各阶段生理生化反应有无影响来确定。要确保动物死亡时间短，死亡过程无痛苦。

实施安乐死一般遵循以下原则：尽量减少动物的痛苦，避免动物产生惊恐、挣扎、喊叫；注意实验人员的安全，严格按操作规范进行；安乐死方法容易操作；不能影响动物实验的结果；尽可能地缩短安乐死致死时间；多方面判定动物是否死亡，如呼吸是否停止、神经反射、肌肉松弛等反应。

1. 大鼠安乐死术

（1）物理方法

1）颈椎脱臼法：主要用于处死幼年大鼠。操作时将大鼠放于粗糙平面，一只手抓紧尾根部，另一只手持大镊子夹住大鼠颈部（两耳后），两只手同时用力将大鼠颈椎拉至脱臼。大鼠尾部的皮肤容易被撕脱，因此应将鼠尾从尾根开始紧抓在手心。成年大鼠采用此法较费力，如不能迅速使颈椎脱臼，大鼠将承受较多痛苦。

2）断头法：两人操作时，由一人抓住大鼠，其一只手握住大鼠头部，另一只手握住背部，露出颈部，另一人持剪刀剪断大鼠颈部。断头法适用于较小的大鼠，成年大鼠颈部剪断较费力，需采用专门的大鼠断头器具。

3）放血法：割破大鼠颈动、静脉可迅速破坏大鼠血液循环，使大鼠很快发生失血性休克并死亡。操作时与断头法相似，由一人抓住大鼠，一只手握住大鼠头部，另一只手握住背部，但尽量将头部向背部后仰充分暴露颈部，另一人持锋利刀片用力切割颈部大血管所在位置切断血管，保持伤口开放，大鼠很快陷入失血性休克。

（2）化学方法

1）药物吸入：将大鼠放入一个封闭专用容器，无专用容器时可用透明大塑料袋代替，将大鼠笼盒整体放入塑料袋内，将输送气体用的胶管末端放入塑料袋后并把塑料袋封好，通入 CO_2、CO 或 N_2 等非麻醉性气体，或通入挥发性麻醉药如乙醚等，大鼠很快吸入大量窒息性气体而进入昏迷状态直至死亡。此法适合快速对大鼠批量实施安乐死。

2）药物注射：大鼠腹腔注射过量麻醉药，常用 20%乌拉坦过量腹腔注射。

2. 小鼠安乐死术

（1）物理方法

1）颈椎脱臼法：将小鼠放置在鼠笼上，一只手的拇指和食指紧抓鼠尾根部稍用力向后拉，在小鼠本能地向前挣扎并伸展身体时，另一只手持长镊夹住小鼠颈部，两手同时向反方向用力，可听见颈椎脱臼声，小鼠立即死亡。该方法操作简便有效，是小鼠安乐死最常用方法。

2）断头法：用一只手的拇指和食指夹住小鼠肩胛部固定，另一只手持剪刀剪断颈部，或采用专用的断头器锯断颈部。

（2）化学方法　　小鼠的化学安乐死术基本同大鼠。

3．豚鼠安乐死术

（1）物理方法 颈椎脱臼法：因豚鼠无尾，使用颈椎脱臼致死时，操作时一只手迅速扣住豚鼠背部，抓住其肩胛上方，用手指紧握颈部，另一只手抓紧豚鼠的两后肢，双手向相反方向旋转并用力拉，直至颈椎脱臼，动物身体张力消失。

（2）化学方法

1）药物吸入：豚鼠的药物吸入安乐死术基本同大鼠。

2）药物注射：通常采用巴比妥类麻醉药，用药量为深麻醉药量的 25 倍左右，常用静脉和心脏内注射，也可腹腔注射，按 90mg/kg 体重的剂量约 15min 死亡。

4．家兔的安乐死术

（1）物理方法

1）颈椎脱臼法：家兔体重小于 1kg 时，一只手以拇指和其余四指对握方式握紧家兔的颈部，另一只手紧握家兔的后肢，并使身体与头部呈垂直方向，两只手向相反方向同时用力。家兔体重大于 1kg 时，需要两人共同完成，一人用两只手抓紧家兔的颈部，另一人用两只手抓紧家兔后肢，两人同时用力反方向拉并旋转，直至脱臼，动物身体张力消失。

2）放血法：将家兔麻醉后由心脏穿刺一次性采取大量血液，至家兔心搏停止，适用于同时需要采集血液的处死。如果无须采集血液，可股动脉放血，将家兔麻醉并仰卧保定，在股动脉处做深切口切断血管，随时除去血凝块以保持伤口通畅，致血液持续流尽。

（2）化学方法

1）药物吸入：家兔的药物吸入致死基本同大鼠。

2）药物注射：常用巴比妥类麻醉药过量注射，用量为深麻醉用量的 25 倍左右，采用腹腔注射。也可注射 DDT，皮下注射 0.25g/kg 体重，静脉注射 43mg/kg 体重。

5．犬的安乐死术

（1）物理方法 放血法：犬安乐死时失血部位多选颈动脉或股动脉，常采用插管进行放血操作，可以同时收集血液用于研究。将犬麻醉后，手术暴露颈动脉或股动脉，以止血钳钳闭血管两端，在血管壁上剪一小口插入套管，放开近心端的止血钳，插管另一端可接导管收集血液。

（2）化学方法 药物注射：犬安乐死时常采用药物注射方法，主要采用巴比妥类麻醉药静脉注射或腹腔注射、水合氯醛静脉注射、氯胺酮肌内注射。

6．猪的安乐死术

（1）物理方法 放血法：常采用颈动脉或股动脉放血，操作同犬。

（2）化学方法 药物注射：主要采用巴比妥类麻醉药静脉注射或腹腔注射、水合氯醛静脉注射或氯胺酮肌内注射。

第 二 章　家畜解剖学实验指导

家畜解剖学实验是观察动物形态学特点的一门实验课，学生在实验过程中会接触到大量标本、模型，也会接触到活体动物及新鲜或固定后的动物尸体，通过教师的讲解和示教，学生独立观察和解剖，对理论教学环节学习的正常有机体各系统的组成、器官的位置、形态和构造进行识别，进一步加强对动物解剖结构的掌握，为继续学习相关专业基础课和专业课打下坚实的基础。

实验一　家畜头骨及躯干骨的形态结构观察

【实验目的】

通过本实验，验证和巩固家畜头骨、躯干骨的组成、位置及主要结构特征，培养学生学习形态学课程的方法和基本观点。具体要求如下。

1. 掌握牛、羊、马、猪头骨、躯干骨的名称。
2. 掌握头骨、躯干骨的组成、结构特征及相互位置关系。
3. 比较牛、羊、马、猪头骨、躯干骨形态结构的异同。
4. 初步了解结构与功能的关系。

【实验材料】

1. 牛、羊、马、猪骨骼塑化标本。
2. 分离的头骨及躯干骨标本。

【实验内容】

（一）头骨

头骨包括颅骨和面骨。

1. 颅骨　　颅骨是参与构成颅腔的骨骼，包括枕骨、顶骨、顶间骨、额骨、颞骨、蝶骨、筛骨、犁骨和翼骨，其中顶骨、额骨、颞骨和翼骨成对。

2. 面骨　　面骨位于头骨的前腹侧，包括鼻骨、切齿骨、泪骨、颧骨、上颌骨、腭骨、下鼻甲骨、下颌骨、舌骨。

（二）躯干骨

躯干骨包括椎骨、肋和胸骨。

1. 椎骨的一般形态　　以腰椎为例。椎骨由椎体、椎弓和突起（横突、棘突和前、后关节突）组成。椎体位于椎骨的腹侧，呈圆柱状，前端凸为椎头，后端凹为椎窝，相邻椎骨的椎头、椎窝成关节。椎弓位于椎骨的背侧，为弓形的骨板，椎弓与椎体围成椎孔，椎孔相连构成椎管，内藏脊髓。

2．各段椎骨的特点

（1）颈椎　　颈椎共 7 枚。

第 1 颈椎也称为寰椎，呈环形，由背侧弓、侧块和腹侧弓组成；前端有成对的关节窝，与枕髁成关节，后端有鞍状关节面，与枢椎成关节；横突呈板状，称为寰椎翼，其腹侧凹称为寰椎窝，寰椎翼背侧面前部有一对孔，内侧的为椎外侧孔，外侧的为翼孔。

第 2 颈椎也称为枢椎，椎体最长，棘突发达呈板状；椎体前端有呈半圆形的齿突，与寰椎成关节。

第 3～5 颈椎的形态相似，椎头、椎窝明显，有腹侧嵴；棘突短小，向前倾斜；关节突发达。

第 6 颈椎的主要特点是椎体短，棘突较长，无腹侧嵴。

第 7 颈椎的主要特点是棘突较长，横突一支，无横突孔，椎窝两侧有与肋骨头成关节的肋凹。

（2）胸椎　　胸椎 13 枚，椎体较短，椎头、椎窝不明显，椎头的两侧有前肋凹，椎窝的两侧有后肋凹，最后胸椎无后肋凹，相邻椎体之间有椎间孔和椎外侧孔；棘突发达向后倾斜，至第 13 胸椎变直；横突短，腹侧有横突肋凹，背侧有乳头。

（3）腰椎　　腰椎 6 枚，椎头、椎窝不明显，棘突高度与最后胸椎相似，横突长，向两侧水平伸出，水牛的横突前缘有钩突；前关节突关节面呈槽状，后关节突呈轴状。

（4）荐椎　　荐椎 5 枚，愈合成荐骨。

（5）尾椎　　尾椎 16～20 枚，前 5 或 6 枚具有椎骨的一般形态，此后突起和椎弓逐渐消失，最后只剩棒状的椎体。前位尾椎腹侧有一血管沟。

3．肋　　牛、羊有 13 对。肋分为背侧的肋骨和腹侧的肋软骨。肋骨包括肋头、肋颈和肋体。肋小头、肋结节（与胸椎的横突肋凹成关节）、肋骨的前缘外侧面上部有肌沟，后缘内侧面有血管沟。前 8 对肋的肋软骨与胸骨相连构成胸肋关节，这些肋称为真肋；其余肋的肋软骨借结缔组织与前一肋软骨相连形成肋弓，附着于第 8 肋软骨，这些肋称为假肋；有的肋下端游离，不参与形成肋弓，称浮肋。马有 18 对肋，真肋 8 对，假肋 10 对。猪肋 14～15 对，7 对真肋，其余为假肋。

4．胸骨　　胸骨由胸骨柄、胸骨体和剑状软骨组成。牛的胸骨背、腹压扁，无柄状软骨和胸骨嵴。

5．胸廓　　胸廓是由背侧的胸椎、两侧的肋和腹侧的胸骨组成的前窄后宽的锥形腔体。前口呈纵的椭圆形，由第一胸椎、第一对肋和胸骨柄组成，后口宽大倾斜，由最后胸椎、最后一对肋、肋弓和剑状软骨组成。

【实验报告】

1．任选一种动物，绘制其颅骨的形态。

2．任选一种动物的任意一节颈椎，绘制其形态。

实验二　家畜四肢骨的形态结构观察

【实验目的】

通过本实验，验证和巩固有关家畜四肢骨的组成及主要结构特征，培养学生学习形态学课程的方法和基本观点。具体要求如下。

1．掌握牛、羊、马、猪四肢骨的名称。

2．掌握牛、羊、马、猪四肢骨的组成、各骨的结构特点及相互位置关系。

3．比较牛、羊、马、猪四肢骨形态结构的异同。

4．初步了解结构与功能的关系。

【实验材料】

1．牛、羊、马、猪骨骼塑化标本。

2．分离的四肢骨标本。

【实验内容】

四肢骨包括前肢骨和后肢骨。

（一）前肢骨

1．前肢骨的组成　　前肢骨由肩胛骨、肱骨（臂骨）、前臂骨（桡骨、尺骨）、前脚骨（腕骨、掌骨、指骨和籽骨）组成。

2．前肢骨的形态结构

（1）肩胛骨　　肩胛骨位于胸廓前部的两侧，属肩带部骨。为三角形的扁骨，有两面（内侧面和外侧面）、三缘（前缘、后缘和背侧缘）和两端（近端和远端）。外侧面有纵行的嵴，叫作肩胛冈，肩胛冈中部有较粗厚的冈结节，其下端的突起为肩峰，肩胛冈的前上方和后下方分别为冈上窝和冈下窝；内侧面的中部有大而浅的肩胛下窝，在窝的上方、前后各有一粗糙的锯肌面。肩胛骨的前缘薄，后缘厚，背侧缘附着肩胛软骨。肩胛骨远端后部有圆形的浅窝称为关节盂（肩臼），与臂骨头形成肩关节，关节盂前上方的突起叫作盂上结节（肩胛结节），其内侧的突起称为喙突。

（2）肱骨　　近端后方有肱骨头，其前部两侧有大（外侧）、小（内侧）结节，两结节之间的沟称为臂二头肌沟。肱骨骨体外侧面有从后上方经外侧转向前下方的螺旋状的臂肌沟，肌沟的前缘为臂骨嵴，肱骨近端上方有三角肌粗隆，内侧中部有大圆肌粗隆。肱骨远端为肱骨髁，由肱骨滑车和肱骨小头组成，分别称为内、外侧髁，肱骨髁后面形成鹰嘴窝。

（3）前臂骨　　前臂骨为长骨，包括2块骨，桡骨位于前内侧，尺骨位于后外侧。前臂骨近端与肱骨远端构成肘关节。桡骨呈前后略扁的圆柱状，稍向前弓，近端背内侧有桡骨粗隆。尺骨近端向后上方突出形成鹰嘴，其顶端称为鹰嘴结节，鹰嘴的前缘中部有钩状的肘突，肘突下方为滑车切迹；尺骨远端向下突出称为茎突。桡骨和尺骨之间有间隙，称为前臂骨间隙。

（4）腕骨　　腕骨为短骨，一般由 2 列组成。不同动物两列数目不同，牛的腕骨近列 4 块，由内向外依次为桡腕骨、中间腕骨、尺腕骨和副腕骨，副腕骨突向后方；远列 2 块，内侧为愈合的第 2+3 腕骨（算 1 块），外侧为第 4 腕骨。常缺第 1 腕骨。

（5）掌骨　　掌骨为长骨，近端接腕骨，远端接指骨。有蹄动物的掌骨有不同程度的退化。牛的掌骨有 3 块，即第 3～5 掌骨，其中第 3、4 掌骨愈合成一块，称为大掌骨，骨干短而宽，近端背内侧有粗糙的掌骨粗隆。第 5 掌骨退化为锥形小骨。

（6）指骨　　　各种家畜指的数目不同。牛有 4 个指，即第 2～5 指，其中第 3、4 指发达、着地，称为主指，每个主指有 3 个指节骨，即近指节骨（系骨）、中指节骨（冠骨）和远指节骨（蹄骨），近指节骨和中指节骨呈短的圆（棱）柱状，蹄骨呈三棱角锥状，分壁面、底面和关节面，壁面近端内侧缘有伸腱突，底面后方有屈肌结节（屈腱面）。第 2、5 指退化，位于悬蹄内，称为悬指。

（7）籽骨　　　每个主指各有一对近籽骨和一块远籽骨。

3. 牛、羊、马、猪前肢骨的比较

1）肩胛骨的比较。肩胛冈和冈结节的形态、肩峰的有无。

2）肱骨的比较。大结节和小结节的形态、结节间沟的形态、圆肌粗隆的发达程度等。

3）前臂骨的比较。尺骨的发达程度、前臂骨间隙的数目等。

4）腕骨数目的比较（猪 8 块，马和羊 7 块，牛 6 块）。

5）掌骨数目的比较（猪 4 块，牛、羊和马 3 块）。

6）指骨和籽骨数目的比较（猪和牛 4 指，马 1 指；牛羊近籽骨 4 块、远籽骨 2 块；马近籽骨 2 块、远籽骨 1 块；猪近籽骨 4 块、远籽骨 2 块）。

（二）后肢骨

1. 后肢骨的组成　　后肢骨由髋骨（髂骨、耻骨、坐骨）、股部骨骼（股骨、髌骨）、小腿骨（胫骨、腓骨）、后脚骨（跗骨、跖骨、趾骨和籽骨）组成。

2. 后肢骨的形态结构

（1）髋骨　　　髋骨由髂骨、耻骨、坐骨组成。

1）髂骨。髂骨分为前上方的髂骨翼和后下方的髂骨体。髂骨翼宽而扁，呈三角形。髂骨翼的外侧角称为髋结节，内侧角称为荐结节。翼的背外侧面称为臀肌面，腹内侧面称为荐盆面，荐盆面的内侧部称为耳状关节面。翼的内侧缘凹，称为坐骨大切迹。髂骨体呈三棱柱状，背侧缘高而薄称为坐骨嵴。髂骨体下 1/3 腹侧面有腰小肌结节，远端参与构成髋臼。

2）耻骨。耻骨构成骨盆底的前部。由耻骨体和两个耻骨支构成，与坐骨之间围成大而呈卵圆形的闭孔。耻骨体为连接髂骨体和坐骨体的部分，三者共同参与构成髋臼。耻骨前支较窄，位于闭孔前方，自耻骨体伸向内侧，其前缘薄，称为耻骨梳，与髂骨交接处形成髂耻隆起。耻骨后支位于闭孔内侧，自耻骨前支向后延伸，与坐骨支相接，双侧耻骨支在中线相接，形成骨盆联合的前部（耻骨联合），在耻骨联合前腹侧有耻骨腹侧结节。

3）坐骨。坐骨构成骨盆底壁后部，由坐骨体、后支和坐骨板组成。坐骨体位于闭孔外侧，与髂骨和耻骨愈合形成髋臼，后支位于闭孔内侧，坐骨板位于闭孔后方。坐骨后外侧角粗大，称为坐骨结节（牛有 3 个突起），两侧坐骨后缘形成坐骨弓，坐骨结节至坐骨棘之间凹陷，称为坐骨小切迹。两侧坐骨支在中线相接，形成骨盆联合的后部（坐骨联合）。

4）髋臼。髋臼为深的关节窝，由髂骨、耻骨和坐骨构成，与股骨成关节。关节窝分为两部分，浅部为新月形的关节面部分，称为月形面；深部为非关节面的凹陷。髋臼内侧缘有缺刻，称为髋臼切迹。

5）骨盆。骨盆由背侧的荐骨、前 3 枚尾椎、两侧的髂骨和荐结节阔韧带和腹侧的耻骨和坐骨围成。骨盆前口由背侧的荐骨岬、两侧的髂骨体和腹侧的耻骨前缘围成，后口由背侧的第 3 尾椎、两侧荐结节阔韧带的后缘和坐骨弓围成。

（2）股部骨骼　　股部骨骼包括股骨和髌骨。

1）股骨。股骨为管状长骨，由两端和骨体构成。近端内侧有近似球形的股骨头，上有股骨头凹，股骨头与髋臼成关节，股骨头与骨体连接处缩细为股骨颈，股骨头外侧的突起称为大转子。股骨体内侧上部、股骨头下方的突起称为小转子，大转子与小转子之间相连的嵴称为转子间嵴，嵴内侧深的凹陷称为转子窝。马的股骨外侧有发达的第三转子。股骨远端前方为股骨滑车，内侧嵴高而外侧嵴低，与髌骨成关节；后方为股骨内、外侧髁，与胫骨成关节；两髁近侧各有一上髁，两髁之间为髁间窝，两髁后面上方的平滑面为腘肌面，腘肌面外侧髁上方深的凹陷为髁上窝，为指浅屈肌的起始处；外侧髁与股骨滑车外侧嵴之间的凹陷为伸肌窝，外侧髁外侧的浅凹为腘肌窝。

2）髌骨。髌骨又称为膝盖骨，位于股骨远端的前方，呈楔状，底在上，尖朝下；外侧面粗糙，内侧面有一嵴，将关节面分为内、外两部分。

（3）小腿骨　　小腿骨由胫骨和退化的腓骨组成。

1）胫骨。胫骨由两端和骨体组成，近端有内、外侧髁，中间突起称为髁间隆起，外侧髁的外侧缘有退化的腓骨，即腓骨头。近端前面隆起，称为胫骨粗隆，弯向外侧。骨体上部呈三棱形，下部呈扁柱状，上部前面有从胫骨粗隆向下延续的胫骨前缘，以前称为胫骨嵴；后面有腘肌线。远端内侧下垂的突起为内侧踝，外侧有关节面与踝骨成关节。

2）腓骨。腓骨体消失，仅保留两端，近端即腓骨头，远端形成小的踝骨，呈四边形，与胫骨和跟骨成关节。

（4）后脚骨　　后脚骨包括跗骨、跖骨、趾骨和籽骨。

1）跗骨。由数块短骨构成，位于小腿骨与跖骨之间。各种家畜数目不同，一般由 3 列构成。牛的跗骨由 3 列 5 块短骨组成，近列内侧为距骨；外侧为跟骨，跟骨游离端粗大，称为跟结节；中间列为中央跗骨，与第 4 跗骨愈合；远列由内向外依次为第 1 跗骨和愈合的第 2＋3 跗骨（算 1 块）。

2）跖骨。与前肢掌骨相似，牛的跖骨有 3 块，为第 2~4 跖骨，第 3、4 跖骨愈合为大跖骨，形态与前肢的大掌骨相似，但跖骨细长，第 2 跖骨为退化的小骨，附在大跖骨的后内侧。注意掌骨与跖骨的区别：掌骨对第 2＋3 腕骨和第 4 腕骨的关节面为两个略呈圆边三角形的关节面，而跖骨对第 2＋3 跗骨和第 4 跗骨的关节面与掌骨的相似，对第 1 跗骨的关节面在后内侧。

后肢趾骨和籽骨与前肢相应的指骨、籽骨相似。

3．牛、羊、马、猪后肢骨的比较　　主要比较髂骨、坐骨结节、髋臼、骨盆的形态，以及股骨大转子、第 3 转子、转子嵴、胫骨粗隆、腓骨、跗骨（猪和羊 7 块，马 6 块，牛 5 块）、距骨（羊 5 块，猪 4 块，牛和马 3 块）、趾骨和籽骨（羊通常 4 趾，也有 5 趾的，猪和牛 4 趾，马 1 趾；后肢籽骨数与前肢相同）的数目。

【实验报告】

1．任选一种动物，绘制其前肢骨的形态。
2．任选一种动物，绘制其后肢骨的形态。

实验三　家畜全身骨连接观察

【实验目的】

通过观察标本，学习和验证家畜体关节的基本结构、躯干部及四肢的关节相关知识。具体要求如下。

1．观察头骨连接、脊柱连接、肋椎关节、肋骨与肋软骨连接、肋软骨与胸骨连接。
2．掌握牛、羊、马、猪前、后肢骨连接，各关节的构成，骨盆的构成，关节的名称、结构特点及位置。
3．通过观察掌握关节的构造，以及各部连接结构、特点。
4．本次实验应与头骨、躯干骨和四肢骨结合在一起观察识别，构成动物骨及关节的整体概念，了解结构与功能的关系。

【实验材料】

1．牛、羊、马、猪骨骼塑化标本。
2．分离的关节标本。

【实验内容】

（一）头部关节

颞下颌关节。

（二）躯干部关节

1．脊柱连接　　椎体间连接、椎弓间连接、脊柱总韧带、寰枕关节、寰枢关节。
2．胸廓连接　　肋椎关节（肋头关节、肋横突关节）、胸肋关节。

（三）四肢关节

1．前肢的关节　　肩关节、肘关节、腕关节、指关节（系关节、冠关节、蹄关节）。
2．后肢的关节　　荐髂关节、髋关节、膝关节、跗关节、趾关节（系关节、冠关节、蹄关节）。

【实验报告】

1．在实验二绘制的前肢骨上标出前肢关节。
2．在实验二绘制的后肢骨上标出后肢关节。

实验四　家畜全身肌肉的观察

【实验目的】

通过观察肌肉标本，学习和验证家畜体躯干部的肌肉相关知识。具体要求如下。
1．掌握牛、羊、马、猪全身肌肉的名称、分布、结构特点及位置。
2．通过对关节、肌肉的整体观察，了解结构与功能的关系。

【实验材料】

1．制作好的牛、羊、马、猪全身肌肉塑化标本。
2．制作好的牛、羊、马、猪四肢肌肉标本。

【实验内容】

（一）牛、羊、马、猪头部的主要肌肉

1．开肌　　鼻唇提肌、犬齿肌、上唇提肌、下唇降肌、枕下颌肌、二腹肌。
2．括约肌　　口轮匝肌、颊肌。
3．闭口肌　　咬肌、翼肌、颞肌。

（二）牛、羊、马、猪躯干的主要肌肉

包括背腰最长肌、髂肋肌、肋间内肌、肋间外肌、腹外斜肌、腹内斜肌、腹直肌。

（三）牛、羊、马、猪前肢的主要肌肉

1．肩带部的主要肌肉
（1）背侧组　　斜方肌（颈斜方肌、胸斜方肌）、菱形肌、背阔肌、臂头肌。
（2）腹侧组　　胸浅肌、胸深肌、腹侧锯肌。
2．肩部的主要肌肉
（1）外侧组　　冈上肌、冈下肌、三角肌。
（2）内侧组　　肩胛下肌、大圆肌。
3．臂部的主要肌肉
（1）伸肌组　　臂三头肌、前臂筋膜张肌。
（2）屈肌组　　臂二头肌、臂肌。
4．前臂及前脚部的主要肌肉
（1）背外侧肌组　　腕桡侧伸肌、指总伸肌、指内侧伸肌、指外侧伸肌。
（2）掌侧肌组　　腕外侧屈肌、腕尺侧屈肌、腕桡侧屈肌、指浅屈肌、指深屈肌。

（四）牛、羊、马、猪后肢的主要肌肉

　　1. 髋部的主要肌肉
　　（1）臀部肌组　　臀浅肌（牛无）、臀中肌、臀深肌。
　　（2）股部肌组
　　1）股后肌组：股二头肌、半腱肌、半膜肌。
　　2）股前肌组：阔筋膜张肌、股四头肌。
　　3）股内侧肌组：股薄肌、内收肌、缝匠肌。
　　2. 小腿后脚部的主要肌肉
　　（1）背外侧肌组　　趾长伸肌、趾外侧伸肌、腓骨第三肌、胫骨前肌。
　　（2）跖侧肌组　　腓肠肌、趾浅屈肌、趾深屈肌。

【实验报告】

　　1. 任选一种动物，绘制其前肢肌内、外侧观。
　　2. 任选一种动物，绘制其后肢肌内、外侧观。

实验五　家畜消化系统的观察

【实验目的】

　　通过观察标本，学习和验证家畜消化系统各部位的相关知识。具体要求如下。
　　1. 了解家畜口腔的构成及口腔内各部位的形态结构和相对位置。
　　2. 掌握马胃及牛、羊胃的构成、形态、位置及相对位置关系。
　　3. 掌握家畜小肠及大肠的形态结构、位置及不同动物间的异同。

【实验材料】

　　1. 牛、羊、马、猪整体消化系统塑化标本。
　　2. 牛、羊、马、猪消化系统分解塑化标本。

【实验内容】

（一）反刍动物的消化系统（主要以羊为例）

　　羊的消化系统包括口腔、咽、食管、胃、肠、肝和胰。
　　首先在羊整体消化系统塑化标本上依次认识口腔、咽、食管、瘤胃、网胃、瓣胃、皱胃及各段肠管等器官的位置、形态和构造。进而在羊消化系统分解塑化标本中，对消化系统各器官的具体形态特点进行观察。
　　1. 口腔　　口腔是消化管的起始部，有采食、吸吮、泌涎、味觉、咀嚼与吞咽等功能。口腔的前壁是唇，两侧壁是颊，顶壁是硬腭，底壁为舌和下颌骨切齿部及其表面的黏膜。口腔分为口腔前庭和固有口腔，唇和颊与齿弓之间的空隙称为口腔前庭，齿弓之内的空间称为固有口腔。在口腔内有舌和齿，在口腔外有大唾液腺（腮腺、下颌腺和舌下腺），借导管与口腔相通。口腔内表面被覆黏膜，在活体光滑、湿润，为粉红色，有的牛口腔黏膜有色斑。此外，口腔内还分布有唇腺、颊腺、舌腺、腭腺等小唾液腺。

（1）唇　　　唇为口腔的前壁，分上唇和下唇。上、下唇之间为口裂，在两端汇合为口角。唇外被皮肤，内衬黏膜，中间为口轮匝肌。上唇短而灵活，上唇中间有明显的纵沟。上唇与鼻孔之间无毛，形成鼻唇镜，内有鼻唇腺，正常时经常分泌有水样液体，温度比较低。

（2）颊　　　颊为口腔的侧壁，外被皮肤，内衬黏膜，中间为颊肌。颊黏膜上有尖端向后的锥状乳头，在与第3～5上颊齿相对处有腮腺导管开口。

（3）硬腭　　　硬腭为口腔的顶壁，由骨质硬腭被覆黏膜构成，向后延续为软腭。硬腭短而宽，表面正中央有纵行的腭缝，两侧有横向的腭褶，其游离缘呈锯齿状；腭缝前端有一小突起，为切齿乳头。反刍动物上颌无切齿，硬腭前部的黏膜形成厚而致密的角质层，称为齿枕。

（4）齿　　　齿着生于上颌骨和下颌骨上，排列形成上、下齿弓，上齿弓较宽。

齿分为切齿、犬齿、颊齿，牛、羊无上切齿和上犬齿。下切齿每侧有3枚，由内向外依次为门齿、中间齿和边齿。下犬齿每侧有1枚。颊齿分前臼齿和臼齿，前臼齿和臼齿每侧上、下各3枚。其恒齿式为

$$2 \times \left(\frac{切齿0 \cdot 犬齿0 \cdot 前臼齿3 \cdot 臼齿3}{切齿3 \cdot 犬齿1 \cdot 前臼齿3 \cdot 臼齿3} \right) = 32 \text{枚}$$

齿露在齿龈外的部分为齿冠，被齿龈包裹的部分为齿颈，埋在齿槽内的部分为齿根，切齿和犬齿只有1个齿根，颊齿有2或3个齿根，齿根末端有孔通齿髓腔。齿根据齿冠长短分为长冠齿和短冠齿，牛、羊的切齿和犬齿为短冠齿，颊齿为长冠齿。齿有唇面（或颊面）、舌面、接触面和咀嚼面，在咀嚼面有齿星和齿漏斗（长冠齿）。常根据下切齿的出齿、换齿、齿咀嚼面的形态变化等来估计年龄。

（5）口腔底和舌　　　口腔底的中、后部由舌所占据，其前部由下颌骨切齿部被覆黏膜组成，黏膜上有一对乳头为舌下阜，下颌腺管和单口舌下腺管开口其上。

舌为采食和味觉器官，分为舌根、舌体和舌尖三部分。舌根为舌的后部，附着于舌骨；舌体位于颊齿之间，以腭舌弓与舌根为界；舌尖为舌前端的游离部分。舌背后部有一椭圆形隆起为舌圆枕。

舌由舌肌和舌黏膜构成。舌肌分为固有舌肌和外来舌肌。舌黏膜被覆于舌肌表面，舌背黏膜较厚，角化程度也较高，形成许多形态和大小不等的两类乳头，即味觉乳头（菌状乳头、轮廓乳头）和机械乳头（丝状乳头、圆锥乳头和豆状乳头）。舌圆枕上有豆状乳头和圆锥乳头。舌尖背面大头针样的小白点是菌状乳头。舌体与舌根交界处两侧的圆圈状结构是轮廓乳头。舌根部背侧的黏膜内有舌扁桃体。舌尖腹侧面的黏膜较薄，在舌尖与舌体交界处腹侧有黏膜褶与口腔底相连，为舌系带，牛有两条舌系带。

（6）大唾液腺　　　包括腮腺、下颌腺和舌下腺。腮腺位于耳廓基部下方，下颌支后缘皮下，略呈狭长的倒三角形，上端宽厚，腮腺导管伴面动脉沿咬肌前缘走行，开口于与第5上颊齿相对的颊黏膜上。下颌腺比腮腺大，呈新月形，位于腮腺深面，导管开口于舌下阜。舌下腺位于舌体与下颌骨体之间的黏膜下，分多口和单口舌下腺，多口舌下

腺位于背侧，腺管直接开口于口腔底黏膜上，单口舌下腺位于腹侧，腺管与下颌腺管一起开口于舌下阜。

2. 咽和软腭

（1）咽　咽略呈漏斗状，分为三部分，前部被软腭分为背侧的口咽部和腹侧的鼻咽部，后部为喉咽部。口咽部在前腹侧，位于软腭与舌根之间，以咽门通口腔，侧壁上有腭扁桃体窦，窦壁上有腭扁桃体。鼻咽部在前背侧，位于软腭上方，以两个鼻后孔通鼻腔，顶壁有咽中隔和咽扁桃体，两侧壁上有裂隙状的咽鼓管咽口，通中耳。喉咽部在后方，位于喉口的上方和软腭后方，经食管口和喉口分别通食管和喉，在喉口两侧形成咽隐窝。注意观察咽以 7 个口与周围结构相通：以 2 个鼻后孔与鼻腔相通，以 2 个咽鼓管咽口与中耳相通，以咽门与口腔相通，以食管口和喉口分别与食管和喉相通。

（2）软腭　软腭前端附着于硬腭，两侧附着于咽前部侧壁上，后端游离呈弓形，称为腭弓。软腭由腭肌被覆黏膜构成。软腭向后与咽侧壁相连，此处的黏膜褶称为腭咽弓，向腹侧与舌根相连，此处的黏膜褶称为腭舌弓，腭舌弓与舌根间围成咽门；软腭腹侧的黏膜内有腭帆扁桃体。软腭平时下垂而伏于舌根上，吞咽时上提。

3. 食管　食管起于咽，止于瘤胃，分为颈、胸、腹三段，颈段初位于喉和气管背侧，至颈中部渐渐转至气管的左侧；胸段位于气管背侧、胸主动脉腹侧，穿过膈肌至腹腔延续为腹段；腹段很短，以贲门连接瘤胃。颈段食管左背外侧有颈总动脉和迷走交感干。胸段食管后段背、腹侧有迷走神经背侧干和腹侧干。切断食管观察其结构，食管从外向内依次由外膜、肌层、黏膜下层和黏膜组成。肌层较厚，为横纹肌，其深面为黏膜下层，最内层为黏膜，食管腔因黏膜皱褶而变狭窄；纵向切开食管，可见黏膜形成纵行皱褶。

4. 胃　羊的胃是复胃，由瘤胃、网胃、瓣胃和皱胃 4 个胃组成。

（1）瘤胃　瘤胃位于腹腔左侧，为左右略扁、前后稍长的椭圆形大囊，前至膈，后至骨盆前口。瘤胃前、后端分别有较深的前沟和后沟，左右两侧有与前、后沟相连的左纵沟和右纵沟，右纵沟上方有副沟，两者之间围成瘤胃岛；瘤胃两侧自后沟前端分别向背侧和腹侧伸出背侧和腹侧冠状沟。瘤胃左、右纵沟背侧为瘤胃背囊，腹侧为腹囊；前沟背侧为瘤胃房（前囊），腹侧为瘤胃隐窝；后沟背侧为后背盲囊，腹侧为后腹盲囊。

观察瘤胃内部结构发现，瘤胃由黏膜、黏膜下层、肌层和外膜组成。瘤胃黏膜呈棕黑色，有许多圆锥状和叶片状的乳头，注意各部分乳头分布的差异；瘤胃内壁还有色淡的肉柱，与前沟、后沟、左纵沟、右纵沟和冠状沟相对，分别称为前柱、后柱、左纵柱、右纵柱和冠状肉柱，肉柱上无乳头；前、后柱和左、右纵柱围成瘤胃内口，沟通背、腹囊。瘤胃的入口是贲门，开口于瘤网胃交界处，称为胃房，也称为瘤胃前庭；瘤胃出口是瘤网口，由瘤网褶围成，与外表的瘤网胃沟相对。

（2）网胃　网胃位于膈的后方，紧贴于瘤胃房的前方，两者之间以瘤网沟为界。网胃呈前后略扁梨形，游离的腹侧端为网胃底。网胃体表投影与第 6～9 肋间相对。观察网胃黏膜和网胃沟发现，网胃黏膜形成网格状黏膜褶，似蜂房，在黏膜褶和网胃房底布满角质乳头。网胃的进口是瘤网口，出口是网瓣口，在贲门和网瓣口之间有胃沟相连，称为网胃沟，也称为食管沟。网胃沟由左、右沟唇和沟底组成，呈螺旋状扭曲，起始部开口向后，中部向左，末端向前。

（3）瓣胃　瓣胃位于右季肋部、瘤胃房右侧，体表投影与第 7～11 肋间隙下部相对。瓣胃略呈侧扁的球形，凸缘（大弯、瓣胃弯）朝向右后上方，凹缘（小弯、瓣胃底）朝向左前下方，以细的瓣胃颈与网胃相连。瓣胃黏膜形成瓣胃叶，附着于大弯，有大、中、小、最小 4 级，其上布满角质乳头；瓣胃底无瓣叶，有瓣胃沟，大瓣叶的游离缘与瓣胃沟之间形成瓣胃管。瓣胃的进口是网瓣口，出口是瓣皱口，两口之间有瓣胃沟和瓣胃管相连。在瓣皱口的两侧黏膜各形成一小皱褶，为瓣胃帆。瓣胃因瓣叶间充满较干的饲料而较坚硬。

（4）皱胃　　皱胃位于右季肋部和剑状软骨部、瓣胃的腹侧，体表投影与第 8～12 肋下部相对。皱胃为弯曲的长梨形囊，凸缘向下，为大弯，凹缘向上，为小弯。皱胃分为胃底、胃体和幽门部，胃底为起始部的膨大部分，在瘤胃隐窝和网胃底腹侧，向后延续为胃体；幽门部在瓣胃后方沿肋弓转向后上方，以幽门连接十二指肠。皱胃黏膜光滑，柔软，在胃底和胃体部有 12～14 条螺旋形皱褶，称为皱胃旋褶；在小弯侧有皱胃沟；在幽门小弯侧壁内环形肌增厚，形成幽门圆枕。根据黏膜颜色和位置可将皱胃分为贲门腺区（色淡）、胃底腺区（灰红色）和幽门腺区（黄色）。

（5）大网膜和小网膜

1）大网膜：大网膜发达，分浅、深两层，浅层起于瘤胃左纵沟，沿腹囊左侧面向下绕过腹囊腹侧至右侧腹壁，向上止于皱胃大弯及十二指肠的前部和降部。深层起于瘤胃右纵沟，沿瘤胃腹囊脏面向下达腹底壁，再经空肠和结肠右侧向上止于十二指肠降部。浅层和深层于瘤胃后沟处相延接，两者之间围成口袋状的网膜囊隐窝，包裹瘤胃腹囊；切开一部分浅层，将手指伸入探知网膜囊。大网膜深层与瘤胃背囊脏面围成网膜囊上隐窝，向后与腹膜腔相通，大部分肠管位于其中。

2）小网膜：小网膜起始于肝脏面，从肝门至食管压迹，经瓣胃右侧后行连接皱胃小弯和十二指肠前部，瓣胃被包在其中。小网膜在瘤胃和肝之间形成网膜囊前庭，借网膜孔与腹膜腔相通。

5．肠

（1）小肠　　小肠分为十二指肠、空肠和回肠。几乎全部位于腹腔右侧，由总肠系膜悬于腹腔顶壁，在网膜囊上隐窝内。

1）十二指肠：十二指肠位于右季肋部和腰部，分三部三曲，前部起始于幽门，在肝脏面形成乙状祥，前曲为由前部折转为降部的弯曲。降部位于腰部，自前曲伸向后上方，在髋结节附近转向内侧，延续为后曲。升部自后曲向前延伸，在胰腹侧以十二指肠空肠曲移行为空肠，升部位于降结肠右侧，两者之间有十二指肠结肠襞（韧带）相连。

2）空肠：空肠位于腹腔右侧，盘曲成许多肠祥，以空肠系膜悬挂于结肠盘腹侧。

3）回肠：回肠位于右髂部，继承空肠由后下方走向前上方，约在第 4 腰椎腹侧以回肠口开口于盲肠、结肠交界处腹侧。回肠与盲肠之间由回盲襞（韧带）相连，常以此韧带作为识别回肠的标志。实验中须仔细观察回盲韧带和回肠口及其附近的淋巴集结。

（2）大肠　　大肠较粗，分为盲肠、结肠和直肠三段，反刍动物的盲肠和结肠没有纵肌带和肠袋。

1）盲肠：盲肠位于右髂部的上半部，呈试管状，盲端向后伸延至骨盆腔前口，前端接结肠，以回肠口为界。

2）结肠：结肠较长，分为升结肠、横结肠和降结肠。升结肠分为初祥、旋祥和终祥三部分。初袢呈"S"形，自回肠口向前至右肾腹侧，折转向后行至十二指肠后曲腹侧，再折转向左向前，沿肠系膜左侧延伸到第 2～3 腰椎腹侧移行为旋袢。旋袢外形似盘状蚊香，位于初袢和空肠之间，分向心回和离心回，两者折转相连处称为中心曲。自右侧观察，向心回顺时针旋转 3～4 圈至中心曲，离心回自中心曲起，逆时针旋转同样圈数，在第 1 腰椎腹侧延续为终袢。终袢呈"U"形，位于近袢背侧，继承离心回于十二指肠升部右侧向后行至第 5 腰椎腹侧，折转向左向前，经肠系膜前动脉左侧前行至最后胸椎腹侧，折转向左移行为横结肠。横结肠继承升结肠远袢经肠系膜前动脉前方自右向左走行，然后折转向后延续为降结肠。降结肠在肠系膜前动脉左侧、十二指肠升部左侧向后延伸，末端形成"S"形弯曲，称为乙状结肠，入骨盆腔延续为直肠。

　　3）直肠：直肠位于骨盆腔的背侧，分为腹膜部和腹膜后部。肛门为消化管末端出口，在尾根腹侧，不向外突出。

　　6. 肝　　肝位于右季肋部、膈后方，红褐色，为厚的长方形，牛的肝因受瘤胃挤压而位于腹腔右侧，方位也发生了变化，由前腹侧斜向后背侧。

　　肝分为两面（壁面和脏面）、四缘（左侧缘、右侧缘、背侧缘和腹侧缘），壁面凸，与膈相邻；脏面凹，与网胃、瓣胃、皱胃、十二指肠和胰等相邻，脏面中央有肝门；左侧缘位于前腹侧，与第 6～7 肋相对；右侧缘位于后背侧，达第 1～2 腰椎腹侧；背侧缘左侧有食管压迹，压迹右侧有腔静脉沟，有后腔静脉通过；腹侧缘薄，有圆韧带切迹和胆囊窝。

　　牛的肝分叶不明显，以圆韧带切迹和胆囊窝分为三叶，圆韧带切迹左侧为左叶，胆囊窝右侧为右叶，两者之间为中叶，中叶又被肝门分为上方的尾叶（乳头突和尾状突）和下方的方叶。在尾叶和右叶的背侧缘有肾压迹，在肝脏面胆囊窝内有呈梨形的胆囊，胆囊向下超出肝的腹侧缘，肝管与胆囊管合成胆总管，开口于十二指肠乙状弯曲的第 2 曲。肝由左三角韧带、右三角韧带、冠状韧带、镰状韧带和圆韧带固定，实验中须观察这些韧带。左三角韧带位于左叶背侧，靠近食管压迹；右三角韧带位于右侧缘肾压迹附近；冠状韧带自右三角韧带起沿肝壁面后腔静脉腹侧延伸至左三角韧带；镰状韧带自冠状韧带起沿肝壁面向腹侧延伸至圆韧带切迹；圆韧带为脐静脉的遗迹，成年常退化。

　　7. 胰　　胰大部分位于腹腔右侧，在第 12 肋至第 2～4 腰椎的腹侧，呈不正的四边形，灰黄色或粉红色。分胰体（头）、右叶和左叶（胰尾），胰体伸至肝的脏面，左叶伸至瘤胃背囊与膈脚之间，右叶沿十二指肠降部延伸，胰体前部有胰切迹，供门静脉和肠系膜前动脉通过。牛的胰管为副胰管，自右叶走出，开口于胆总管开口后方 30～40cm 处；羊为主胰管，自胰体走出，与胆总管合成一条总管开口于十二指肠。

（二）马的消化系统

　　1. 口腔　　唇长而灵活。颊较长，黏膜光滑。硬腭发达，腭褶游离缘光滑，无齿枕。舌尖前部较宽呈铲状，无舌圆枕，有一条舌系带，舌下阜发达，舌乳头有丝状乳头、菌状乳头、轮廓乳头和叶状乳头。丝状乳头呈丝绒样，柔软；菌状乳头数量较少，分散在舌背和舌体的两侧；轮廓乳头通常有 2 个，位于舌背后部中线两侧；叶状乳头位于舌背后部两侧、腭舌弓前方。

　　马的恒齿式为

$$2 \times \left(\frac{\text{切齿}3 \cdot \text{犬齿}1 \cdot \text{前臼齿}3 \cdot \text{臼齿}3}{\text{切齿}3 \cdot \text{犬齿}1 \cdot \text{前臼齿}3 \cdot \text{臼齿}3} \right) = 40 \text{ 枚}$$

母马无犬齿,切齿和臼齿为长管齿,臼齿的齿星和齿漏斗复杂。腮腺呈四边形,大。下颌腺比腮腺小,长而弯曲。舌下腺最小,仅有多口舌下腺,无单口舌下腺。

2．咽　　无咽中隔和腭扁桃体窦,咽顶壁后部形成咽隐窝;咽鼓管黏膜膨大形成咽鼓管憩室,为马属所特有。软腭长,伸至会厌基部。

3．食管　　马食管管腔比牛细,肌层食管前 4/5 为横纹肌,后 1/5 为平滑肌。

4．胃　　胃分为贲门部、胃底、胃体和幽门部,胃底向左后上方膨大,称为胃盲囊,幽门部分为幽门管和幽门窦。胃黏膜也分为无腺部和腺部。无腺部比猪大得多,呈白色,包括胃底和一部分胃体,以褶缘与腺部为界。腺部色深,分为贲门腺区、胃底腺区和幽门腺区。贲门腺区小,灰黄色;胃底腺区大,棕红色;幽门腺区灰黄色。幽门黏膜形成环形褶,称为幽门瓣。

5．肠　　小肠形态与牛的相似,主要位于腹腔左侧上半部,十二指肠位于右季肋部和腰部,空肠位于左髂部、左腹股沟部和耻骨部,回肠位于左髂部。大肠发达,分为盲肠、结肠和直肠,盲肠和结肠有肠带和肠袋。盲肠特别发达,呈逗点形,位于腹腔右侧,分为盲肠底、体和尖三部分。盲肠底位于腹腔右后上部,向前可达第 14~15 肋,背侧缘凸,为大弯,腹侧缘凹,为小弯,有回肠口(左侧)和盲结口(右侧)。盲肠体位于右髂部、右腹股沟部、耻骨部和脐部,在肋弓下方沿右腹侧壁向前延伸。盲肠尖向前下方伸延到剑状软骨部。盲肠有 4 条肠带和 4 列肠袋。结肠分为升结肠、横结肠和降结肠。升结肠也称为大结肠,特别发达,形成双层马蹄铁形肠袢,位于腹腔下半部,分 4 段 3 曲。从盲结口开始依次为右下大结肠→胸骨曲→左下大结肠→骨盆曲→左上大结肠→膈曲→右上大结肠。大结肠粗细不等,最粗处是右上大结肠后部,膨大如胃,故称为胃状膨大部,然后突然变细延续为横结肠。最细处是骨盆曲。大结肠有肠带和肠袋,下大结肠有 4 条肠带,骨盆曲有 1 条,上大结肠开始时有 1 条,以后逐渐增加至 3 条。横结肠位于肠系膜前动脉前方,管径骤然变细,呈漏斗状,延接降结肠。降结肠也称为小结肠,以长的后肠系膜悬于第 4、5 腰椎腹侧,与空肠混在一起,位于腹腔左侧上半部,形成许多典型的肠袢,有 2 条纵肌带和 2 列肠袋。马属动物结肠因饲养管理不善易发生结症。直肠壶腹明显。肛门稍向外突出。

6．肝和胰

（1）肝　　呈厚板状,斜位于季肋部膈的后方,大部分在右季肋部,小部分在左季肋部。分叶明显,有左叶、中叶(尾叶、方叶)和右叶,左叶以叶间裂分为左外叶和左内叶。肝有肾压迹,无胆囊,肝总管与胰管一起开口于十二指肠大乳头(肝胰壶腹)。

（2）胰　　位于 16~18 胸椎腹侧,略呈三角形,分为胰体、左叶和右叶,胰后部中央有胰环。主胰管由胰体走出,与肝总管共同开口于十二指肠。副胰管开口于主胰管开口对侧的十二指肠小乳头。

(三)猪的消化系统

1．口腔　　下唇尖小,上唇与鼻相连形成吻突,口裂很大。腭褶 20~22 条,游离缘光滑,无齿枕。舌窄而长,舌尖薄,无舌圆枕;有 2 条舌系带;舌下阜小,位于舌系带处；舌乳头有丝状乳头、菌状乳头、轮廓乳头和叶状乳头等，轮廓乳头和叶状乳头的位置与马相似。

猪的恒齿式为

$$2 \times \left(\frac{切齿3 \cdot 犬齿1 \cdot 前臼齿4 \cdot 臼齿3}{切齿3 \cdot 犬齿1 \cdot 前臼齿4 \cdot 臼齿3} \right) = 44 \text{ 枚}$$

犬齿为长冠齿，切齿和颊齿为短冠齿。观察猪齿的位置形态：恒切齿呈圆锥形，上切齿较小，方向近垂直，排列较疏；下切齿方向近水平，排列较密。犬齿很发达，尤其是公猪，呈弯曲的三棱形，弯向后方，突出于口裂之外。前臼齿4个，属于切齿型，第1前臼齿较小，又称为狼齿。臼齿3个，后部臼齿的齿结节数目较多。腮腺发达，呈三角形，位于耳根下方。下颌腺小，圆形。舌下腺分为前部的多口舌下腺和后部的单口舌下腺。

2. 咽 咽狭长，顶壁有咽中隔，食管口上方有猪特有的咽憩室，喉口两侧有梨状隐窝。软腭游离缘有小的锥形突起，称为悬雍垂。无腭扁桃体，腭帆扁桃体发达，位于软腭腹侧面。

3. 食管 食管短而直，颈段不偏向左侧，肌层大部分为横纹肌，仅腹段为平滑肌。

4. 胃 胃为单室胃，横卧于腹前部，大部分在左季肋部，小部分在剑状软骨部，仅幽门部位于右季肋部。胃略呈"U"形，壁面朝前，与肝和膈相邻；脏面朝后，与肠、大网膜、肠系膜和胰等相邻；凸缘为胃大弯，凹缘为胃小弯，最弯曲处称为角切迹；贲门位于小弯左侧上部，与食管连接；幽门位于小弯右侧上部，与十二指肠相连。胃分为四部分，贲门周围为贲门部；贲门以上为胃底，其左上端有突向右后方的盲囊，称为胃憩室，为猪胃的特征性结构；角切迹左侧、胃底腹侧的部分为胃体；角切迹右侧的部分为幽门部。实验中须仔细观察胃内部结构。猪胃黏膜分为两部分，即无腺部和腺部。无腺部黏膜颜色苍白，小，位于贲门周围。腺部又分为贲门腺区、胃底腺区和幽门腺区，贲门腺区最大，从胃底伸至胃体中部，浅灰色；胃底腺区较小，位于胃体的下部，棕红色；幽门腺区位于幽门部，灰白色；在幽门的小弯侧有幽门圆枕，与对侧的唇形隆起相对。大网膜呈花网状，连接胃大弯与横结肠、十二指肠和脾等。小网膜连接胃小弯与肝和十二指肠。

5. 肠 肠为体长的15倍。十二指肠分三部三曲。空肠大部分位于腹腔右侧，小部分位于左侧，借较宽的空肠系膜悬吊于胃后方的腰下部。回肠较直，壁较厚，位于左髂部，自空肠走向背内侧，末端突入盲肠、结肠交界处肠腔内，形成回肠乳头，上有回肠口。盲肠位于左髂部、结肠圆锥后方，自起始部向后向下向内延伸，盲端可达脐与骨盆前口之间的腹腔底，盲肠有3条肠带（纵肌带）和3列肠袋。结肠分为升结肠、横结肠和降结肠。升结肠分为旋襻和远襻，旋襻形成螺旋状锥形肠襻，称为结肠圆锥；锥底在上，位于腰部和左髂部，锥尖向下向左，与腹底壁接触；旋襻分为向心回和离心回，向心回位于结肠圆锥外周，肠管较粗，从背侧面观察顺时针向下旋转3～4圈至中心曲，管壁上有2条肠带和2列肠袋；离心回最初位于结肠圆锥外周，以后转至内心，肠管较小，无明显的肠带和肠袋，逆时针向上也旋转3～4圈，移行为远襻。远襻在腰下部经肠系膜前动脉左侧前行接横结肠。

6. 肝和胰

（1）肝 肝大部分位于右季肋部，小部分位于左季肋部。猪肝的特点是中央厚，边缘薄，肝腹侧缘的叶间裂明显，因此肝分叶明显，分为左外叶、左内叶、中叶、右内叶和右外叶，中叶位于左侧的圆韧带切迹与右侧的胆囊窝之间，也被肝门分为背侧的尾叶和腹侧的方叶。胆囊不突出于肝腹侧缘。肝小叶间结缔组织发达，肝小叶明显。肝无肾压迹。

（2）胰　　胰位于最后 2 个胸椎和前 2 个腰椎的腹侧，略呈三角形，胰体前部有胰环供门静脉通过。

【实验报告】

1．任选一种动物，绘制其消化系统整体模式图。
2．任选一种动物，绘制其肝的形态。

实验六　　家畜呼吸系统的观察

【实验目的】

通过观察标本，学习和验证家畜呼吸系统各部位的相关知识。具体要求如下。
1．掌握牛、羊、马、猪呼吸系统的组成、各部位的名称和位置。
2．了解呼吸系统的解剖学结构与呼吸生理之间的关系。

【实验材料】

1．牛、羊、马、猪整体呼吸系统塑化标本。
2．牛、羊、马、猪呼吸系统分解塑化标本。

【实验内容】

（一）反刍动物呼吸系统观察

1．鼻　　鼻由外鼻、鼻腔和副鼻窦（鼻旁窦）组成。

（1）外鼻　　外鼻分为鼻根、鼻背和鼻尖。后部为鼻根，位于两眼眶之间，向前延续为鼻背；鼻背向两侧延续为鼻侧壁；前端为鼻尖，有一对鼻孔，为鼻腔的入口，由内、外侧鼻翼围成。山羊的鼻孔呈"S"形；牛的鼻孔呈椭圆形，鼻翼厚而不灵活。羊的两鼻孔之间形成鼻镜，牛的上唇与鼻孔之间无毛，形成鼻唇镜，常用金属或塑料环穿过鼻中隔软骨来控制牛。

（2）鼻腔　　鼻腔为圆桶状，前方经鼻孔与外界相通，后方以鼻后孔与咽相通。鼻腔被鼻中隔分为左、右两半。鼻腔分为鼻前庭和固有鼻腔。

1）鼻前庭：鼻前庭是鼻腔前部内衬皮肤的部分，相当于鼻翼围成的空间。在鼻前庭的外侧壁上有鼻泪管的开口。牛、羊无鼻憩室。

2）固有鼻腔：固有鼻腔是鼻腔衬有黏膜的部分，位于鼻前庭后方。在头的纵切面上可见每侧鼻腔侧壁上有上、下鼻甲，鼻腔顶、上鼻甲、下鼻甲和鼻腔底彼此间形成 3 个鼻道，即上、中、下鼻道，上、下鼻甲与鼻中隔之间形成总鼻道，4 个鼻道在鼻腔横切面上呈"E"形。上鼻道狭，后端盲；中鼻道通嗅区和副鼻窦；下鼻道最宽，直接通鼻后孔，是插胃导管的通道；总鼻道与以上三个鼻道相通。固有鼻腔根据黏膜性质分为呼吸区和嗅区，呼吸区占据鼻腔前部大部分，黏膜为淡红色，上皮为假复层柱状纤毛上皮；嗅区在呼吸区之后，牛和绵羊为（浅）黄色，山羊呈黑色，黏膜上皮内有嗅细胞，具有嗅觉作用。

（3）副鼻窦（鼻旁窦）　　副鼻窦（鼻旁窦）为部分头骨的内、外骨板间形成的含气腔体的总称，因其可直接或间接与鼻腔相通，所以称为副鼻窦（鼻旁窦）。副鼻窦由额窦、上颌窦、泪窦、上鼻甲窦、下鼻甲窦、腭窦、蝶窦等组成，其中在兽医临床最重要的是额窦、上颌窦。

2. 咽　　见本章实验五。

3. 喉　　喉位于下颌与颈腹侧部的移行处，是以喉软骨为支架，内衬黏膜，外覆肌肉所构成的短管状器官。

（1）喉软骨　　喉软骨有4种5块，其中环状软骨、甲状软骨和会厌软骨为单块，杓状软骨一对。环状软骨位于第1气管软骨环前方，呈戒指样，背侧宽大为板，其余为弓。甲状软骨位于环状软骨前方，呈"U"形，两侧为板，底部为体。会厌软骨位于甲状软骨前方，呈叶片状，分底和尖，尖弯向舌根，在吞咽时可向后翻转盖住喉口，防止食物落入喉内。杓状软骨位于甲状软骨背内侧、环状软骨前方，呈三面椎体形，分底和尖，底向腹侧伸出声带突，尖向前上方弯曲呈钩状，称为小角突。

（2）喉肌　　喉肌分为固有喉肌和外来喉肌，控制喉的活动或调节喉腔的大小及声带紧张度。

（3）喉腔　　喉腔由喉黏膜围成，前方以喉口与咽相通，后方连接气管。喉口由会厌、杓状软骨和杓状会厌襞围成。在喉腔中部侧壁上有一对称为声襞的黏膜褶，两侧声襞之间的裂隙称为声门裂，声襞与声门裂合称声门。声门裂前方的喉腔称为喉前庭，后方的称为喉后腔（声门下腔）。牛喉无喉室和前庭襞。

4. 气管和支气管　　气管位于颈腹侧正中，胸骨甲状舌骨肌的深面，起于喉，向后延伸进入胸腔，在心基背侧分出两支主支气管分别入左、右肺，并在气管分支前向右侧分出一支较小的气管支气管（右尖叶支气管）。羊气管由48～60个气管软骨环以结缔组织依次连接而成，气管软骨环呈纵向的"U"形，缺口朝向背侧，颈中部以后游离的两端重叠。

主支气管入肺后分出肺叶支气管，肺叶支气管分出肺段支气管，如此分出小支气管、细支气管，最后分出终末细支气管，由终末细支气管分出呼吸性细支气管，再由呼吸性细支气管分出肺泡管、肺泡囊和肺泡，整个结构就像一棵树反复分支一样，故名支气管树。

5. 肺　　肺位于胸腔内、心脏两侧，分为左肺和右肺，右肺较大。肺表面光滑、湿润、粉红色，富有弹性，入水不沉，但胎儿肺可沉入水中。肺呈底斜切的三面棱柱状，有三面和三缘。肋面隆突，与肋接触；底面（膈面）略凹，与膈相邻；内侧面较平，与胸椎椎体（脊椎部）和纵隔（纵隔部）接触，有大血管、食管、心脏等器官的压迹，中部有肺门，为支气管、血管、神经出入肺的门户，这些结构被结缔组织包裹在一起称为肺根。背侧缘隆突；腹侧缘较薄，有心切迹，左侧与第3～6肋相对；底缘薄，为自第6肋骨肋软骨交界处至第11肋骨上端的弧线，在临床诊断上有重要意义。

肺以主支气管在肺内的第1级分支为准分为肺叶（气管支气管属肺叶支气管），左肺分 2 叶，即前叶（尖叶）和后叶（膈叶），前叶又以心切迹分为前、后两部分，故在有些教科书上说左肺分 3 叶。右肺分 4 叶，即前叶、中叶、后叶和副叶，前叶也分前、后两部分；副叶位于后叶内侧，其外侧有沟供后腔静脉通过。肺表面的无数多边形结构是肺小叶。

6. 纵隔和胸膜　　　纵隔是位于胸腔中部的纵形隔，由两侧的纵隔胸膜和其间的心脏、大血管、气管、食管等组成。实验中须观察纵隔胸膜、肋胸膜、隔胸膜、胸膜折转线和胸膜腔。

（二）马呼吸系统观察

马鼻孔大，逗号状，鼻翼灵活。鼻前庭背侧皮下有一盲囊，称为鼻憩室；鼻前庭底壁皮肤与黏膜交界处有鼻泪管开口。甲状软骨板呈菱形。喉腔有前庭襞和喉室，声带短，声门裂窄。气管软骨环 50～60 个，横径大于垂直径。气管分为 2 支主支气管，无气管支气管。左肺分前、后两叶；右肺分 3 叶，即前叶、后叶和副叶，无中叶。

（三）猪呼吸系统观察

猪上唇与鼻尖相连形成吻突。无鼻憩室。鼻泪管口位于下鼻甲后端附近外侧面。甲状软骨很长，无前角、甲状裂和甲状孔。喉前庭较宽，缺前庭襞，喉室入口位于声韧带前、后两部之间，喉室向外向前突出形成盲囊，声门裂和声门下腔狭窄。支气管呈圆筒状，气管环有 32～36 个。气管分为左、右主支气管，分叉之前还分出气管支气管至右肺前叶。左肺分 2 叶，前叶分前、后两部分；右肺分 4 叶，即前叶、中叶、后叶和副叶。

【实验报告】

1. 任选一种动物，绘制其呼吸系统整体观。
2. 任选一种动物，绘制其肺的结构图。

实验七　家畜泌尿系统的观察

【实验目的】

通过观察标本，学习和验证家畜泌尿系统各部位的相关知识。具体要求如下。
1. 掌握家畜的泌尿系统的组成、名称和位置。
2. 掌握肾、输尿管、膀胱和尿道的形态结构及位置在牛、羊、马、猪间的异同点。

【实验材料】

1. 牛、羊、马、猪泌尿系统塑化标本。
2. 羊整体塑化标本。
3. 羊泌尿系统分解塑化标本及铸型标本。

【实验内容】

（一）泌尿系统观察

泌尿系统由肾、输尿管、膀胱和尿道组成。

1. 肾　　　由于瘤胃的挤压，牛左、右肾的位置不对称，形态也有差异。右肾位于最后肋间隙上部至第2～3腰椎横突腹侧，呈背腹压扁的椭圆形，前端位于肝的肾压迹内，背侧面隆突，腹侧面较平，腹内侧缘凹陷，为肾门，是血管、神经、输尿管等出入肾的地方。肾门内陷形成肾窦。左肾位于第3～5腰椎椎体的腹侧，呈三棱形，前端较小，后端较大而圆，背侧面隆突，前外侧有裂隙状的肾门。

牛肾属于有沟的多乳头肾，表面有沟而呈分叶状。观察肾切面，可见肾由皮质和髓质组成，皮质位于外周，在新鲜标本切面上可见许多小红点，为肾小体。髓质位于深部，呈圆锥形，称为肾锥体，锥底宽大，与皮质相邻，锥尖呈乳头状，称为肾乳头，上有乳头管的开口。牛肾有18～22个肾乳头。皮质伸入相邻肾锥体之间，称为肾柱。髓质具有放射状的条纹，由直的肾小管和集合管等组成，伸入皮质形成髓放线。输尿管在肾内分为两个肾大盏，肾大盏分支形成肾小盏；肾小盏呈喇叭状，包围每一个肾乳头。实验中须观察肾盏、输尿管和血管铸型标本。

肾的外面通常包有厚层的脂肪，称为脂肪囊，其深面有结缔组织构成的纤维囊，纤维囊易与肾剥离。

2. 输尿管　　　输尿管为细长的管道，左右各一，分别将左、右肾产生的尿液输送至膀胱。右侧输尿管自肾门走出，在腹膜外沿腹腔顶壁后行入盆腔，公牛的在尿生殖褶中向后延伸至膀胱颈背侧面，在膀胱壁中穿行2～3cm后开口于膀胱颈，这种方式可以防止尿液逆流。母牛则经子宫阔韧带至膀胱颈背侧面。左侧输尿管初行于右侧输尿管的腹侧，然后逐渐越过左侧至腹腔顶壁，以后的行程与右侧输尿管相似。

3. 膀胱　　　膀胱是储存尿液的器官，位于盆腔内，大小如拳头，充满尿液时可伸达腹腔底壁。膀胱呈长卵圆形或梨形，分为膀胱顶、膀胱体和膀胱颈。膀胱前端钝圆为膀胱顶，中部膨隆为膀胱体，后部缩细为膀胱颈，以尿道内口与尿道相连。

膀胱壁由黏膜、黏膜下层、肌层和外膜组成。黏膜形成许多复杂而不规则的皱褶，在靠近膀胱颈的背侧壁上，输尿管末端在膀胱黏膜下组织内走行使黏膜隆起，称为输尿管柱，终于输尿管口；有一对黏膜襞自输尿管口向后延伸，称为输尿管襞，两输尿管襞汇合形成尿道嵴，经尿道内口延续入尿道壁；两输尿管襞之间所夹的三角形区域称为膀胱三角。肌层在膀胱颈形成括约肌。外膜在膀胱顶和膀胱体为浆膜，在膀胱颈为结缔组织的外膜。膀胱由一对膀胱侧韧带和一膀胱正中韧带固定，膀胱侧韧带的游离缘为索状的膀胱圆韧带，为胎儿期脐动脉的遗迹。

4. 尿道　　　尿道为将尿液排出体外的细长管道。公畜的尿道具有排尿和排精的作用，称为尿生殖道，分为尿生殖道骨盆部和尿生殖道阴茎部，以尿道内口起始于膀胱颈，以尿道外口开口于阴茎头上的尿道突（见本章实验八）。母畜的尿道较短，位于阴道腹侧，起自尿道内口，开口于阴道与阴道前庭交界处，其开口处下方有尿道下憩室。

（二）牛、羊、马、猪肾的比较

牛的肾属于有沟的多乳头肾，猪的肾属于平滑的多乳头肾，马、羊的肾属于平滑的单乳头肾。

马右肾略呈圆角的等边三角形，位于最后 2～3 个肋骨椎骨端及第一腰椎横突腹侧；左肾呈长椭圆形或豆形，位于最后肋骨的椎骨端及前 2～3 腰椎横突腹侧。肾表面光滑无沟，内侧缘中部有肾门。皮质与髓质之间有深红色的中间区，肾柱不如多乳头肾发达，所有肾乳头合并形成肾嵴。输尿管在肾窦内膨大呈漏斗状，称为肾盂，并向两端延伸形成裂隙样的终隐窝。羊肾呈豆形。

【实验报告】

1. 任选一种雄性动物，绘制其泌尿系统整体观。
2. 任选一种雌性动物，绘制其泌尿系统整体观。
3. 任选一种动物，绘制肾的剖面图。

实验八　家畜生殖系统的观察

【实验目的】

通过观察标本，学习和验证家畜生殖系统各部位的相关知识。具体要求如下。
1. 掌握牛、羊、马、猪、犬雄性生殖系统的组成、名称、位置及动物间的差异。
2. 掌握牛、羊、马、猪、犬雌性生殖系统的组成、名称、位置及动物间的差异。

【实验材料】

牛、羊、马、猪、犬生殖系统塑化标本。

【实验内容】

（一）雌性动物生殖器官

1. 卵巢　　卵巢的大小、形态、位置依畜种、年龄、妊娠与否及性周期而异。卵巢通常呈椭圆形，具有两缘和两端，背侧与卵巢系膜相连为系膜缘，有血管、神经、淋巴管出入处称为卵巢门；腹侧为游离缘；后端以卵巢固有韧带与子宫角相连，为子宫端；前端接输卵管伞，为输卵管端。卵巢由被膜（浅层上皮、白膜）、皮质和髓质组成。

（1）牛、羊的卵巢　　牛的卵巢呈稍扁的椭圆形，位于骨盆前口两侧附近。处女母牛多位于骨盆腔内，经产母牛位于腹腔内，在耻骨前缘前下方。性成熟后，成熟卵泡和黄体突出于卵巢表面，成年牛右侧卵巢较大。羊的卵巢较圆，较小。

（2）马的卵巢　　马的卵巢呈豆形，借卵巢系膜悬吊于肾后方的腰下部，在第 4（右侧）至 5（左侧）腰椎横突腹侧。马的卵巢在游离缘具有一凹陷，称为排卵窝，成熟卵泡由此排出。

（3）猪的卵巢　　猪的卵巢呈肾形或卵圆形，左侧卵巢较右侧的稍大。性成熟前较小，表面光滑，位于荐骨岬两旁稍后方，骨盆前口两侧上部；接近性成熟时，体积更大，表面有许多卵泡突出呈桑葚状，位置移至髋结节平面的腰下部；性成熟后及经产母猪的卵巢更大，表面有卵泡、黄体等突出呈结节状，卵巢向前向下移至髋关节与膝关节之间连线的中点上。

2. 输卵管　　输卵管为一条肌膜性管道，细而弯曲，由输卵管系膜固定。输卵管系膜和卵巢固有韧带之间形成卵巢囊，卵巢位于其中。输卵管分为四段，即输卵管漏斗、输卵管壶腹、输卵管峡和子宫部。

（1）输卵管漏斗　　输卵管漏斗为输卵管前端漏斗状的膨大部，漏斗边缘有不规则的皱褶，称为输卵管伞，漏斗中央的开口称为输卵管腹腔口，通腹膜腔。

（2）输卵管壶腹　　输卵管壶腹为漏斗部后方宽大的部分，黏膜层形成许多皱褶，卵细胞多在此处受精。

（3）输卵管峡　　输卵管峡为输卵管后端细而窄的部分，较短，末端以输卵管子宫口通子宫角。

（4）子宫部　　子宫部为输卵管穿过子宫壁的部分，仅见于部分动物。输卵管的结构由黏膜、肌层、外膜等组成。

牛、羊的输卵管较长，弯曲少，壶腹部不明显，与子宫角之间无明显分界。马的输卵管较长，壶腹部明显且特别弯曲，有子宫部，与子宫角之间界线清楚。猪的输卵管壶腹部较粗而弯曲，后部较细而直，与子宫角之间无明显分界。

3. 子宫　　子宫大部分位于腹腔，小部分位于骨盆腔，为一中空的肌质性器官，借子宫阔韧带附着于腰下部和骨盆侧壁，背侧为直肠，腹侧为膀胱，前端接输卵管，后端通阴道。

家畜的子宫为双角子宫，分子宫角、子宫体和子宫颈。子宫角一对，呈弯曲的管状，位于腹腔内，两角后端合并成子宫体。子宫体呈上下稍扁的圆筒状，部分位于腹腔，部分在骨盆腔。子宫角和子宫体内的空腔称为子宫腔。子宫颈位于骨盆腔内，呈圆筒状，壁厚坚硬，分为阴道前部和阴道部（后端突入阴道的部分）。黏膜形成许多皱褶，中央有一窄细管道，称为子宫颈管。子宫颈管平时闭合，发情与分娩时松弛。子宫颈管借子宫内口和外口分别与子宫体和阴道相通。

子宫由子宫内膜、肌层和外膜组成。子宫内膜呈粉红色，内含子宫腺。子宫阔韧带分为卵巢系膜、输卵管系膜和子宫系膜。子宫圆韧带自子宫角前缘的子宫阔韧带分出，向下伸至腹股沟管深环。注意观察子宫阔韧带内卵巢动脉、子宫动脉和阴道动脉子宫支的位置和分布。

子宫形状、大小、位置因畜种、年龄、性周期及妊娠时期等不同而异。

（1）牛、羊的子宫　　牛、羊的子宫角前部游离，呈卷曲的绵羊角状，两子宫角后部因肌肉和结缔组织连接，外包浆膜，形似子宫体，但实为子宫角，常称为伪子宫体；子宫腔内有子宫帆，分隔子宫角的后部。子宫角分叉处有角间背侧和腹侧韧带相连，角间韧带之间围成一囊，直肠检查时便于手指插入固定子宫。子宫体短，牛子宫角和子宫体黏膜形成100多个黄豆大小的卵圆形隆起，称为子宫阜，妊娠时子宫阜粗大，与胎膜上的绒毛子叶紧密结合，形成胎盘。羊的子宫阜有80多个，表面凹陷，排成4排。子宫颈长，子宫颈黏膜形成环形皱褶，子宫颈管呈螺旋状，子宫颈外口的黏膜形成辐射状皱褶，形似菊花。

（2）马的子宫　　马的子宫整体呈"Y"形，子宫角略呈向下弯曲的弓形。子宫体与子宫角等长，子宫角和子宫体的黏膜形成许多皱褶。子宫颈阴道部明显，子宫外口的黏膜呈花冠状。

（3）猪的子宫　　猪的子宫角特长，似小肠，呈连续的半环状弯曲。子宫体较短，子宫角和体的黏膜形成大而多的皱褶，子宫颈黏膜形成两排半球形隆起，称为子宫颈枕，子宫颈管呈螺旋状，无子宫颈阴道部，与阴道无明显的界限。

（4）犬的子宫　　犬的子宫整体呈"Y"形，子宫角细长而直，子宫体和子宫颈很短。有子宫颈阴道部。

4. 阴道　　阴道位于骨盆腔内，背侧为直肠，腹侧为膀胱和尿道。阴道前端与子宫颈阴道部形成一环状的陷窝，称为阴道穹隆；后端以尿道外口与阴道前庭为界。在尿道外口前方有一横行或环形的黏膜褶，称为阴瓣或处女膜。阴道壁由黏膜、肌层和外膜组成，黏膜呈粉红色，形成许多纵行皱褶。

（1）牛的阴道　　牛的阴道较长，阴道穹隆呈半环形，阴瓣不明显。

（2）马的阴道　　马的阴道较短，阴道穹隆呈环形，阴瓣明显。

（3）猪的阴道　　猪的阴道相对较长，无阴道穹隆，阴瓣呈一环形褶。

（4）犬的阴道　　犬的阴道相对较长，有阴道穹隆，黏膜在阴道腔内形成许多不规则的黏膜褶，阴瓣不明显。

5. 阴道前庭　　阴道前庭为一左右压扁的短管，前方以尿道外口与阴道为界，后方经阴门与外界相通。阴道前庭由黏膜、肌层和外膜组成，黏膜呈粉红色，在尿道外口后方两侧，有前庭小腺的开口，在阴道前庭的两侧壁有前庭大腺的开口。

（1）牛阴道前庭　　牛阴道前庭在尿道外口的腹侧有一黏膜凹陷形成的短盲囊，称为尿道下憩室，给母牛导尿时，导尿管常误入其中，给导尿造成困难。前庭大腺位于阴道前庭两侧壁，以2或3条导管开口于隐窝内。前庭小腺不发达。

（2）马阴道前庭　　马阴道前庭在阴唇前方的阴道前庭壁上有一发达的前庭球，为勃起组织。前庭大腺以8~10条导管开口于背侧壁两侧，前庭小腺以许多小孔开口于尿道外口后方的腹侧壁上。

（3）猪阴道前庭　　猪阴道前庭腹侧壁黏膜形成两对纵褶，前庭小腺开口于褶间。在尿道外口的腹侧有尿道下憩室。

（4）犬阴道前庭　　犬阴道前庭在尿道外口处有尿道结节，腹侧壁内有前庭球。在尿道外口的后方有前庭小腺，缺前庭大腺。

6. 阴门　　阴门位于肛门的腹侧，具有左右两片阴唇，两阴唇间的裂隙称为阴门裂，其上下两端相联合，分别称为背侧联合和腹侧联合，背侧联合钝，腹侧联合锐。腹侧联合前方有一阴蒂窝，内有小而突起的阴蒂，相当于公畜的阴茎。

牛的阴蒂头呈锥形，阴蒂窝不明显。马的阴蒂发达，阴蒂头圆而膨大，位于深的阴蒂窝内，通常在阴门裂的腹侧端可以看到。猪的阴蒂细长，阴蒂头不发达，位于浅而狭的阴蒂窝内。犬的阴蒂发达，位于较深的阴蒂窝内。犬的阴蒂常有阴蒂骨存在。

（二）雄性动物生殖器官

1．睾丸

（1）睾丸形态与位置　　睾丸位于阴囊内，左右各一。睾丸呈椭圆形或卵圆形，表面光滑，分两面、两缘和两端。内侧面较平坦，与阴囊中隔相贴附。外侧面较隆凸，与阴囊外侧壁相邻。附睾缘为有附睾附着的一侧。游离缘为与附睾缘相对的一侧。睾丸头端为血管、神经进入的一端，与附睾头相接。睾丸尾端为与睾丸头端相对的一端。

（2）睾丸结构　　睾丸由固有鞘膜、白膜、睾丸纵隔、睾丸小隔、睾丸小叶、精曲小管、精直小管和睾丸网等组成。睾丸表面被覆一层浆膜，称为固有鞘膜。固有鞘膜深面为一层由致密结缔组织构成的白膜。白膜自睾丸头端沿纵轴伸向尾端，形成睾丸纵隔。自睾丸纵隔呈放射状分出许多睾丸小隔。睾丸小隔将睾丸实质分隔成许多锥体形睾丸小叶，每个小叶中有 2 或 3 条卷曲的精曲小管。精曲小管之间为睾丸间质，内含间质细胞，能分泌雄性激素。精曲小管伸向睾丸纵隔，在近纵隔处变直，称为精直小管。精直小管在睾丸纵隔中相互吻合形成睾丸网。由睾丸网最后汇合成 6~12 条较粗的睾丸输出管，从睾丸头端走出进入附睾头。

2．附睾

附睾分为附睾头、附睾体和附睾尾，外面包有固有鞘膜和薄的白膜。附睾头膨大，由睾丸输出管组成，与睾丸头相接。附睾体和附睾尾由附睾管盘曲而成，在尾端延续为输精管。附睾尾借睾丸固有韧带与睾丸尾相连。附睾尾韧带连接附睾尾与鞘膜壁层；连接附睾尾韧带与阴囊壁肉膜的结缔组织带称为阴囊韧带，动物去势时，必须切开此韧带。

牛、羊睾丸长轴呈上下垂直位，椭圆形，睾丸头端朝上，附睾位于睾丸后面。牛睾丸实质呈黄色，羊呈白色。马睾丸呈前后水平位，睾丸头端朝前，附睾位于睾丸背侧，睾丸实质呈淡棕色。猪睾丸位于会阴部，由前下方斜向后上方，睾丸头朝向前下方，附睾位于睾丸前上方，睾丸实质呈淡灰色。犬睾丸卵圆形，斜向后上方，附睾位于睾丸背侧，睾丸实质呈白色。

3．输精管和精索

（1）输精管　　输精管起自附睾尾，沿附睾体走至附睾头，进入精索后缘内侧的输精管褶上行，经腹股沟管深环入腹腔，与精索中的血管、神经分离，单独折转向后行进骨盆腔，在膀胱背侧的尿生殖褶中继续后行，越过输尿管腹侧，其后部膨大形成输精管壶腹，黏膜内含有壁内腺（壶腹腺），其末端变细，与同侧的精囊腺管合并形成射精管，开口于尿生殖道起始部背侧的精阜上。

（2）精索　　精索为连接睾丸与腹股沟管深环之间的一条扁平的圆锥形结构。基部附着于睾丸和附睾，上达腹股沟管深环。精索内主要含有出入睾丸的动脉、静脉、神经、淋巴管、平滑肌、输精管等结构。精索表面为鞘膜脏层。

4．阴囊

牛的阴囊位于腹底壁两股之间。牛的阴囊呈瓶状，上端略细，形成阴囊颈，阴囊颈前方通常有两对雄性乳头；阴囊腹侧中线有阴囊缝。阴囊壁的结构与腹壁相似，由外向内依次为：皮肤、肉膜、精索外筋膜、提睾肌、精索内筋膜和鞘膜壁层。阴囊皮肤较薄，与腹壁皮肤相延续。肉膜由结缔组织和平滑肌束组成，与阴囊皮肤紧贴，并形成阴囊中隔。精索外筋膜以疏松结缔组织连接肉膜和提睾肌。提睾肌由腹内斜肌分出，位于阴囊外侧壁。精索内筋膜和鞘膜壁层结合，合称总鞘膜。鞘膜壁层折转覆盖到睾丸和附睾表面称为固有鞘膜，两者之间的腔隙称为鞘膜腔，上部较细称为鞘膜管，与腹膜腔相通。

马阴囊的位置同牛；犬阴囊位于两股之间的后部；猪位于会阴部，肛门下方，与周围界限不清。

5. 雄性尿道（尿生殖道）　　　尿生殖道是排尿和排精的共同通道。以尿道内口起始于膀胱颈，沿骨盆腔底壁向后伸延，绕过坐骨弓，再沿阴茎腹侧向前行至阴茎头，开口于外界。尿生殖道以坐骨弓为界分为骨盆部和阴茎部，两者交界处变窄，称为尿道峡。骨盆部位于骨盆底壁和直肠之间，起始部背侧中央有一圆形隆起，称为精阜，有输精管和精囊腺管的开口；射精口以前的骨盆部称为前列腺前部，为纯粹的尿道；射精口以后的部分为前列腺部。在尿道峡之前，黏膜形成半月形的黏膜襞，内有尿道球腺开口，此黏膜襞给公牛导尿带来困难。阴茎部起自坐骨弓，经左右两阴茎脚之间入尿道沟。阴茎部海绵层发达，在坐骨弓处海绵层加厚，形成阴茎球（尿道球），表面有横纹肌形成的球海绵体肌覆盖，该肌有助于排尿和排精。尿生殖道壁结构由黏膜、海绵体层、肌层和外膜组成。

6. 副性腺　　　副性腺为位于尿生殖道骨盆部的腺体，有精囊腺、前列腺和尿道球腺。凡去势家畜的副性腺均发育不良。精囊腺一对，位于膀胱颈背侧的尿生殖褶中，在输精管壶腹外侧，一些动物的精囊腺导管与输精管共同形成射精管开口于精阜。前列腺位于尿生殖道起始部背侧，分为体部和扩散部，体部位于尿生殖道起始部背侧，扩散部位于尿生殖道骨盆部海绵体层与肌层之间；前列腺导管有多条，开口于精阜两侧及后方的尿生殖道背侧壁。尿道球腺一对，位于骨盆部末端背侧，坐骨弓附近，导管有多条直接开口于尿生殖道背侧壁。

（1）精囊腺　　　牛的精囊腺呈不规则的长卵圆形，羊的呈圆形，表面均凹凸不平，如分叶状。马的精囊腺呈梨形囊状，表面平滑，壁薄而腔大，囊壁由黏膜、肌膜和外膜组成。猪的精囊腺十分发达，呈三棱锥体形，导管多数单独开口于精阜。犬无精囊腺。

（2）前列腺　　　牛的前列腺分体部和扩散部，体部呈横向的卵圆形。羊的前列腺只有扩散部。马的前列腺发达，由左右侧叶和中间的峡部组成。猪的前列腺与牛的相似，但体部较圆。犬仅有前列腺，很发达，体部呈淡黄色球形体，环绕在整个膀胱颈和尿生殖道的起始部，扩散部薄，包围尿道盆部。

（3）尿道球腺　　　牛、羊的尿道球腺呈胡桃状，外有球海绵体肌覆盖，导管仅有一条，开口处有一半月状黏膜褶遮盖。马的尿道球腺呈椭圆形，有 5～8 条导管。猪的尿道球腺发达，呈长圆柱状，位于尿生殖道骨盆部后 2/3 的背侧。犬无尿道球腺。

7. 阴茎　　　家畜的阴茎位于腹壁之下，起自坐骨结节，经两股之间沿中线向前伸延至脐部，可分为阴茎根、阴茎体和阴茎头三部分。阴茎根位于会阴部，以两阴茎脚附着于坐骨结节上，外覆发达的坐骨海绵体肌，左右两侧的阴茎脚向前合并形成阴茎体。阴茎体呈圆柱状，构成阴茎的大部分，在阴茎体起始部由两条阴茎悬韧带固着于坐骨联合腹侧。阴茎头位于阴茎前端，藏于包皮腔内，其形状因不同家畜而异。

阴茎退缩肌为带状肌，起自荐骨后部两侧或前位尾椎，经直肠或肛门两侧，在会阴部与对侧同名肌平行伸延于阴茎体腹侧，终止于乙状弯曲的第 2 曲（牛、猪）或游离端（马）。

牛、羊的阴茎呈圆柱状，细而长，在阴囊后方形成乙状弯曲。牛的阴茎头较尖，略向右侧扭转，右侧的浅沟内有尿道突，上有尿道外口。羊的阴茎头较膨大，尿道突长，绵羊的呈"S"形弯曲，山羊的尿道突短而直。

马的阴茎呈左右略扁的圆柱状，粗大而没有乙状弯曲，阴茎头膨大，后缘微突，称为阴茎头冠。阴茎头冠之后稍微收缩形成阴茎颈。阴茎头腹侧的深窝称为阴茎头窝，内有短的尿道突，尿道突末端有尿道外口。

猪的阴茎与公牛的相似，但乙状弯曲位于阴囊的前方，阴茎头扭转呈特殊的螺旋状，尿道外口呈裂隙状，开口于阴茎头前端的外下方。

犬的阴茎头较长，分前、后两部，且内含阴茎骨。前为阴茎头长部，后为阴茎头球。阴茎头球由尿道海绵体扩大而成，充血后呈球状，交配时可延长阴茎在母犬阴道中的停留时间。阴茎骨位于阴茎的中下部，后端膨大，前端尖细，形成纤维软骨突。阴茎骨的腹侧有尿道沟。

8. 包皮　　牛、羊的包皮长而窄，有两对较发达的包皮肌。马的包皮为双层皮肤套，称为外包皮和内包皮，外包皮套在内包外面，游离缘形成包皮口；内包皮是外包皮深层延续折转形成的包皮褶，套在阴茎头外面，折转处形成内包皮环。包皮口的下方边缘常有两个乳头。猪的包皮腔很长，前宽后窄，前部背侧的黏膜形成一大的黏膜盲囊，称为包皮憩室。

【实验报告】

1. 任选一种雄性动物，绘制其生殖系统整体观。
2. 任选一种雌性动物，绘制其生殖系统整体观。

实验九　家畜心脏的构造及血管的分布

【实验目的】

通过观察标本，学习和验证家畜心脏及全身血管的相关知识。具体要求如下。
1. 掌握家畜心脏的外形、内部结构及位置。
2. 掌握家畜全身血管的名称、分布及分支。

【实验材料】

1. 牛、羊、马、猪心脏塑化标本。
2. 羊整体塑化标本。

【实验内容】

（一）心脏

1. 心脏的位置与形态　　心脏呈倒置圆锥形，为中空的肌质性器官，外有心包包围，位于胸腔纵隔内，夹于左右两肺之间，略偏左侧（5/7 位于左侧）。心底向上，位于肩关节的水平线上，心基部有出入心脏的大血管相连。心尖游离向下，与第 5 肋软骨间隙或第 6 肋软骨相对，距胸骨 1～1.5cm，距膈 2～5cm。

心脏具有两面和两缘，两心耳盲尖相遇的一面为左侧面，即心耳面，两心耳之间的大血管为肺动脉干；与心耳面相对的另一面为心房面或右侧面。当心耳面朝向观察者，左手侧为右心室缘，即前缘；右手侧为左心室缘，即后缘。心脏前缘凸，与胸骨的斜度一致，与第 3 肋骨或第 2 肋骨间隙相对；心脏后缘直，略凹，与第 6 肋骨或第 6 肋间隙相对。心底表面有一条呈 "C" 形的冠状沟（被肺动脉干在左侧面中断），将心脏分为上部的心房和下部的心室。左侧面自冠状沟向下走行的纵沟为锥旁室间沟或左纵沟，不伸达心尖；右侧面自冠状沟向下走行的纵沟为窦下室间沟或右纵沟，向下伸至心尖；左、右纵沟是左、右心室的外表分界线。在冠状沟和纵沟内有冠状血管及其分支和脂肪填充。牛心脏后缘还有一条中间沟。

2. 心腔的构造　　心腔以房间隔和室间隔分为左右两半，每半上部为心房，下部为心室。因此，心腔可分为右心房、右心室、左心房和左心室 4 个部分，同侧的心房和心室经房室口相通。注意观察心房和心室入口和出口处的瓣膜结构。

（1）**右心房**　　右心房位于心底右前方，壁薄而腔大，分为腔静脉窦和右心耳两部分。右心耳为圆锥形盲囊，其盲端伸向左侧至肺动脉干前方，内壁上有梳状肌。腔静脉窦以房间隔与左心房隔开，是前、后腔静脉的入口膨大部，前、后腔静脉分别开口于腔静脉窦的背侧壁和后壁，在两静脉入口处有发达的半月形静脉间结节或静脉间嵴。在后腔静脉口下方有一冠状窦，开口处有一半月形瓣膜；冠状循环的心大静脉和心中静脉注入冠状窦，牛左奇静脉直接开口于冠状窦或与心大静脉汇合后注入冠状窦。马右奇静脉口位于前、后腔静脉口之间或直接注入前腔静脉。在后腔静脉口附近的房间隔上有一卵圆窝，是胎儿时期卵圆孔的遗迹。右心房下方有一右房室口，通右心室。

（2）**右心室**　　右心室位于右心房腹侧，构成心的右前部，由室间隔与左心室隔开，略呈三角形，不达心尖部，入口为右房室口，出口为肺动脉干口，两口位于右心室上部。右房室口略呈卵圆形，口周缘有由致密结缔组织构成的纤维环，环上附着有 3 片三角形瓣膜，称为三尖瓣或右房室瓣，其游离缘上有腱索连于心室侧壁和室间隔上的乳头肌。乳头肌为心室壁突出的圆锥形肌柱，有 3 个，两个位于室间隔上，一个位于心室侧壁上。每片瓣膜的腱索分别连至两个相邻的乳头肌上。当心室收缩时，室内压升高，血液将三尖瓣向上推，使其相互合拢，关闭右房室口，由于腱索的牵引，瓣膜不至于翻向右心房，以防止血液逆流回心房。肺动脉干口位于右心室左前方或主动脉口左前方，呈圆形。周缘也有一纤维环，环上附着有 3 片半月形瓣膜，即半月瓣或肺动脉干瓣。每片瓣膜呈袋状，袋口朝着肺动脉干。当心室舒张时，肺动脉血液倒流，将半月瓣袋口装满，3 片半月瓣展开将肺动脉干口关闭，防止血液倒流入右心室。此外，右心室内还有隔缘肉柱（心横肌），由室间隔中部伸至心室侧壁，有防止心室舒张时过度扩张的作用。

（3）**左心房**　　左心房位于心底左心后方，其构造与右心房相似。左心耳盲端向前，内有梳状肌。在左心房背侧壁后部，有 5～8 个肺静脉口，聚集为三组。左心房以左房室口通左心室。

（4）**左心室**　　左心室位于左心房腹侧，略呈圆锥形，心尖部完全属于左心室，上部有两个开口，即主动脉口和左房室口。左房室口呈圆形，口周缘有纤维环，环上有两片强大的瓣膜，称为二尖瓣或左房室瓣，其形态、构造和功能与右房室口的三尖瓣相同，游离缘借腱索连于心室侧壁的两个乳头肌上。主动脉口为左心室的出口，呈圆形，约在心底中部，在主动脉口的纤维环上，也有3片半月瓣或主动脉瓣，其形态、构造和功能与肺动脉干口的半月瓣相同。在纤维环内，牛有2块心软骨，右侧大，与右半月瓣相连，左侧小，与左半月瓣相连；马有2或3块心软骨；猪有1块心软骨。左心室有两个乳头肌，较右心室发达，位于心室侧壁，隔缘肉柱有两条，分别自室间隔伸至两乳头肌基部。

3. 心壁构造　　心壁分三层，由外向内依次为心外膜、心肌和心内膜。心外膜为被覆在心脏表面的一层浆膜，即心包浆膜脏层，光滑而湿润。心肌主要由心肌纤维构成，被房室口的纤维环分为心房和心室两个独立的肌系。心房肌和心室肌可分别收缩和舒张。心房肌薄，分浅、深两层。心室肌比心房肌发达，也分浅、深两层。左心室壁肌厚，约为右心室壁的3倍。心内膜薄而光滑，在房室口和动脉口折叠成双层结构的瓣膜，中间夹有结缔组织。

4. 心包　　心包为包围在心脏外面的锥形纤维浆膜囊，分纤维层和浆膜层。纤维层位于外面，在心尖部折转到胸骨背侧形成胸骨心包韧带，对心脏的位置起固定作用。纤维层外面被覆纵隔胸膜或心包胸膜。浆膜层分为脏层和壁层，脏层紧贴于心脏外面，构成心外膜；壁层紧贴于纤维层内面，壁层和脏层之间的腔隙称为心包腔，内含心包液，起润滑作用，可减少心脏搏动时的摩擦。

（二）全身血管的分布

1. 头部血管的分支分布　　左、右颈总动脉为分布于头部的动脉主干，在颈静脉沟深部与颈内静脉及迷走交感神经干伴行，向上延伸至寰枕关节腹侧延续为颈内动脉和颈外动脉。

（1）颈内动脉　　颈内动脉向前向上延伸，经颈静脉孔入颅腔。颈内动脉起始部的膨大称为颈动脉窦，为血压感受器。成年牛颈内动脉退化。枕动脉起于颈内动脉，向上向内伸延，顺次发出腭升动脉分布于软腭和咽，茎乳突深动脉入茎乳突孔分布于中耳，脑膜中动脉经颈静脉孔入颅腔分布于脑膜，髁动脉经舌下神经孔入颅腔分布于脑，枕支为枕动脉的延续，分布于项部肌肉。

（2）颈外动脉　　颈外动脉在二腹肌和茎突舌骨肌之间向上延伸至颞下颌关节腹侧，分出颞浅动脉后延续为上颌动脉，途中分出舌面干、耳后动脉、咬肌支、颞浅动脉。

1）舌面干。舌面干在二腹肌后腹内侧由颈外动脉分出，走向前腹侧分为舌动脉和面动脉。舌动脉经舌骨舌肌内侧伸达舌根，分为舌下动脉和舌深动脉分布于舌。面动脉在翼内侧肌内侧走向前下方，绕过下颌骨腹侧缘的面血管切迹转而向上至面部，与同名静脉、腮腺管伴行，沿咬肌前缘向上延伸，在上唇提肌和犬齿肌起始部附近分为鼻外侧前支和眼角支，前者分布于眶下部和鼻外侧部，后者向后背侧延伸至内眼角。

2）耳后动脉。耳后动脉沿腮腺深面向后向上伸延至耳基，分出腮腺支、茎乳突动脉、枕支和耳深动脉后，分为耳外侧支和耳中间支分布于耳廓。

3）咬肌支。咬肌支较小，分布于咬肌后部。

4）颞浅动脉。颞浅动脉较粗，在腮腺深面越过颧弓向上向前延伸，分出耳前动脉、面横动脉、角动脉、泪腺支、上睑外侧动脉和下睑外侧动脉。耳前动脉向后行分布于耳前肌肉和皮肤等。面横动脉向前行,穿出腮腺至咬肌表面分布于腮腺、咬肌等。角动脉沿颞线走向角根分布于角。泪腺支分布于泪腺。

（3）上颌动脉　　上颌动脉在下颌骨支和翼内侧肌之间向前伸延至翼腭窝,沿途分出翼肌支、下齿槽动脉、颞深动脉、异网支、颊动脉、眼外动脉、颧动脉,最后分支为眶下动脉和腭降动脉。

1）翼肌支走向腹侧分布于翼内侧肌。

2）下齿槽动脉走向腹侧,经下颌孔入下颌管,分布于下颌骨、下颌齿等,出颏孔为颏动脉,分布于下唇和颏部。

3）颞深前、后动脉向背侧分布于颞肌。

4）异网支经卵圆孔和眶圆孔入颅腔分布于脑。

5）颊动脉走向前腹侧,分布于颊肌、颊腺等。

6）眼外动脉进入眼眶,在眼外直肌和眼球缩肌之间形成眼异网;由此网发出眶上动脉、泪腺动脉和筛外动脉。

7）颧动脉在眼眶内向前向上伸延,由眼内角穿出,主要分支有第三眼睑动脉、下睑内侧动脉、眼角动脉和鼻外侧后动脉。

8）眶下动脉经上颌孔入眶下管,分支分布于上颌齿和上颌窦,出眶下孔分布于鼻唇部。

9）腭降动脉分为3支,腭小动脉分布于软腭;蝶腭动脉经蝶腭孔入鼻腔,分布于鼻腔黏膜;腭大动脉穿过腭管,在硬腭黏膜深面前伸,分布于硬腭等。

（4）头部的静脉　　舌面静脉和上颌静脉在腮腺后下角汇合成颈外静脉。

1）舌面静脉由面静脉和舌静脉汇集而成。面静脉与面动脉伴行,有眼角静脉、鼻背静脉、鼻外侧静脉、上唇静脉、口角静脉、下唇静脉等属支,还有面深静脉注入。牛的面深静脉由腭降静脉和眶下静脉汇集而成,自咬肌深面向下延伸注入面静脉,途中形成面深静脉丛。面深静脉有分支与颊静脉和上颌静脉吻合。舌静脉由舌下静脉和舌深静脉汇合而成。

2）上颌静脉在颞下颌关节腹侧由翼丛与颞浅静脉汇集而成,并有耳后静脉汇入。翼丛汇集翼肌静脉、颊静脉、咬肌静脉、颞深静脉、下齿槽静脉、咽静脉等的静脉血。颞浅静脉汇集耳前静脉、面横静脉、上睑外侧静脉、角静脉、眼外背侧静脉等的血液。以上各支静脉多与同名动脉伴行。

2. 骨盆腔和尾部血管的分支分布特征　　腹主动脉在第5、6腰椎处,分为左、右髂外动脉和左、右髂内动脉及荐正中动脉。

（1）髂内动脉　　髂内动脉为分布于骨盆的动脉干,沿荐骨翼和荐结节阔韧带的内侧面向后伸延,沿途分出脐动脉、髂腰动脉、臀前动脉、前列腺动脉（阴道动脉）和臀后动脉,主干延续为阴部内动脉。

1）脐动脉在骨盆前口处分出,沿膀胱侧韧带游离缘伸至膀胱顶,胎儿时期粗大,出生后管径缩小,末端完全闭塞,形成膀胱圆韧带。脐动脉分出输尿管支（分布于输尿管）、输精管动脉（沿输精管进入精索）或子宫动脉（沿子宫阔韧带向下行至子宫角,分布于子宫角和子宫体）和膀胱前动脉（沿膀胱侧韧带分布于膀胱前部）。

2）髂腰动脉很小,分布于髂腰肌等,常分出第6对腰动脉。

3）臀前动脉经坐骨大孔出盆腔,分布于臀肌、臀股二头肌,并发出第1、2荐支。

　　4）前列腺动脉约在坐骨棘中部起于髂内动脉，分布于输尿管、输精管、前列腺、精囊腺、尿道和膀胱。阴道动脉分为 2 支，前支较大，为子宫支，沿阴道和子宫侧壁向前行，分布于子宫颈、阴道等。后支沿阴道背外侧面向后行，分布于阴道前庭；后支沿途分出直肠中动脉、会阴背侧动脉和直肠后动脉，分布于直肠、会阴、肛门和阴唇。

　　5）臀后动脉较粗，由坐骨小孔穿出后向下向后伸延，分布于臀股二头肌、孖肌等。

　　6）阴部内动脉：公牛的阴部内动脉分出尿道动脉，分布于尿道盆部和尿道球腺；分出直肠后动脉，分布于直肠后段；在坐骨弓处分出会阴腹侧动脉，分布于会阴部；主干延续为阴茎动脉，向后向下延伸分为 3 支，阴茎球动脉分布于阴茎球，阴茎深动脉分布于阴茎海绵体，阴茎背动脉沿阴茎背侧向前延伸至阴茎头。母牛的阴部内动脉分出尿道动脉、前庭动脉和会阴腹侧动脉后，延续为阴蒂动脉。会阴腹侧动脉分布于会阴部与阴门，并分出阴唇背侧支和乳房支分布于乳房。阴蒂动脉分布于前庭球和阴蒂。

　　（2）荐正中动脉　　荐正中动脉沿荐骨盆面向后伸延，在荐部分出 3、4 支脊髓支，经荐腹侧孔进入椎孔；在第一尾椎处分出左、右尾背侧动脉和左、右尾腹侧动脉，主干延续为尾正中动脉，沿尾椎腹侧的血管沟继续后伸。临床上常在牛尾根下方探知脉搏。水牛多数无荐正中动脉，其尾正中动脉由左、右荐外侧动脉汇合而成。

　　（3）盆腔的静脉　　髂内静脉为骨盆和尾部的静脉干，主要属支有子宫静脉、臀前静脉、闭孔静脉、前列腺静脉或阴道静脉、臀后静脉和阴部内静脉。

　　3. 前肢血管的分支分布特征　　前肢的动脉主干为锁骨下动脉，绕过第 1 肋骨的前缘出胸腔，在前肢内侧面向下伸延，依不同部位顺次称为腋动脉、臂动脉、正中动脉、指掌侧第 3 总动脉和第 3、4 指掌轴侧固有动脉。

　　（1）腋动脉　　腋动脉为锁骨下动脉的直接延续，位于肩关节内侧面，沿途分出胸廓外动脉、肩胛上动脉、肩胛下动脉和旋肱前动脉后延续为臂动脉。

　　1）胸廓外动脉在第 1 肋骨前缘自腋动脉分出，沿胸外侧沟延伸，分布于胸肌、臂头肌和臂二头肌及皮肤。

　　2）肩胛上动脉在肩关节上方自腋动脉分出，向上伸延进入冈上肌和肩胛下肌之间，分布于冈上肌、肩胛下肌和肩关节。

　　3）肩胛下动脉较粗，在肩关节后方由腋动脉分出，在肩胛下肌和大圆肌之间向后向上伸延，主要分为 3 支，胸背动脉沿背阔肌深面向后上方延伸，分布于大圆肌、背阔肌、臂三头肌长头、胸深肌等；旋肱后动脉经肩胛下肌与大圆肌之间转至肩关节外侧面，分布于三角肌、臂三头肌、小圆肌等；旋肩胛动脉在肩胛骨下 1/3 分出，分布于肩胛骨内、外侧面的肌肉。

　　4）旋肱前动脉向前穿过喙臂肌至臂二头肌。

　　（2）臂动脉　　臂动脉沿喙臂肌和臂二头肌后缘向下伸延，经肘关节内侧至前臂近端，分出骨间总动脉后延续为正中动脉。沿途分出臂深动脉、尺侧副动脉、二头肌动脉、肘横动脉和骨间总动脉。

　　1）臂深动脉在臂中部分出，向后伸延至大圆肌、臂三头肌长头和内侧头之间，分布于臂三头肌、肘肌、臂肌和前臂筋膜张肌。

　　2）尺侧副动脉在臂部下 1/3 处向后分出，沿臂三头肌内侧头的前下缘伸向肘关节，与尺神经一起经尺沟继续下行，途中分布于臂三头肌、腕尺侧屈肌和指屈肌，在腕关节上方分出腕背侧支参与形成腕背侧网外，沿掌骨背外侧下行，成为指背侧第 4 总动脉。

3）二头肌动脉在尺侧副动脉下方分出，向前进入臂二头肌。

4）肘横动脉常与二头肌动脉起于一总干，在臂二头肌深面、臂肌和腕桡侧伸肌之间向下向外侧伸延至前臂背外侧，分支分布于臂肌、臂二头肌、腕桡侧伸肌和指总伸肌等。

5）骨间总动脉在前臂近端分出，向后向下穿过前臂骨近侧间隙延续为骨间前动脉；在穿过骨间隙前分出骨间后动脉，向下伸延分布于前臂骨骨膜和指屈肌；穿过骨间隙后分出小的骨间返动脉，沿尺骨外侧面向上伸延，分布于指的伸肌。骨间前动脉在前臂远端分为两支，一支为腕背侧支，参与形成腕背侧动脉网；另一支为骨间支，穿过前臂远端间隙分为腕掌侧支和掌侧支，掌侧支分为浅支和深支，浅支向下参与形成掌浅弓。

（3）正中动脉　　正中动脉沿桡骨后内侧面向下伸延，至掌远端与骨间前动脉的骨间支的浅支和桡动脉的掌浅支共同形成掌浅弓。由掌浅弓分出指掌侧第 2、3 和 4 总动脉，指掌侧第 3 总动脉可视为正中动脉的延续。正中动脉沿途分出前臂深动脉和桡动脉。

1）前臂深动脉在前臂近端分出，分布于前臂和前脚部的屈肌。

2）桡动脉在前臂中部向前分出，沿桡骨和腕桡侧屈肌之间向下伸延，在前臂远端分出一腕背侧支、腕掌侧支、浅支和深支。浅支参与形成掌浅弓，指掌侧第 2 总动脉可视为桡动脉的延续，在掌指关节掌内侧分为第 2 指掌轴侧固有动脉和第 3 指掌远轴侧固有动脉，分布于第 2 和第 3 指。

（4）指掌侧第 3 总动脉　　指掌侧第 3 总动脉下行至指间隙分为第 3 指和第 4 指掌轴侧固有动脉，分布于第 3 和第 4 指。

（5）前肢的静脉　　前肢的静脉分为深静脉和浅静脉。锁骨下静脉为前肢的深静脉干，依次为腋静脉、臂静脉、正中静脉、指掌侧第 3 总静脉、第 3、4 指掌轴侧固有静脉、蹄静脉丛，上述静脉干及其属支均与同名动脉伴行。头静脉为浅静脉干，起于蹄静脉丛，向上依次汇集为指掌侧固有静脉、指掌侧总静脉、掌心静脉和桡静脉，再延续为头静脉，沿前臂内侧面上行，并经前臂前面入胸外侧沟向上向内延伸，最后注入颈外静脉。头静脉在前臂部有副头静脉注入，并经肘正中静脉与臂静脉相连。副头静脉位于前脚部背侧。临床上犬、猫等小动物常在此浅静脉干进行静脉注射。

4. 后肢血管的分支分布特征　　髂外动脉是后肢动脉的主干，沿骨盆前口向后向下伸延，经股管至股部，进而沿小腿和后脚背侧面达趾部，依部位顺次称为髂外动脉、股动脉、腘动脉、胫前动脉、足背动脉和跖背侧第 3 动脉。

（1）髂外动脉　　髂外动脉约在第 5 腰椎腹侧由腹主动脉分出，沿骨盆前口向后向下伸延至耻骨前缘，分出股深动脉之后移行为股动脉，途中分支有旋髂深动脉。

1）旋髂深动脉在距髂外动脉起始部不远处分出，沿腹壁内侧面前行，在与髋结节相对处分为 2 支，前支向前分布于髂腰肌、腹壁肌等。后支伸向后外侧，穿过腹壁沿阔筋膜张肌前缘下行，分布于阔筋膜张肌、髂下淋巴结及附近的肌肉和皮肤。

2）股深动脉约在耻骨前缘分出，母牛特别发达，分出阴部腹壁动脉干后，延续为旋股内侧动脉。

3）阴部腹壁动脉干由股深动脉起始部分出，向前下方伸延至腹股沟管深环，分为腹壁后动脉和阴部外动脉。腹壁后动脉沿腹直肌背内侧缘前行，分布于腹内斜肌和腹直肌，在公牛还分出提睾肌动脉。阴部外动脉穿出腹股沟管，公牛分出腹壁后浅动脉和阴囊腹

侧支，分布于腹股沟浅淋巴结、包皮、阴囊等；母牛分为乳房前动脉和乳房后动脉或阴
唇动脉，分布于乳房和乳房淋巴结等。

4）旋股内侧动脉为股深动脉的延续，沿内收肌向后向下伸延至臀股二头肌深面，沿
途分支分布于股内侧肌群和股后肌群。

（2）股动脉　　股动脉在股管中向下伸延至膝关节后方、腓肠肌两头之间延续为腘
动脉，沿途主要分支有旋股外侧动脉、隐动脉、膝降动脉和股后动脉。

1）旋股外侧动脉曾称为股前动脉，向前进入股直肌和股内侧肌之间，分布于股四头肌。

2）隐动脉在股管内起于股动脉，与隐神经和隐静脉伴行，出股管后沿股部和小腿内
侧面皮下向下行，在跟结节附近分为足底内、外侧动脉。足底内侧动脉沿跗跖内侧下行，
在跖近端分为深支和浅支，深支参与构成足底深近弓，浅支在跖远端分为趾跖侧第 2 总
动脉和趾跖侧第 3 总动脉。趾跖侧第 2 总动脉在跖趾关节的跖内侧分为第 2 趾和第 3 趾
跖侧固有动脉。趾跖侧第 3 总动脉下行至趾间隙分为第 3 趾和第 4 趾跖侧轴侧固有动脉。
足底外侧动脉在跖外侧近端分为深支和浅支，深支参与构成足底深近弓，浅支沿跖外侧
面下行，在跖远端延续为趾跖侧第 4 总动脉，在跖趾关节的跖外侧分为第 4 趾和第 5 趾
跖侧固有动脉。足底深近弓分出跖底第 2、3 和 4 动脉，沿骨间肌和跖骨伸向远端。

3）膝降动脉在股下 1/3 处由股动脉发出，向前向下伸延，分布于缝匠肌、半膜肌、
股四头肌。

4）股后动脉由股动脉向后发出，分为升支和降支，分布于股后肌群、腓肠肌和趾浅
屈肌。

（3）腘动脉　　腘动脉在腘肌深面分为胫前动脉和胫后动脉。胫后动脉较小，分布
于小腿跖侧肌肉。

（4）胫前动脉　　胫前动脉为腘动脉的延续，穿过小腿骨间隙，沿胫骨前肌与胫骨
背侧之间向下延伸，至跗背侧延续为足背动脉，沿途分出小腿骨间动脉、胫骨营养动脉、
外侧踝前动脉、内侧踝前动脉及浅支。浅支向下延伸至跖背侧中部，分为 3 支，即趾背
侧第 2、3、4 总动脉。

（5）足背动脉　　足背动脉在跗关节处分出跗穿动脉后，延续为跖背侧第 3 动脉。

（6）跖背侧第 3 动脉　　跖背侧第 3 动脉沿跖背侧沟向下延伸，在系关节附近与趾
背侧第 3 总动脉吻合。

（7）趾背侧第 3 总动脉　　趾背侧第 3 总动脉与跖背侧第 3 动脉吻合，分出第 3、4
趾背轴侧固有动脉分布于趾部。

（8）后肢的静脉　　后肢的静脉分为深静脉和浅静脉。髂外静脉为后肢的静脉主干，
沿髂骨体伸向股管，向下依次为股静脉、腘静脉、胫前静脉和足背侧静脉，均与同名动
脉伴行。浅静脉干分为内侧隐静脉与外侧隐静脉，均注入深静脉干。内侧隐静脉在跗关
节内侧起于足底内侧静脉，与隐动脉和隐神经伴行，注入股静脉。外侧隐静脉无动脉伴
行，约在小腿下 1/3 处由前、后两支汇合而成，汇入旋股内侧静脉。前支起于蹄静脉丛，
向上依次汇集成趾背侧固有静脉、趾背侧总静脉和外侧隐静脉。后支在跗关节下部与足
底外侧静脉相连，沿跗关节跖外侧面上行与前支汇合。临床上犬、猫等小动物常在此浅
静脉干进行静脉注射。

【实验报告】

1. 任选一种动物，绘制其心脏外形及以脏内部结构。
2. 任选一种动物，绘制其主要动脉分支整体观。

实验十　家畜神经系统的观察

【实验目的】

通过观察标本及模型，学习验证家畜中枢神经系统和外周神经系统的相关知识。具体要求如下。
1. 掌握家畜神经系统的组成。
2. 掌握家畜脑、脊髓各部的名称、结构及位置。
3. 掌握家畜外周神经系统的组成、名称和分支及分布。

【实验材料】

1. 牛、羊、猪、犬的脑塑化标本。
2. 羊整体塑化标本。

【实验内容】

（一）脊髓的形态结构

1. 观察脊髓的整体形态　　脊髓为背腹压扁的圆柱状，从枕骨大孔伸至荐部，全长粗细不等，有颈膨大和腰膨大，腰膨大之后逐渐变尖细为脊髓圆锥，向后延续为终丝。脊髓背侧面可见背正中沟和背外侧沟，腹侧面可见腹正中裂和不明显的腹外侧沟，脊神经背侧根丝和腹侧根丝分别从背外侧沟和腹外侧沟进入或走出脊髓。

2. 脊神经根及脊髓节段　　从脊髓腹外侧沟走出的为脊神经腹侧根，为运动根，内含运动纤维；自背外侧沟进入的是背侧根，为感觉根，内含感觉纤维，背侧根上的膨大部分为脊神经节（背根神经节），由感觉神经元聚积形成。背、腹侧根在椎间孔附近联合形成脊神经，经椎间孔或椎外侧孔出椎管。一对脊神经背、腹侧根丝所附着的一段脊髓为一个脊髓节段。

3. 脊髓膜　　脊髓膜分为脊硬膜、蛛网膜和软膜三层。脊硬膜厚，位于外层，与椎管内面骨膜之间的间隙为硬膜外腔，内含静脉和大量脂肪，与蛛网膜之间的间隙为硬膜下腔，内含少量液体；蛛网膜为中层，与脊软膜之间的间隙为蛛网膜下腔，内含脑脊液；软膜为内层，紧贴脊髓表面不易分离，软膜在背、腹侧根之间形成齿状韧带。

临床上将麻醉液注入硬膜外腔进行硬膜外麻醉，阻滞脊神经传导。也可在最后腰椎间隙进行腰椎穿刺，从蛛网膜下腔抽取脑脊液或注入药物。

（二）脑的形态结构

脑分为端脑、间脑、小脑和脑干，脑干由后向前分为延髓、脑桥和中脑。

1. 延髓　　延髓后接脊髓，前连脑桥。

（1）延髓腹侧面　　延髓腹侧面正中的浅沟为腹正中裂，腹正中裂两侧的隆起为锥体，内含皮质脊髓束，在延髓后端形成锥体交叉。在锥体外侧前端和后端分别可见第 6 对和第 12 对脑神经根与延髓相连。延髓前端的横行隆起为斜方体，内含二级听觉纤维；可见第 7 对（前）和第 8 对（后）脑神经根在其外侧与延髓相连。在延髓腹外侧面中后部可见第 9、10、11 对脑神经根排成一列与脑相连。

（2）延髓背侧面　　延髓分为两部分：后部为闭合部，前部为开放部，中央管敞开为第四脑室。闭合部正中的浅沟为背正中沟，沟两侧为薄束和楔束，其前部略膨大为薄束核结节和楔束核结节，向前延续为小脑后脚（绳状体）。开放部参与组成第四脑室。

2. 脑桥　　脑桥后接延髓，前连中脑。

（1）脑桥腹侧面　　脑桥腹侧面正中有供血管通过的浅沟，沟两侧膨隆，浅层为横行纤维，向外侧聚集为小脑中脚（脑桥臂），转向背侧连接小脑。在脑桥腹外侧基底部移行为小脑中脚处有三叉神经根（内侧为小的运动根，外侧为大的感觉根）与脑桥相连。

（2）脑桥背侧面　　脑桥背侧面参与组成第四脑室。

3. 第四脑室　　第四脑室由腹侧的延髓和脑桥及背侧的小脑组成，前通中脑水管，后连脊髓中央管。第四脑室顶由前向后依次为前髓帆、小脑、后髓帆和第四脑室脉络膜。第四脑室底呈菱形，称为菱形窝，其侧壁前部为小脑前脚（结合臂），后部为小脑后脚。中线上有纵行的正中沟，沟两侧的浅沟为界沟，在菱形窝的中、前部，正中沟与界沟之间的纵行隆起为内侧隆起，在脑桥背面后部内侧隆起圆凸，称为面神经丘。在菱形窝后部正中沟的两侧，每侧有 2 个三角形的小区，前内侧为舌下神经三角，后外侧为迷走神经三角（灰翼）。在菱形窝前部界沟的内侧可见略带青蓝色的小区，即蓝斑。菱形窝的两侧角为外侧隐窝，此处可见听结节；该部界沟外侧为前庭区，内隐前庭神经核。

4. 中脑

（1）中脑腹侧面　　中脑腹侧面呈倒"八"字形的粗大隆起为大脑脚，两大脑脚之间的凹窝为脚间窝，可见第 3 对脑神经根与中脑相连。

（2）中脑背侧面　　中脑背侧面有两对圆丘形隆起，前面一对较大称为前丘，为视觉反射中枢，后面一对较小称为后丘，为听觉反射中枢。在后丘后方可见第 4 对脑神经根与前髓帆相连。中脑内的空腔为中脑水管。

5. 间脑　　间脑分（背侧）丘脑、上丘脑、下丘脑、底丘脑和后丘脑。间脑的背侧面和两侧均被发达的大脑半球覆盖，仅腹侧面下丘脑部分外露，间脑内的空腔为第三脑室，呈环形，在前方借室间孔与侧脑室相连，在后方与中脑水管相通。

（1）间脑腹侧面　　间脑腹侧面两视神经相连形成视交叉，视交叉向外侧延续为视束，走向后背侧连接外侧膝状体；视交叉后方为灰结节，脑垂体借垂体柄与灰结节相连；灰结节后方的丘状隆起为乳头体。

（2）间脑背侧面　　间脑背侧面丘脑为一对卵圆形灰质块，外侧面与纹状体和内囊相连，两侧丘脑有灰质相连，称为丘脑间黏合（正中切面）；后端外侧为后丘脑，由一对隆起组成，背外侧的较大，称为外侧膝状体，腹内侧的较小，称为内侧膝状体；丘脑背内侧为上丘脑，松果体为锥形小体，位于前丘前方。

6. 小脑　　小脑略呈球形，位于延髓和脑桥背侧、大脑后方，部分被大脑半球覆盖。

背侧面有 2 条纵沟，将小脑分为中间的蚓部和两侧的小脑半球。小脑半球为新小脑，其外侧面腹侧有绒球，与蚓部的蚓小结相连，形成绒球小结叶，为古小脑。绒球小结叶借后外侧裂与小脑其他部分分开。其余的蚓部借原裂分为前叶和后叶，属旧小脑。小脑半球和蚓部表面有许多横裂，将小脑分为许多叶片。小脑借三对脚（后脚、中脚和前脚）与脊髓、延髓、脑桥和中脑相连。小脑腹侧面参与形成第四脑室的顶。

　　7. 端脑　　俗称大脑，由两大脑半球组成，其内的空腔为侧脑室。

　　大脑与小脑之间的横裂为大脑横裂，两大脑半球之间的纵裂为大脑纵裂，大脑纵裂的底由连接两侧大脑半球的宽大的横行纤维板组成，称为胼胝体。

　　大脑半球表面的隆起为脑回，脑回之间的凹陷为脑沟。

　　大脑半球的前端为额极，后端为枕极。每一大脑半球分为内侧面、背外侧面和腹侧面。内侧面较平坦，在中线与对侧大脑半球相邻。背外侧面隆凸，其腹侧以外侧嗅沟与腹侧面分开。腹侧面为嗅脑的结构，前方为嗅球，呈扁卵圆形，表面粗糙，有嗅丝（嗅神经）相连。嗅球向后接嗅脚，嗅脚向后延续为内侧嗅束和外侧嗅束，嗅束表面的灰质为嗅回。内侧嗅束走向后内侧面连接隔区，外侧嗅束走向后外侧连接梨状叶。内、外侧嗅束之间的三角形区域为嗅三角，其前方的隆起为嗅结节。梨状叶为大脑脚和视束外侧的粗大隆起，其前内侧的小隆起为海马结节，深部有杏仁核；梨状叶内部的空腔为侧脑室颞角；梨状叶背内侧的浅裂为海马裂。海马裂背侧为海马和齿状回，海马形似中药海马，在梨状叶背侧向弯向后背侧，进而折转弯向前内侧，两侧的海马前部在中线彼此靠近；由海马外侧缘走出的纤维形成海马伞，海马伞走向前背侧，形成穹隆脚，两穹隆脚间有纤维相连形成海马连合，两穹隆脚向前形成穹隆体，穹隆体在胼胝体和端脑隔腹侧前行，在室间孔附近分为两个穹隆柱，弯向腹侧主要止于乳头体。

　　大脑半球的浅层为皮质，深层为髓质（白质）。皮质分为新皮质、旧皮质和古皮质。新皮质主要位于大脑半球背外侧面和内侧面上半部，前部为额叶，内有运动中枢；后部为枕叶，内有视觉中枢；中部为顶叶，内有感觉中枢；外侧面为颞叶，内有听觉中枢。旧皮质位于大脑半球腹侧面，主要为嗅脑的结构。古皮质位于大脑半球内侧面，包括海马结构、扣带回等。白质由联络纤维、连合纤维和投射纤维组成。大脑半球基底部的灰质为纹状体，包括尾状核和豆状核等，位于嗅三角深部，尾状核形成侧脑室前部的底，豆状核借内囊与尾状核分开。

　　侧脑室为大脑半球内部的空腔，分为前角、中央部和颞角。前角向前通嗅球，颞角位于梨状叶内；侧脑室的顶为胼胝体，内侧壁为端脑隔，底壁的前部为尾状核，后部为海马，两者之间有侧脑室脉络丛。侧脑室脉络丛在室间孔与第三脑室脉络丛相连。

　　8. 脑膜　　脑膜分为脑硬膜、蛛网膜和软膜，结构与脊髓膜相似。脑硬膜与颅骨的骨膜联合，在某些部位两层之间形成脑硬膜静脉窦。脑硬膜在大脑纵裂、横裂和垂体背侧形成大脑镰、小脑幕和鞍隔。蛛网膜不伸入脑沟，蛛网膜下腔经外侧孔与第四脑室相通，并在某些部位膨大形成脑池。

【实验报告】

1. 任选一种动物，绘制其脑的背侧观、腹侧观、正中矢状面。
2. 任选一种动物，绘制其神经的主要分支。

第 三 章　组织胚胎学实验指导

一、组织胚胎学实验须知

家畜组织胚胎学实验是家畜组织学与胚胎学课程的重要组成部分。通过显微镜观察标本的显微结构和超微结构，学生能够进一步理解和巩固课堂所学的知识。

实验前应预习实验指导并复习课堂所学相关章节的理论知识，明确实验目的，熟悉实验内容。观察切片之前应了解切片的制作材料、制作方法和染色方法。按照知识要点仔细观察，并依据所观察切片的显微结构认真绘图，切忌对照图谱临摹。绘图要求和范例如下。

绘图要如实反映切片的组织、细胞等的形态结构，如各部分细胞的大小、形状、着色情况及细胞的数量、标本的特殊结构等。

图注应准确、美观，应使用黑色或蓝色签字笔、钢笔进行标注。标注字应使用规范的学术名称，标注线应平直，线与线平行且间距尽量一致，标注线外侧对齐，以使标注字整齐。

观察切片标本应了解切片的解剖部位和切面方向，因为切片标本仅是器官、细胞某一个平面的图像，其形态结构因所在平面不同而异。观察时要勤于思考，联系理论知识，将平面图像与立体结构相结合，以便进一步理解、记忆和巩固组织胚胎学知识。

装片、涂片等标本通常比切片厚，且因制片方法所限易出现厚薄不均的现象。为达到较好的观察效果，应注意选取标本中厚薄适当的部位，并注意区分不同平面中的不同结构。

观察组织切片时应先用肉眼观察其轮廓，镜检时先用低倍镜，后用高倍镜，循序渐进。要注意辨别正常组织结构与制片过程导致的人为改变，如气泡、皱褶、刀痕、裂痕等。

显微镜的观察范围是有限的，放大倍数越高，视野越小。因此，当某组织结构超出一个视野时，应结合组织的整体结构向适当的方向移动切片进行观察。

二、组织胚胎学实验注意事项

显微镜是组织胚胎学实验使用的主要仪器，应注意爱护，不得随意拆卸。每次实验时对号取用，如发现使用故障，应立即报告老师进行维修或更换。

搬运和放置显微镜时，右手持镜臂，左手托镜座，保持镜体垂直。放置时，显微镜靠近身体胸前略偏左，以便右手记录或绘图。显微镜距离桌沿不得少于3cm，以免碰落损坏。

要爱护组织切片，谨防打碎。实验时每人一套组织切片，对号取用，用完后按编号放回。如发现损坏或缺失等情况，应及时报告老师进行登记和补充。

应认真、按时完成实验报告，并妥善保存，以便日后复习。

保持实验室的安静、整洁，勿乱丢纸屑，实验结束后值日生应打扫实验室。

实验一　上皮组织

【实验目的】

1．掌握各种上皮组织的结构。
2．了解上皮表面的特殊结构。

【实验器材】

仪器：显微图像采集系统、生物显微镜。
组织切片：单层扁平上皮、单层立方上皮、单层柱状上皮、假复层纤毛柱状上皮、复层扁平上皮、变移上皮、腺上皮。

【实验内容】

上皮组织由大量形态较规则、排列紧密的上皮细胞和少量间质组成，上皮细胞具有明显的极性，即细胞的不同表面在结构和功能上具有明显的差别。朝向体表或有腔器官腔面的一侧，称为游离面；与游离面相对，朝向深部结缔组织的一侧，称为基底面；上皮细胞之间的连接为侧面。极性在单层上皮细胞表现得最典型。

（一）单层扁平上皮

1．单层扁平上皮表面观
（1）标本　　肠系膜铺片。
（2）低倍镜检　　选取标本最薄的部分置于视野中央。
（3）高倍镜检　　肠系膜由上、下两层间皮和中间的结缔组织构成，观察时需仔细对焦区分表面的单层扁平上皮和中间的薄层结缔组织。肠系膜间皮由单层扁平细胞构成，相邻细胞互相嵌合，银染可显示细胞间界线。

2．单层扁平上皮侧面观
（1）标本　　十二指肠切片，重点观察浆膜。
（2）肉眼观察　　肠管中空的部分是肠腔。肠腔由内向外，管壁最内层呈蓝色的是黏膜，黏膜外呈粉红色的是黏膜下层，黏膜下层外呈深红色的是肌层，肌层外薄层淡红色的组织是浆膜。本实验观察的是浆膜。
（3）低倍镜检　　找到肠壁的浆膜，选取结构清晰的部分置于视野中央。
（4）高倍镜检　　浆膜的外表面由单层扁平细胞构成，通常只能分辨出细胞核。

（二）单层立方上皮

（1）标本　　甲状腺切片，重点观察甲状腺滤泡。
（2）低倍镜检　　低倍镜下，可看到甲状腺由很多圆形的滤泡构成，称为甲状腺滤泡。
（3）高倍镜检　　高倍镜下，可看到甲状腺滤泡由单层立方细胞围成。

（三）单层柱状上皮

（1）标本 十二指肠切片，重点观察黏膜上皮。

（2）肉眼观察 肉眼观察十二指肠切片的黏膜。

（3）低倍镜检 找到肠壁的黏膜，选取结构清晰的部分置于视野中央。

（4）高倍镜检 黏膜表面为单层柱状上皮，由柱状细胞、杯状细胞、淋巴细胞等组成。柱状细胞的游离面有纹状缘，基底面的基膜与结缔组织相连，柱状细胞之间散布少量杯状细胞和淋巴细胞。杯状细胞形似高脚酒杯，底部狭窄，含深染的核，顶部膨大，充满黏原颗粒。切片上的杯状细胞多数呈囊泡状，见不到狭窄部，这是因为被正切的杯状细胞较少。

（四）假复层纤毛柱状上皮

（1）标本 气管切片，重点观察黏膜上皮。

（2）肉眼观察 肉眼观察气管的腔面即黏膜层。

（3）低倍镜检 找到气管的黏膜，将其置于视野中央。

（4）高倍镜检 气管黏膜为假复层纤毛柱状上皮，由柱状细胞、杯状细胞、梭形细胞、锥形细胞等组成。其中，柱状细胞数量最多，顶端伸至黏膜表面，游离面有一层排列整齐的纤毛；杯状细胞散布于柱状细胞之间；梭形细胞和锥形细胞分布于黏膜的中部和底部。黏膜上皮和其深层的结缔组织交界处可见明显的基膜。

（五）复层扁平上皮

（1）标本 皮肤切片，重点观察表皮。

（2）高倍镜检 皮肤的表皮由复层扁平上皮构成。从垂直于基膜的切面来看，深层是基底层，多数细胞呈矮柱状，圆形核，排列整齐；浅层的细胞呈梭形或扁平，核深染呈扁圆形；角质层位于表皮的最表层，由已经死亡的多层扁平角化的细胞组成，细胞核、细胞器均已消失，细胞轮廓不清，嗜酸性，呈均质红色。表皮中央的细胞为多边形或椭圆形，核圆形或椭圆形。

（六）变移上皮

（1）标本 膀胱切片，重点观察黏膜上皮。

（2）低倍镜检 找到膀胱的黏膜，将其置于视野中央。

（3）高倍镜检 变移上皮的细胞层数和细胞形态可随膀胱的扩张和收缩而改变，可分为表层细胞、中间层细胞和基底细胞。膀胱扩张时，上皮较薄，细胞层数较少，表层细胞呈扁梭形，细胞质浓密，游离面隆起；膀胱收缩时，上皮较厚，细胞层数较多，细胞多近立方形。

（七）腺上皮

（1）标本 十二指肠切片，重点观察黏膜。

（2）低倍镜检 找到黏膜，置于视野中央。

（3）高倍镜检　　肠黏膜表面的单层柱状上皮下陷至固有层结缔组织中，形成垂直于肠壁的直行盲管，即单管状腺，称为肠腺。肠腺上皮与绒毛上皮相延续，主要由柱状细胞和杯状细胞组成，有些动物，如马、牛、羊等的肠腺底部可见帕内特细胞。

实验二　结　缔　组　织

【实验目的】

掌握各种结缔组织的形态结构特征。

【实验器材】

仪器：显微图像采集系统、生物显微镜。

组织切片：疏松结缔组织、致密结缔组织、脂肪组织、网状组织、透明软骨、弹性软骨、纤维软骨、骨组织、血液。

【实验内容】

（一）疏松结缔组织

（1）标本　　肠系膜铺片，重点观察疏松结缔组织。

（2）低倍镜检　　选择标本中较薄的区域，将其置于视野中央。

（3）高倍镜检　　在高倍镜下主要辨认疏松结缔组织中各种类型的纤维和细胞。

1）纤维主要有胶原纤维束（着色很浅，成束分布，呈波浪状）和弹性纤维（紫黑色，纤维较细）。

2）细胞主要有以下几种。

成纤维细胞：结缔组织中数量最多的细胞，胞体较大，多呈扁平或梭形，细胞质着色很淡，细胞核较大，椭圆形，常可见 1 或 2 个核仁。

巨噬细胞：又称为组织细胞，形态多样，因其功能状态不同而变化，一般为圆形或椭圆形，经台盼蓝活体染色后，其细胞质内可见蓝色颗粒。

肥大细胞：胞体较大，呈卵圆形，细胞核小而圆，居中，深染。经甲苯胺蓝染色后可见细胞质中充满异染性颗粒。肥大细胞常沿小血管或小淋巴管分布。

浆细胞：胞体呈椭圆形，核圆形，多偏于细胞一侧，异染色质呈块状聚集在核膜内侧，沿核膜内面呈辐射状排列，似车轮状。细胞质丰富，弱嗜碱性，核旁有一淡染区。浆细胞在一般的结缔组织内很少，而在病原微生物易入侵的部位，如消化管、呼吸道的结缔组织及慢性炎症部位较多。

此外，肠系膜铺片中常隐约可见一些着色很浅的椭圆形结构，这是覆盖在肠系膜表面的单层扁平上皮细胞的细胞核。

（二）致密结缔组织

（1）标本　　肌腱横切。

（2）镜下观察　　大量的胶原纤维排列成束，纤维束之间为腱细胞，细胞核为扁圆形。

（三）脂肪组织

（1）标本　　脂肪组织切片。

（2）镜下观察　　脂肪组织中可见许多脂肪细胞聚集在一起，被疏松结缔组织分隔成脂肪小叶。脂肪细胞呈圆形，脂滴溶解成大空泡，细胞核为扁圆形，被推挤到细胞一侧，连同细胞质呈新月形。

（四）网状组织

（1）标本　　淋巴结切片（银染）。

（2）镜下观察　　淋巴结髓质中可见黑色的网状纤维分支交错，连接成网，并深陷于网状细胞的胞体和突起内，成为网状细胞依附的支架。

（五）透明软骨

（1）标本　　剑状软骨切片。

（2）低倍镜检　　软骨表面由致密结缔组织构成的软骨膜所覆盖。软骨膜分为两层，外层胶原纤维多，内层细胞多。软骨膜内侧与软骨基质相连。

（3）高倍镜检　　软骨边缘的基质呈粉红色，由边缘至中央，软骨基质嗜碱性逐渐增强，由粉红色逐渐变为蓝色。软骨细胞是软骨中唯一的细胞类型，包埋在软骨基质中，所在的腔隙称为软骨陷窝。生活状态下，软骨细胞充满整个软骨陷窝，制片时由于细胞收缩而产生空隙。软骨陷窝周围的软骨基质呈强嗜碱性，形似囊状包围软骨细胞，称为软骨囊。软骨细胞的大小、形状和分布有一定的规律。在软骨周边部分为幼稚软骨细胞，较小，呈扁圆形，常单个分布。越靠近软骨中央，细胞越成熟，体积逐渐增大，变成圆形或椭圆形，多为 2~8 个聚集在一起，它们由一个软骨细胞分裂而来，位于一个软骨陷窝内，形成同源细胞群。

（六）弹性软骨

（1）标本　　耳廓切片。

（2）镜下观察　　弹性软骨的基本结构与透明软骨相似，但弹性软骨的基质中含大量紫黑色的弹性纤维。弹性纤维从各方向贯穿软骨并交织成网，软骨囊附近更为密集，软骨周围纤维少且细，并直接延续为软骨膜的弹性纤维。

（七）纤维软骨

（1）标本　　椎间盘切片。

（2）镜下观察　　纤维软骨的基质中含有大量平行或交叉排列的胶原纤维束，软骨细胞较小而少，成行分布于纤维束之间。纤维软骨一部分与致密结缔组织相延续，另一部分与透明软骨相延续，无明显的软骨膜。

（八）骨组织

（1）标本　　长骨骨干横截面磨片。

（2）低倍镜检　　骨干的内外表层为环骨板，中间为骨单位和间骨板。骨单位是由呈同心圆排列的骨单位骨板围绕中央管构成。位于骨单位之间或骨单位与环骨板之间数量不等、形状不规则的平行骨板是间骨板。骨干中横向穿行的管道称为穿通管，与骨干长轴几乎垂直。

（3）高倍镜检　　选取骨磨片较透亮的部分观察骨单位的结构。骨单位骨板之间染料沉积较多呈梭形的结构是骨陷窝，骨陷窝向周边伸出骨小管，骨单位最外侧有一条骨黏合线。相邻骨板的形态不同，或宽或窄，或明或暗。

（九）血液

1. 哺乳动物血液

（1）标本　　羊血涂片。

（2）低倍镜检　　将血膜厚薄适当、无细胞重叠、血细胞分布均匀处置于视野中央。

（3）高倍镜检　　对照图谱在显微镜下辨认各种类型的血细胞。

红细胞：成熟的红细胞内无细胞核、细胞器，胞体呈双凹圆盘形。细胞质内充满了血红蛋白，嗜酸性着色，中央染色较浅，周缘较深。

白细胞：血液中除红细胞和血小板外的各种血细胞，包括多形核粒细胞、淋巴细胞和单核细胞。

中性粒细胞：白细胞中数量最多的一种，细胞呈球形。细胞质着色浅淡，细胞质内的颗粒细小，光镜下不明显。细胞核深染，形态多样，多为杆状核或分叶核。

酸性粒细胞：细胞呈球形，胞体较大。细胞质内充满粗大、均匀、呈橘红色并略带折光性的嗜酸性颗粒，细胞核呈分叶状。

碱性粒细胞：数量最少，细胞呈球形。细胞质内含有大小不等、分布不均、强嗜碱性着色的颗粒，覆盖在细胞核上并将其掩盖，细胞核呈分叶状、"S"形或不规则形，着色较嗜碱性颗粒浅。因数量很少，血涂片中不易找到。

淋巴细胞：白细胞中数量最多的细胞。胞体呈圆形或椭圆形，大小不等，细胞核呈豆形，占细胞的大部分，一侧有小凹陷，染色质致密呈块状，细胞质很少，染成蔚蓝色。

单核细胞：白细胞中体积最大的细胞。胞体呈圆形或椭圆形。细胞核呈马蹄形，核常偏于一侧，染色质着色较浅，细胞质丰富，呈灰蓝色。

血小板：骨髓中巨核细胞脱离下来的细胞质小块，无细胞核，表面有完整的细胞膜。胞体很小，呈双凸扁盘状。中央部分有蓝紫色的颗粒，周边部呈均质浅蓝色。血涂片血小板常成簇、成群分布。

观察时应注意，由于个体差异或制片原因，血涂片中的细胞不一定都与图谱中的典型细胞一致。辨认时应从细胞形态、数量、着色特征等多方面综合考虑。

2. 禽类血液

（1）标本　　鸡血涂片。

（2）镜下观察　　重点辨认禽类血细胞与成熟哺乳动物血细胞的区别。

红细胞：胞体呈椭圆形，有细胞核。

中性粒细胞：细胞质内的颗粒粗大呈杆状，红色，又称为异嗜性粒细胞。

凝血细胞：功能与哺乳动物的血小板相同，胞体呈椭圆形，比红细胞小，有核，细胞质嗜碱性。

实验三　肌　组　织

【实验目的】

掌握各种肌组织的形态结构。

【实验器材】

仪器：显微图像采集系统、生物显微镜。
组织切片：骨骼肌、心肌、平滑肌。

【实验内容】

（一）骨骼肌

1. 骨骼肌纵切
（1）标本　　骨骼肌纵切片。
（2）低倍镜检　　可见骨骼肌有明显的纵行纹理。
（3）高倍镜检　　骨骼肌纤维的细胞核扁椭圆形，位于肌纤维周围近肌膜处，数量较多。细胞质中可见明暗相间的横纹。

2. 骨骼肌横切
（1）标本　　骨骼肌横切片。
（2）镜下观察　　骨骼肌纤维集合成束，每条肌纤维由结缔组织构成的肌内膜包裹，每束肌纤维由结缔组织和血管构成的肌束膜分隔，包在整块肌肉外面的结缔组织称为肌外膜，含营养血管和神经。

（二）心肌

（1）标本　　心肌切片。
（2）低倍镜检　　在切片中可以同时观察到纵切、横切和斜切的心肌细胞。
（3）高倍镜检　　纵切的心肌纤维呈短柱状，有分支，互连成网。心肌纤维彼此连接处深染的粗线为闰盘。心肌纤维中央有 1 或 2 个卵圆形细胞核。心肌纤维也呈明暗相间的横纹，但横纹较细，不明显。横切的心肌纤维呈圆形，在肌纤维的周围有丰富的结缔组织和小血管。

（三）平滑肌

（1）标本　　十二指肠横切片，重点观察肌层。
（2）低倍镜检　　肠平滑肌分层，靠近黏膜层为环行肌，靠近浆膜层为纵行的平滑肌纤维，两层平滑肌之间常有少量结缔组织和小血管作为分界。
（3）高倍镜检　　环行肌肌纤维被纵切，呈长梭形并彼此交错排列为环形。纵肌层肌纤维被横切，由于纵行的平滑肌纤维也是交错排列的，因此肠管横切面上的纵行肌纤维有不同的切面，过肌细胞中部的横切面较大，有核，偏离肌细胞中部的切面较小，无核。

实验四　神 经 组 织

【实验目的】

掌握神经组织和神经系统的形态结构。

【实验器材】

仪器：显微图像采集系统、生物显微镜。

组织切片：神经元、有髓神经纤维、游离神经末梢、环层小体、运动终板、脊髓、小脑、大脑。

【实验内容】

（一）神经元

（1）标本　　脊髓横切片，重点观察腹角中运动神经元的形态结构。

（2）肉眼观察　　可区分脊髓中央蝴蝶形的灰质和周围的白质。

（3）低倍镜检　　将脊髓腹角置于视野中央。

（4）高倍镜检　　运动神经元的胞体较大，有多个突起，核大而圆，染色较淡，核仁染色较深。细胞质内有许多蓝染的斑块，称为尼氏体。突起分为树突和轴突。每个神经元只有一个轴突，因此在切片中不易看到。胞体发出轴突的部位常呈圆锥形，称为轴丘，此区无尼氏体，染色较淡。在切片中还可见许多细胞核，这些多是神经胶质细胞的细胞核。

1）神经原纤维：神经元胞体和突起内均有棕黑色的细丝，即神经原纤维，它们在胞体内交错排列成网，在突起内平行排列。若切片银染适当，还可见胞体或树突上有许多黑色的环状和扣状结构，即形成突触的部位。

2）突触的超微结构：化学突触由突触前膜、突触后膜、突触间隙和突触小泡构成。

（二）有髓神经纤维

1．有髓神经纤维纵切

（1）标本　　坐骨神经纵切片。

（2）低倍镜检　　神经纤维彼此较紧密地平行排列。

（3）高倍镜检　　神经纤维的中央为轴索，呈紫红色，轴索外包髓鞘，在苏木精-伊红（HE）染色切片上呈空泡细丝状。髓鞘由神经膜细胞节段性包绕轴索而成，每一节有一个神经膜细胞，相邻节段间有一无髓鞘的狭窄处，称为神经纤维结或郎飞结。神经膜细胞核呈扁椭圆形，位于髓鞘边缘。在神经纤维之间有少量结缔组织和成纤维细胞。

2．有髓神经纤维横切和神经干

（1）标本　　坐骨神经横切片。

（2）镜下观察　　在着色浅的背景上有许多大小不一的黑色小圈是神经纤维髓鞘的横断面。每根神经纤维的外表面均有神经内膜包裹，神经纤维集合在一起形成神经纤维束，在神经纤维束的外表面有神经束膜包裹，若干条神经纤维束聚集构成神经干。神经干外表面被覆致密的结缔组织膜，称为神经外膜。神经外膜的结缔组织中可见小血管、淋巴管、脂肪组织等。

（三）游离神经末梢

（1）标本　　犬趾垫皮肤切片（亚甲蓝染色）。

（2）镜下观察　　感觉神经末梢在皮肤内失去髓鞘，游离于表皮和真皮内，形成游离神经末梢。

（四）环层小体

（1）标本　　猪肠系膜环层小体整装片。

（2）镜下观察　　无髓神经纤维伸入环层小体中央，环层小体末端略膨大，外包被囊。被囊由多层同心环板构成，每层环板均由少量的结缔组织纤维和一层扁平细胞组成。环层小体一端可见有髓神经纤维。

（五）运动终板

（1）标本　　猪肋间肌挤压装片（氯化金镀染）。

（2）镜下观察　　骨骼肌纤维呈红色，平行排列成束，其间分布深染的有髓神经纤维。神经纤维末端分支，形成葡萄状终末，并与骨骼肌纤维建立突触连接呈板状隆起，即运动终板。

（六）脊髓

（1）标本　　脊髓横切片。

（2）肉眼观察　　脊髓横截面略呈扁圆形，外包结缔组织软膜。背正中隔和腹正中裂将脊髓分为左、右两部分。脊髓中央呈蝴蝶形的结构为灰质，周围是白质。

（3）低倍镜检　　重点观察灰质和白质的组织结构。

1）灰质：主要由神经元胞体、树突、轴突近胞体部及神经胶质细胞和无髓神经纤维组成。灰质中央为中央管，管腔内表面为室管膜上皮。两翼背侧窄小处为背角，神经元胞体较小，类型复杂，多为中间神经元。两翼腹侧宽大处为腹角，神经元胞体大小不等，主要为运动神经元。背角与腹角之间突向白髓的部分为侧角，主要见于胸腰段脊髓。侧角内为交感神经节的节前神经元，胞体小，也为多极神经元。

2）白质：主要由神经纤维构成，其间可见少量神经胶质细胞核。

（4）高倍镜检　　脊髓灰质的神经元多为多极神经元，细胞质内含尼氏体而呈嗜碱性着色。神经元之间还可见神经胶质细胞核及血管等。

（七）小脑

（1）标本　　小脑切片，重点观察小脑皮质各层的形态结构。

（2）肉眼观察　　小脑表层的裂隙为小脑沟，小脑沟间的隆起为小脑回。

（3）低倍镜检　　小脑外覆软膜，周边是皮质（灰质），中央是髓质（白质）。切片中染色较深的部分为小脑皮质的颗粒层，颗粒层外侧染色较浅的部分为分子层，内侧染色较浅的部分为小脑髓质。

（4）高倍镜检　　重点观察小脑皮质的分层结构。小脑皮质由表及里呈现明显的 3 层结构。

1）分子层：位于皮质的最表层，较厚，含大量神经纤维，神经元少而分散，嗜酸性浅染。浅层的细胞只能看到核，为星形细胞。深层的细胞可看到少量胞质，为篮状细胞。

2）浦肯野细胞层：位于分子层的深层，由胞体呈梨形的浦肯野细胞胞体单层规则排列而成。浦肯野细胞是小脑皮质中最大的神经元。

3）颗粒层：位于皮质的最深层，由大量密集排列的颗粒细胞和一些高尔基细胞构成。

（八）大脑

（1）标本　　大脑切片，重点观察大脑皮层各层的形态结构。

（2）肉眼观察　　大脑表面的裂隙为脑沟，其间的隆起为脑回。大脑外周为皮质，中央为髓质。

（3）低倍镜检　　大脑皮层由表及里分为 6 层。

1）分子层：位于皮质的最浅层。神经元较少，神经纤维较多，着色很浅。

2）外颗粒层：由许多星形细胞和少量小型锥体细胞构成。细胞小而密集，染色较深。

3）外锥体细胞层：细胞排列较外颗粒层稀疏。浅层为小型锥体细胞，深层为中型锥体细胞。

4）内颗粒层：细胞密集，多数是星形细胞。

5）内锥体细胞层：神经元较少，含大、中型锥体细胞，且以大型锥体细胞为主。

6）多形细胞层：位于皮质的最深层，紧靠髓质。细胞排列疏松，形态多样，有梭形、星形、卵圆形等。

实验五　食管、胃、肠和唾液腺的组织结构

【实验目的】

1．掌握主要消化管的组织结构。
2．掌握各段消化管管壁结构的共性和特性。
3．掌握主要消化腺的组织结构。

【实验器材】

仪器：显微图像采集系统、生物显微镜。
组织切片：食管、胃、小肠、结肠、唾液腺。

【实验内容】

1．食管

（1）标本　　食管横切片。

（2）肉眼观察　　食管管腔内有数个由黏膜和部分黏膜下层共同形成的皱襞，管腔小而不规则。

（3）低倍镜检　　食管的管壁由内向外分为黏膜、黏膜下层、肌层和外膜，重点观察黏膜和黏膜下层的结构。

1）黏膜：黏膜层主要有黏膜上皮、固有层和黏膜肌层三层结构。黏膜上皮为复层扁平上皮。采食硬、干饲料的家畜，上皮明显角化。固有层为疏松结缔组织。黏膜肌层为散在的纵行平滑肌束，嗜酸性着色。

2）黏膜下层：为疏松结缔组织，内含大量食管腺，属复管泡状混合腺。黏膜下层中还可见大量血管和神经。

3）肌层：分为内环行与外纵行两层，其间有时可见斜行。反刍动物和犬的肌层为骨骼肌，其他动物前段为骨骼肌，后段为平滑肌。

4）外膜：或称为浆膜，食管的颈段为结缔组织构成的外膜，外膜外层被覆一层间皮。

2．胃

（1）标本　　胃底壁切片。

（2）低倍镜检　　在低倍镜下可区分出胃壁的 4 层结构，即黏膜、黏膜下层、肌层和浆膜。

1）黏膜：黏膜很厚。黏膜表面有很多小的凹陷，称为胃小凹，每个胃小凹底部与 3～5 条腺体通连。

2）黏膜下层：疏松结缔组织，内含丰富的血管和神经，在靠近肌层处可见一些大而圆的细胞，为黏膜下神经丛中的神经细胞。

3）肌层：肌层较厚，一般有内斜行、中环行和外纵行 3 层。在中环行和外纵行肌层之间可见肌间神经丛中的神经细胞，数量较多，成群分布。

4）浆膜：为疏松结缔组织，外表面被覆一层间皮。

（3）高倍镜检　　重点观察黏膜上皮的结构。

1）黏膜上皮：黏膜上皮为单层柱状，顶部细胞质充满黏原颗粒，在 HE 染色切片上着色浅淡至透明。上皮下陷形成短而宽的腔隙，即胃小凹。

2）固有层：很厚，内有大量密集排列的胃底腺，腺体之间有少量疏松结缔组织及由黏膜肌层延伸入的分散的平滑肌细胞。胃底腺呈分支管状，可分为颈部、体部和底部。颈部与胃小凹相连，体部较长，底部稍膨大并延伸至黏膜肌层。胃底腺由主细胞、壁细胞、颈黏液细胞和内分泌细胞组成。HE 染色切片上可看到前 3 种细胞，内分泌细胞需用银染或免疫组织化学染色才可看到。

主细胞：数量最多，呈柱状或锥体形，核圆形，位于细胞基部。细胞质基部呈嗜碱性着色，顶部充满酶原颗粒，在制片时，颗粒多溶解，使该部位呈泡沫状。

壁细胞：细胞体积较大，多散布于胃底腺的颈部和体部。细胞呈圆形或锥体形，核圆而深染，细胞质强嗜酸性着色。

颈黏液细胞：数量较少，多位于腺颈部，但猪的颈黏液细胞分布于腺体各部，以底部居多。细胞呈立方形或矮柱状，细胞核扁圆或呈不规则的三角形，细胞质着色浅淡。

3．小肠

（1）标本　　十二指肠横切片。

（2）肉眼观察　　肠腔内可见数个由黏膜和部分黏膜下层突入肠腔形成的皱襞。

（3）低倍镜检

1）黏膜：表面有许多不规则的突起，为肠绒毛，其是由黏膜上皮和固有层向肠腔突起形成的。绒毛中轴可见中央乳糜管。没有参与构成绒毛的固有层，可见许多直管状的肠腺。固有层外侧为薄层平滑肌构成的黏膜肌层。

2）黏膜下层：由疏松结缔组织构成。各种家畜的十二指肠中均有大量腺体，即十二指肠腺。有些家畜，如猪、马、大反刍动物等，十二指肠腺可延伸至空肠。黏膜下层中还可见黏膜下神经丛中的神经元，细胞核大而圆，核仁明显。部分黏膜下层作为中轴和黏膜共同突入肠腔形成皱襞。

3）肌层：由内环行和外纵行两层平滑肌组成。在横切面上内环肌层的肌纤维为纵截面，外纵肌层的肌纤维为横截面。两层平滑肌之间可见肌间神经丛中的神经细胞，数量多于黏膜下神经丛。

4）浆膜：薄层结缔组织外被覆一层间皮。

（4）高倍镜观察

1）绒毛：由表面的单层柱状上皮和中轴的固有层构成。单层柱状上皮由柱状细胞、杯状细胞和上皮内淋巴细胞等组成。固有层内可见中央乳糜管和结缔组织细胞、毛细血管等。

2）肠腺：由柱状细胞、杯状细胞和内分泌细胞组成。内分泌细胞可采用银染或免疫组织化学方法显示。马、牛、羊等肠腺底部还有帕内特细胞。细胞呈锥体形，顶端细胞质含嗜酸性颗粒。猪、猫、犬等缺失。

4．结肠

（1）标本　　结肠切片。

（2）镜下观察　　与小肠相比，结肠无绒毛，肠腺发达，杯状细胞很多。

5．唾液腺　　唾液腺包括腮腺、颌下腺和舌下腺。腮腺为纯浆液腺，颌下腺和舌下腺为混合腺。

（1）低倍镜检　　颌下腺为复管泡状腺，外包结缔组织被膜，结缔组织伸入腺实质将腺体分为若干小叶。小叶内有许多腺泡和少量导管，小叶间结缔组织内有些大导管。

（2）高倍镜检　　重点观察腺小叶的结构。

1）腺泡：由腺上皮围成，在腺细胞的基底面外侧有扁平的肌上皮细胞包裹。

浆液性腺泡：完全由呈锥形的浆液性细胞构成，细胞核圆形，位于细胞基底部，基底部细胞质呈强嗜碱性着色，顶部细胞质含分泌颗粒呈嗜酸性着色。

黏液性腺泡：完全由黏液性细胞构成，细胞核扁平，位于细胞基底部，嗜碱性深染，顶部细胞质含黏蛋白颗粒，除在核周的少量细胞质呈嗜碱性着色外，大部分细胞质几乎不着色，呈泡沫或空泡状。

混合性腺泡：由浆液性细胞和黏液性细胞共同构成。黏液性细胞在靠近闰管侧围成腺泡，在腺泡的盲端有数个浆液性细胞围成半月状结构，称为浆半月。

2）导管：闰管和纹状管位于小叶内，小叶间导管位于小叶间结缔组织。

3）闰管：闰管是导管的起始，直接与腺泡相连，管径小，管壁为单层扁平或单层立方上皮。

4）纹状管：纹状管又称为分泌管，与闰管相连，管壁为单层柱状上皮，细胞基部有纵纹，细胞核圆形，细胞质嗜酸性着色。

5）小叶间导管：管腔大，管壁由单层柱状上皮移行为双层立方或假复层柱状上皮。

实验六　胰腺、肝的组织结构

【实验目的】

1．掌握胰腺的组织结构和功能。

2．掌握肝的组织结构和功能。

【实验器材】

仪器：显微图像采集系统、生物显微镜。

组织切片：胰腺、肝。

【实验内容】

1．胰腺

（1）标本　　胰腺切片。

（2）肉眼观察　　胰腺表面被覆薄层结缔组织被膜，结缔组织伸入实质将腺体分为若干小叶，切片正中的大导管为主胰管。

（3）镜下观察　　胰腺实质由外分泌部和内分泌部（胰岛）组成。

1）外分泌部：是复管泡状腺，由浆液性腺泡构成。腺小叶内可见小叶内导管，小叶间结缔组织内可见小叶间导管和管腔很大的主胰管。

腺泡：由锥形细胞围成。细胞核呈圆形位于中央，核上区含嗜酸性染色的分泌颗粒，核下区富含粗面内质网和游离核糖体而呈嗜碱性染色。腺泡中央有时可见细胞核扁圆、细胞质淡染的细胞，即泡心细胞，是闰管伸入腺泡内的部分。

导管：包括闰管、小叶内导管及小叶间结缔组织内的小叶间导管和主胰管。在腺泡附近可见一种由单层扁平或立方细胞构成的小管，即闰管，切正的部位可见其与腺泡直接相通。小叶内导管与闰管相接，管壁为单层立方细胞。小叶内导管向小叶边缘移行，管径增粗，最后通入小叶间导管。小叶间导管为单层柱状上皮。随着汇合后移行，管径逐渐增粗，柱状上皮间出现高柱状细胞，上皮下结缔组织内出现复管泡状黏液腺。小叶间导管最后汇成主胰管。

2）内分泌部：分布于腺泡之间着色较浅、排列疏松的内分泌细胞团，又称为胰岛，细胞间有丰富的毛细血管。HE 染色无法区分胰岛各种类型的内分泌细胞。

2．肝

（1）标本　　肝切片。

（2）肉眼观察　　肝表面被覆结缔组织被膜，结缔组织伸入实质将其分为若干多边形的肝小叶。猪的肝小叶间结缔组织发达，肝小叶分界明显；牛、羊、犬、猫、家兔等动物的肝小叶间结缔组织不发达，肝小叶分界不清。

（3）低倍镜检　　肝小叶中央为中央静脉，相邻肝小叶之间呈三角形的结缔组织区域为门管区。小叶间结缔组织不发达的肝组织，可以中央静脉和门管区所在的位置来判定肝小叶的范围。在非门管区的小叶间结缔组织中可见单独走行的小叶下静脉。

（4）高倍镜检

1）肝小叶：中央静脉为中心呈放射状排列的条索状结构，即肝索，肝索间的不规则腔隙为肝血窦。

2）中央静脉：于肝小叶中央，管壁为单层扁平上皮，因与周围的肝血窦相通而管壁不完整。

3）肝板：细胞单层排列构成。肝细胞呈多边形，核大而圆，位于细胞中央，有的细胞可见双核。

4）肝血窦：壁紧贴肝细胞索，由内皮细胞构成，细胞核扁圆形，染色深，核的部位稍突出于窦腔。在肝血窦内还可见一些体积大、形状不规则的星形细胞，核卵圆形，染色较浅，以细胞质突起连于窦壁，这种细胞即库普弗细胞。

5）门管区：门管区结缔组织内可见 3 种伴行的管道。小叶间静脉为门静脉的分支，管腔较大而不规则，管壁薄。小叶间动脉为肝动脉的分支，管腔小，管壁相对较厚，可见平滑肌层。小叶间胆管的管壁为单层立方上皮，细胞排列整齐，细胞质染色浅，细胞核为圆形。

6）库普弗细胞（活体染色）：利用库普弗细胞的吞噬特性，给活体动物注射无毒或低毒的染料，如台盼蓝，库普弗细胞即可将染料吞入细胞质内，再按照常规方法制作切片并用醛复红进行复染。细胞质内含有蓝色染料颗粒的细胞即库普弗细胞，肝血窦内皮细胞及其他细胞呈红色，细胞质内均无蓝色颗粒。

实验七　卵巢的组织结构

【实验目的】

掌握卵巢的组织结构。

【实验器材】

仪器：显微图像采集系统、生物显微镜。

组织切片：卵巢。

【实验内容】

（1）标本　　卵巢切片。

（2）低倍镜检　　卵巢由被膜、皮质和髓质构成。

1）被膜：卵巢表面被覆单层上皮（卵巢系膜附着部除外），称为生殖上皮。幼年和成年动物的生殖上皮多呈立方或柱状，老龄动物的生殖上皮变为扁平。生殖上皮下方为富含梭形细胞的致密结缔组织形成的白膜。

2）皮质：卵巢实质的外周部分，较厚。由发育不同阶段的卵泡、黄体、白体及结缔组织（基质）构成，占据卵巢的大部分。卵巢基质与白膜无明显界限，细胞成分较白膜少，胶原纤维含量比白膜丰富。基质胶原纤维走向不规则，无弹性纤维。皮质浅层含很多原始卵泡，皮质深层有由原始卵泡发育而来的较大的生长卵泡，成熟卵泡体积增大后移至皮质浅层并向卵巢表面隆起准备排卵。

3）髓质：位于卵巢中央，较小，为富含弹性纤维的疏松结缔组织，内含大量血管和神经，无卵泡分布。偏离卵巢中轴的切片可能看不到髓质。

（3）高倍镜检

1）原始卵泡：原始卵泡位于皮质浅层，数量多，体积小。由一个初级卵母细胞和周围层扁平的卵泡细胞构成。初级卵母细胞为圆形，细胞质嗜酸性，核大而圆，着色浅，核仁明显。

2）初级卵泡：初级卵母细胞体积增大，卵泡细胞增殖，由扁平变为立方或柱状，由单层变为多层。在初级卵母细胞与卵泡细胞之间出现一层均质状、折光性强、嗜酸性的透明带。卵泡周围的基质结缔组织逐渐分化为卵泡膜，但此时与周围组织界限不明显。

3）次级卵泡：次级卵泡体积增大，卵泡细胞间出现卵泡腔，腔内充满卵泡液。随着卵泡液增多，卵泡腔扩大，初级卵母细胞、透明带、放射冠及部分卵泡细胞突入卵泡腔内形成卵丘。卵丘中紧贴透明带外表面的卵泡细胞随卵泡发育变为高柱状，呈放射状排列，称为放射冠。卵泡腔周围的数层卵泡细胞形成卵泡壁，称为颗粒层，卵泡细胞改称颗粒细胞。卵泡膜分化为两层，内层毛细血管丰富，基质细胞分化为多边形或梭形的膜细胞，外层有环形排列的胶原纤维和平滑肌纤维。

4）成熟卵泡：成熟卵泡体积显著增大，但颗粒细胞的数目不再增加，因此卵泡壁变薄，卵泡向卵巢表面突出。成熟卵泡的透明带达到最厚，卵泡的其他结构与次级卵泡后期相似。

5）排卵后卵泡的变化。

红体：排卵后，由于卵泡内压消失，卵泡壁塌陷形成皱襞，卵泡内膜毛细血管破裂，基膜破碎，卵泡腔内含有血液。

黄体：排卵后，颗粒层细胞和卵泡膜内层细胞增殖分化，形成一个体积很大、富含血管的内分泌细胞团即黄体。由颗粒细胞分化来的黄体细胞称为颗粒黄体细胞，数量多，体积大，呈多边形，着色较浅，核圆形，核仁清晰；由卵泡膜内层细胞分化来的黄体细胞称为膜黄体细胞，数量少，体积小，细胞质和细胞核着色较深，主要位于黄体周边。

白体：黄体退化后被致密结缔组织取代，成为斑痕样白体。

闭锁卵泡：在卵泡生长发育的过程中，绝大多数卵泡不能发育到成熟而在不同阶段退化，退化的卵泡称为闭锁卵泡。卵泡的闭锁可发生在卵泡发育的任何阶段，形态结构不尽相同。原始卵泡和初级卵泡退化时，卵母细胞萎缩或消失，卵泡细胞变小而分散，最后变性消失。次级卵泡和接近成熟的卵泡退化时，卵母细胞和卵泡细胞萎缩溶解；透明带皱缩，并和周围的卵泡细胞分离；卵泡壁塌陷；中性粒细胞、巨噬细胞浸润；卵泡膜内层的膜细胞增生肥大，细胞质中出现脂滴，形似黄体细胞，被结缔组织和血管分隔成分散的细胞团索，称为间质腺。闭锁卵泡最终被结缔组织取代，形成类似白体的结构，随后消失于卵巢基质。

实验八　睾丸的组织结构

【实验目的】

掌握睾丸的组织结构。

【实验器材】

仪器：显微图像采集系统、生物显微镜。

组织切片：睾丸。

【实验内容】

（1）标本　　睾丸切片。

（2）肉眼观察　　睾丸呈卵圆形，猪的睾丸如鸡蛋大小，制片时常取其局部。睾丸表面被覆浆膜，实质由许多大小、形状不一的生精小管集合而成。

（3）低倍镜检　　被膜和间质睾丸表面覆盖着一层很薄的鞘膜，鞘膜内侧是一层缺乏弹性纤维的致密结缔组织，称为白膜，白膜内富含血管。

睾丸小叶睾丸头端与附睾连接处，白膜增厚，沿长轴突入睾丸实质形成结缔组织纵隔，称为睾丸纵隔。睾丸纵隔的结缔组织呈放射状伸入睾丸实质，并与白膜相连，称为睾丸小隔。睾丸小隔将实质分隔成许多睾丸小叶。睾丸小叶呈锥形，钝端位于睾丸周缘，尖端朝向睾丸纵隔。睾丸实质由生精小管组成，成熟个体的生精小管直径为 0.1～0.3mm。每个睾丸小叶内有 1～4 条盘曲的生精小管，以盲端起始于小叶边缘，并向睾丸纵隔方向延伸。生精小管末端弯曲度逐渐降低，最终变为短而直的直精小管通入睾丸纵隔。睾丸小叶内生精小管之间的疏松结缔组织是睾丸的间质，睾丸间质内可见成群的圆形或椭圆形细胞，体积较结缔组织细胞大，为睾丸间质细胞。

（4）高倍镜检

1）生精小管：生精小管由生精上皮构成，上皮基膜外侧有胶原纤维和梭形的肌样细胞。生精上皮由支持细胞和多层生精细胞组成。

2）支持细胞：数量少，细胞呈不规则长锥形，底部宽并附着在基膜上，顶部伸达腔面。其侧面镶嵌着生精细胞，故细胞轮廓不清。支持细胞核为三角形或椭圆形，位于细胞基部，染色浅，常染色质丰富，核仁明显。

3）生精细胞：镶嵌在支持细胞之间。幼龄动物的生精细胞仅由精原细胞构成，至性成熟后，精原细胞分裂增殖，依次形成初级精母细胞、次级精母细胞、精子细胞和精子。

4）精原细胞：紧贴基膜，细胞小，呈圆形或椭圆形。

5）初级精母细胞：位于精原细胞近腔侧，有 2 或 3 层，是生精细胞中最大的细胞，呈圆形，核大而圆。因第一次减数分裂的分裂前期历时较长，故在生精小管的切面中常可见处于不同增殖阶段的初级精母细胞。

6）次级精母细胞：位于初级精母细胞近腔侧，比初级精母细胞略小，核圆形，着色较深。次级精母细胞不进行 DNA 复制，迅速进入第二次减数分裂，因此较难观察到。

7）精子细胞：位于初级精母细胞或次级精母细胞近腔侧，比次级精母细胞更小，胞质少，核圆形，着色更深。有时可见处于精子形成过程中的精子细胞。

8）精子：靠近管腔面，头部呈深蓝色，嵌入支持细胞的顶部细胞质中，尾部细长，呈红色，游离于生精小管内。

9）直精小管：生精小管近睾丸纵隔处变成短而细的直行管道。管壁上皮为单层立方或矮柱状，无生精细胞。

10）睾丸间质细胞：睾丸间质细胞呈圆形或椭圆形（牛为纺锤形），核大而圆，居中，染色淡，细胞质嗜酸性，有时可见黄色的色素颗粒（牛、羊、猪、犬无）。

实验九 胸腺和脾的组织结构

【实验目的】

掌握主要淋巴器官的组织结构。

【实验器材】

仪器：显微图像采集系统、生物显微镜。

组织切片：胸腺、脾。

【实验内容】

1．胸腺

（1）标本 胸腺切片。

（2）低倍镜检 胸腺表面的疏松结缔组织被膜向实质延伸为小叶间隔，将实质分为许多不完全的小叶。小叶周边着色深的为皮质，中央着色浅的为髓质。

（3）高倍镜检

1）皮质：胸腺皮质以上皮性网状细胞为支架，间隙内含有大量胸腺细胞和少量巨噬细胞。上皮性网状细胞分布于被膜下和胸腺细胞之间，多呈星形，细胞核卵圆形，大而浅染。常在被膜下及血管周围形成完整的层，参与构成血-胸腺屏障。

2）胸腺细胞：非常密集，故皮质着色深。皮质浅层多为大中型淋巴细胞，皮质深层多为小型淋巴细胞。

3）巨噬细胞：散布于皮质或血管与上皮性网状细胞之间，细胞质内常有吞噬的胸腺细胞碎片。

4）髓质：胸腺髓质的细胞组成与皮质相似，但胸腺细胞较稀疏，上皮性网状细胞较多，巨噬细胞较少。胸腺髓质内部分胸腺上皮细胞构成胸腺小体，是胸腺髓质的特征性结构。胸腺小体体积较大，嗜酸性着色，由扁平的上皮性网状细胞呈同心圆排列而成，中心部位常见核固缩或消失、角质化等现象。

髓质中还有管壁为立方形内皮细胞的毛细血管后微静脉，有时可见正在进入血管的成熟 T 淋巴细胞。

2．脾

（1）标本　　脾切片。

（2）肉眼观察　　脾表面呈粉红色的是被膜，被膜下方是脾实质，称为脾髓。

（3）低倍镜检　　脾实质外有较厚的结缔组织被膜，被膜深入脾实质形成条索状的小梁，小梁上分布有小梁动脉和小梁静脉。脾实质除小梁外称为脾髓，其中嗜酸性着色的组织为红髓，嗜碱性着色，散在分布的团块为白髓。

（4）高倍镜检

1）白髓：脾白髓主要由脾小结、中央动脉和动脉周围淋巴鞘构成。

2）红髓：除和白髓相接的边缘区外，红髓主要由脾索和脾窦相间排列构成。红髓中可见管腔较大的髓静脉。

3）边缘区：为红髓与白髓交界的狭窄区域，含排列较松散的淋巴细胞、巨噬细胞、血细胞和少量浆细胞。由于制片时组织收缩，切片上边缘区不明显。

4）脾索：由富含血细胞的淋巴组织构成，呈不规则的条索状。脾索含较多的 B 细胞、巨噬细胞、浆细胞和网状细胞。脾索中还可见到髓动脉和鞘毛细血管。髓动脉与中央动脉结构相似，管腔明显，内皮细胞较高，管壁有 1 或 2 层平滑肌，无内外弹性膜。鞘毛细血管呈椭圆形或球形，管腔很小，内皮细胞高且突向管腔，数层网状细胞在血管周围形成椭球。猪、猫、犬的椭球较发达。

5）脾窦：位于脾索之间，窦壁由长杆状内皮细胞围成。内皮细胞沿脾窦的长轴排列，纵切时呈扁圆形，横切时呈圆形，细胞核突向窦腔，细胞间有间隙。脾窦内充满各种血细胞。由于制片时组织收缩，有时脾窦不易辨别。

实验十　气管和肺的组织结构

【实验目的】

掌握气管至呼吸性细支气管管壁结构的变化特征。

【实验器材】

仪器：显微图像采集系统、生物显微镜。

组织切片：气管、肺。

【实验内容】

1．气管

（1）标本　　气管切片。

（2）肉眼观察　　气管管腔大，呈圆形。管壁中央有一嗜碱性着色的"C"形软骨环，软骨环的缺口处可见平滑肌束。

（3）低倍镜检　　气管管壁由内向外依次分为黏膜、黏膜下层和外膜。

1）黏膜由黏膜上皮和固有层组成。黏膜上皮为假复层纤毛柱状上皮。固有层为富含弹性纤维的结缔组织，并可见腺导管、血管、淋巴细胞、浆细胞等。

2）黏膜下层疏松结缔组织，与固有层和外膜无明显界限，含气管腺。

3）外膜致密结缔组织，较厚，含"C"形透明软骨环，缺口处为平滑肌束。

2．肺

（1）标本 肺切片。

（2）低倍镜检 肺表面被覆浆膜，肺分实质和间质两部分，实质即肺内的导气部和呼吸部，间质为结缔组织、血管、神经和淋巴管等。每个细支气管及其所属的分支和肺泡构成一个肺小叶。肺小叶是肺的结构单位，呈锥体形或不规则多边形。

1）支气管管腔较大。黏膜逐渐形成明显的皱襞，黏膜上皮为假复层纤毛柱状上皮，固有层下出现不连续的平滑肌束；黏膜下层中的腺体逐渐减少；外膜中的"C"形软骨环逐渐变为短小的软骨片，着色也变浅。

2）细支气管黏膜皱襞发达，紧密排列。黏膜上皮为单层纤毛柱状上皮，杯状细胞极少；平滑肌增厚并形成完整的层；软骨片逐渐消失。

3）终末细支气管黏膜皱襞消失，黏膜上皮为单层纤毛柱状上皮，肌层薄。

4）呼吸性细支气管管壁上出现少量肺泡开口。管壁上皮起始端为单层纤毛柱状上皮，随后逐渐过渡为单层柱状、单层立方，邻近肺泡处为单层扁平上皮；上皮下结缔组织内有少量平滑肌和胶原纤维。

5）肺泡管的管壁上有许多肺泡，自身的管壁结构很少，在切片上呈现为一系列相邻肺泡开口之间的结节状膨大。膨大表面被覆单层扁平上皮，薄层结缔组织内含弹性纤维和平滑肌。

6）肺泡囊是由几个肺泡围成的具有共同开口的囊状结构，相邻肺泡开口之间无平滑肌，故无结节状膨大。

（3）高倍镜检 肺泡为半球形或多面形囊泡，开口于呼吸性细支气管、肺泡管或肺泡囊。肺泡壁很薄，由单层肺泡上皮细胞组成。相邻肺泡之间的组织称为肺泡隔。

1）肺泡上皮由Ⅰ型肺泡细胞和Ⅱ型肺泡细胞组成。

Ⅰ型肺泡细胞：数量多，细胞很薄，只有核的部位稍厚。

Ⅱ型肺泡细胞：细胞较小，呈圆形或立方形，散在凸起于Ⅰ型肺泡细胞之间。细胞核圆形，细胞质着色浅，呈泡沫状。

2）肺泡隔内含密集的连续毛细血管和丰富的弹性纤维。肺泡隔内或肺泡腔内可见体积大、细胞质内常含吞噬颗粒的细胞，即肺巨噬细胞，或称为尘细胞。

实验十一　甲状腺和甲状旁腺的组织结构

【实验目的】

掌握主要内分泌腺的组织结构。

【实验器材】

仪器：显微图像采集系统、生物显微镜。

组织切片：甲状腺与甲状旁腺。

【实验内容】

（1）标本　　　甲状腺与甲状旁腺切片。

（2）低倍镜检　　　甲状腺外包结缔组织被膜，结缔组织伸入腺体内，将其分为不明显的小叶。小叶内可见许多大小不等的圆形或椭圆形滤泡。

（3）高倍镜检　　　滤泡由单层立方上皮细胞围成，滤泡腔内充满嗜酸性着色的胶质。滤泡可因功能状态不同而有形态差异。在功能活跃时，滤泡上皮增高呈低柱状，腔内胶质减少；反之，细胞变矮呈扁平状，腔内胶质增多。

滤泡旁细胞散布于滤泡上皮细胞之间或成群分布于滤泡间结缔组织内。细胞呈卵圆形，体积较滤泡上皮细胞稍大，HE 染色切片中着色较浅，不易辨认。

实验十二　　肾的组织结构

【实验目的】

掌握肾的组织结构。

【实验器材】

仪器：显微图像采集系统、生物显微镜。

组织切片：肾。

【实验内容】

（1）标本　　　肾切片。

（2）低倍镜检

1）皮质：肾皮质位于肾的周边。皮质内可见球状的肾小体和髓放线，髓放线之间的部分为皮质迷路。

2）髓质：肾髓质位于皮质内侧，色浅，又称为肾锥体。髓质内无肾小体。髓质内呈放射状行走的条纹伸入皮质构成髓放线。有时可见肾锥体旁有深染的肾柱，为肾锥体间的皮质部分。

（3）高倍镜检

1）皮质。

肾小体：呈球形，由血管球和肾小囊组成。肾小体有两个极，与血管球相连，微动脉出入的一端称为血管极，与近端小管曲部相连的一端称为尿极。

血管球：肾小囊中的一团盘曲的毛细血管。

肾小囊：肾小管起始部膨大凹陷而成的杯状双层囊。壁层为单层扁平上皮，在肾小体的尿极处与近端小管曲部上皮相连续，在血管极处反折为肾小囊脏层，由足细胞构成，附着在血管球内毛细血管表面。壁层与脏层之间的狭窄腔隙为肾小囊腔，与近端小管曲部管腔相通。

2）肾小管。

近端小管曲部：盘曲于肾小体周围，与肾小囊壁层相连。管径较粗，管腔较小而不规则。上皮细胞呈锥形或立方形，细胞界限不清，胞体较大，细胞质强嗜酸性，核圆，位于近基底部。上皮细胞腔面有刷状缘，细胞基部有纵纹。

远端小管曲部：管径较细，管腔较大而规则。上皮细胞呈立方形，细胞界限不清晰，胞体稍小，细胞质弱嗜酸性，核圆，位于中央。上皮细胞腔面无刷状缘，细胞基部纵纹不及近端小管曲部明显。髓放线内可见近端小管和远端小管的直部，组织结构分别与其曲部相似。髓放线内还可见细段和集合管的纵断面。

致密斑：远端小管曲部靠近肾小体血管极一侧的上皮细胞增高，变窄，排列紧密，形成的椭圆形斑。

3）髓质。

细段：管径较细，管腔偏狭，由单层扁平上皮构成，核突向管腔。细段与毛细血管的区别为：毛细血管腔内常有血细胞，管腔比细段更小，内皮细胞更扁平。

集合管和乳头管：集合管从髓放线伸向肾乳头，在肾乳头附近汇集为较大的乳头管，管径由小到大，管壁上皮由单层立方增高为单层柱状，至乳头管处成为高柱状。集合管上皮细胞界限清晰，细胞质色淡而明亮，核圆形，居中，着色较深。至乳头孔附近，管壁上皮变为双层或多层，逐渐移行为肾小盏的变移上皮。

第 四 章　动物生理学实验指导

一、动物生理学实验概述

生理学是生物科学中的一个分支，它以生物机体的功能为研究对象，即研究这些生理功能的发生机制、条件，以及机体的内外环境中各种变化对这些功能的影响，从而掌握各种生理变化的规律。自17世纪以来，生理学实验研究的大量开展，积累了大量器官生理功能的知识。生理学是一门实验性科学，任何生理学的知识与理论都来源于实践和观察。一个只能记忆生理学概念而不会动手的人，是不可能对实验性科学做出贡献的。同时，动物生理学是动物医学的一门基础理论科学，动物医学中的其他基础理论研究或关于动物疾病问题的理论研究都是以动物生理学的基本理论为基础的。因此，国内外动物生理学家、动物医学院校无不重视动物生理学实验课，它是培养合格动物医学人才的必要过程。

1. 动物生理学实验课的目的　为了适应现代教育、教学思想，融传授知识和能力培养为一体，动物生理学实验课除了讲授经典的生理学实验外，还特别注重学生获取知识、观察、分析问题等能力的训练，以及对科学研究的实事求是作风、严肃认真的工作态度和团结协作精神的培养。因此，动物生理学实验课拟使学生通过对经典生理学实验的学习，掌握动物生理学实验的仪器、设备的基本操作，熟悉和掌握动物生理学实验的基本技术，掌握观察、记录实验结果，收集、整理实验数据，编辑实验曲线与图形的方法，学会撰写一般性的实验报告。通过多个实验项目同时观察或综合性实验，进一步强化、规范实验操作，掌握实验方法；重点培养学生分析、综合和逻辑推理的能力。

2. 动物生理学实验及其方法　动物生理学实验即利用一定的仪器和方法，人为地控制某些因素再现动物机体的某些生命活动过程，或将一些感官难以观察到的内在的、迅速而微小变化着的生命活动展现、记录下来，便于人们观察、分析和研究。

动物生理学实验方法一般根据进行实验时，动物的组织器官是在整体条件下，还是被解剖取下，置于人工环境条件下，分为在体实验方法和离体实验方法。

（1）**在体实验方法**　在体实验是在动物处于整体条件下，保持欲研究的器官于正常的解剖位置或从体内除去，研究动物或某器官生理机能的实验方法。在体实验又可分为活体解剖实验和慢性实验。

1）活体解剖实验：将动物处于麻醉或破坏大脑状态，解剖暴露某种器官后，给以适当刺激，进行观察记录和分析。这种方法比慢性实验方法简单，易于控制条件，有利于观察器官间的相互关系和分析某一器官机能活动过程与特点，但与正常机能活动仍有一定差别。

2）慢性实验：使动物处于清醒状态，观察动物整体活动或某一器官对于体内情况或外界条件变化时的反应。根据实验目的要求，对动物进行一定处理，如导出或去除某个器官，或埋入某种药物、电极等。手术之后，使动物恢复接近正常生活状态，再观察所暴露器官的某些机能、摘除或破坏某器官后产生的生理机能紊乱等。这些实验的手术过程需要保持无菌操作。

慢性实验以完整动物为实验对象，所取得的结果能比较客观地反映组织或器官在正常生活时的真实情况，比离体实验有更大的真实性，但是由于动物处于体内各种因素综合控制下，因此对于实验结果所产生原因比较难以确定。

（2）离体实验方法　　离体实验是根据实验目的和对象的需要，将所需的动物器官或组织按照一定的程序从动物机体上分离下来，置于人工环境中，设法在短时间内保持它的生理机能而进行研究的一种方法。此种方法的优点在于能摒弃组织或器官在体内受到的多种生理因素的综合作用，能比较明确地确定某种因素与特定生理反应的关系。但由于离体实验的实验对象已去除整体时中枢神经的控制，因此离体实验得出的结论还不能直接推广至整体时的情况。

由于活体解剖实验和离体实验过程不能持久，试验后动物往往不能存活，故又称为急性实验法。急性实验无须进行严格消毒。

二、动物生理学实验课的要求

1. 实验前要求

1）了解实验目的、要求，充分理解实验原理，熟悉实验内容、操作步骤和程序，了解实验的注意事项。

2）结合实验阅读相关理论知识，必要时还需要查阅一定的资料，做到充分理解实验原理与方法，力求提高实验课的效果。

3）预测本次实验结果，对预测的结果尽可能地做出合理的推测和解释；设计好实验原始记录的表格。

4）估计本次实验可能发生的问题，并思考解决问题的应急措施。

2. 实验时要求

1）遵守实验室规则。实验桌上不要放置与实验无关的物品，严禁实验过程中进食、饮水和嚼口香糖，杜绝危及安全和健康的隐患。

2）爱惜实验动物，使其保持良好的兴奋性；节约药品、水、电。

3）操作前注意倾听老师讲解的实验重点和操作要领，按程序正确操作仪器、手术器械，按实验步骤进行实验。

4）各组使用的器材，不得随意与别组调换。实验器材的安放力求整齐、稳妥。要保持清洁卫生，随时清除污物。

5）各实验小组内要分工合作，积极参与，认真操作，仔细观察，对实验中出现的各种现象随时真实、准确地记录，并加上必要的标记、文字说明。对于出现的各种生理现象的原因、意义进行分析和思考。若出现非可预期结果，还应分析其原因，尽可能地及时解决。

6）试验中要有耐心，必须等前一项实验基本恢复正常后，才能进行下一项实验，注意观察实验的全过程。

7）如仪器、器械、器皿等发生故障或损坏，要及时报告老师，以便修理和更换。公用物品在使用完毕后应放回原处，以免影响他人使用。

3．实验后要求

1）实验完成后及时关闭仪器和设备的电源，将实验用品整理就绪，所用器械清洗干净后用纱布擦干，如有缺失，应立即报告老师。

2）妥善处理实验动物，如实验结束后动物尚未死亡，应在老师指导下处死，而后放于指定地点。

3）做好实验室清洁工作，各实验组在实验结束后，经老师同意方可离开实验室。

4）及时整理实验记录，分析实验结果，独立完成实验报告，按时送交老师评阅。

4．实验报告的书写　　实验报告是生理学实验课的基本训练之一，每位同学都应以科学的态度，认真、严肃对待，以便为日后撰写科学论文打下良好的基础。书写实验报告要求文字简练、条理清晰、观点明确、字迹工整，且正确使用标点符号。

现将其格式和书写时的注意事项作一简要说明。

（1）一般实验报告的格式

动物生理学实验报告

姓名　　　　班级　　　　组别　　　　　日期　　　　　室温

实验名称

实验目的

实验原理

实验对象

实验方法

实验结果

讨论和结论

（2）书写实验报告注意事项

1）实验目的尽可能简明扼要。

2）实验原理要求对本次实验涉及的基本理论进行有重点的简明叙述。

3）实验方法应根据老师的具体要求写。一般情况或重复使用的方法，可进行简要说明。

4）实验结果是实验报告中最为重要的部分，对实验中获得的结果要进行分析整理。定性的结果必须说明反应的有无或变化的情况，定量的测量结果必须准确地写明数值和单位。实验结果主要有三种表达形式：①记录仪描记的曲线；②表格或绘图；③文字叙述。一般凡有曲线描记的实验尽量用原始曲线表示实验结果。实验结束后，应立即整理记录曲线。根据实验目的对全程记录进行全面的分析和对比，找出客观而又概括地反映实验结果的部分，将其剪贴在实验报告上，并加图号、图名及必要的文字说明，如刺激的标记、药物名称、浓度或剂量等。每一反应曲线必须有足够的对照部分。不可将原始记录原封不动地附在报告上。

有时为了便于对结果进行比较和分析，也可用表格或绘图来表示实验结果。表格的书写方式一般是将作用因素或/和观察项目列在表内左侧或上方，其余空格逐项填写实验结果。绘图时，一般以横坐标表示各种刺激条件或时间，纵坐标表示观察指标的变化。

图表均应有恰当的名称。

在某些实验中，也可用文字叙述的方式表示实验结果。

5）讨论应在认真学习理论知识、独立思考的基础上进行。根据已知的知识，对本次实验的结果进行科学的解释和分析，切勿盲目抄书和照抄他人。当出现非预期结果时，应分析可能原因，如标本的制备是否符合要求、仪器操作是否正规、实验的条件有无差错等。如果是这些原因，则应吸取教训。如果不是这些可以克服的因素，但一时找不出解释，也不要轻易认定它是错误的，更不要随意丢弃实验数据。

6）结论是对实验结果中所能验证的概念、原理或理论做出的判断和总结。应具有高度概括性，力求简明扼要，不要罗列具体的实验结果，也不要将在实验中未能得到充分证据的判断写入结论。

实验一　蛙坐骨神经-腓肠肌标本的制备

【实验目的】

掌握蛙坐骨神经-腓肠肌标本的制备方法。

【实验原理】

蛙类的一些基本生命活动和生理功能与恒温动物类似，但其离体组织所需的存活条件比较简单，易于控制和掌握。因此，常用蛙类的坐骨神经-腓肠肌标本来研究神经、骨骼肌的兴奋性、兴奋过程、刺激规律及肌肉收缩特性等。

【实验对象】

蛙或蟾蜍。

【实验用品】

器具：蛙类手术器械（金属探针 1 根，粗剪刀、手术剪、眼科剪各 1 把，手术镊、眼科镊各 1 把，玻璃分针 1 个，其他实验中的同此）、蛙板、培养皿、滴管、锌铜弓等。

试剂：任氏液等。

【实验内容】

1. 破坏蛙或蟾蜍的脑脊髓　　破坏蛙或蟾蜍脑脊髓的方法有两种。一种是用左手紧握蛙体，右手执粗剪刀从口裂插入，沿两眼后缘将头剪去，然后以探针插入椎管捣毁脊髓。另一种是用左手握蛙或蟾蜍，食指压其头部前端，拇指按压背部，使头稍微下俯，右手持探针从头部沿正中线向尾端触划，当触到凹陷处，即枕骨大孔所在部位时，将探针垂直插入 1～1.5mm，再折向前方插入颅腔左右搅动以破坏脑。随后将探针退回至进针处，但不拔出而转向后方刺入椎管捣毁脊髓。这时若蛙或蟾蜍全身瘫痪，表示脑脊髓已完全破坏。

2. 剪除躯干前部及内脏　　剪开蛙或蟾蜍腹壁，将其内脏推向前方，然后从倒数第

3 椎骨处剪去蛙或蟾蜍的前半部和全部内脏，仅保留后 3 个椎骨及后肢。在脊柱腹侧两旁即可见到坐骨神经丛。

3．剥皮　　　先剪去肛门周围皮肤，然后用镊子或左手钳住脊柱断端，用右手撕掉全部皮肤。将撕掉皮肤的后躯标本放在任氏液中备用。将手及用过的器械洗净。

4．分离后躯为两部分　　　沿脊柱正中线将其剪为两半，并从耻骨联合中央剪开，则将后躯分为左右两部分。将其浸于任氏液中备用。

5．分离坐骨神经　　　取一后肢，腹侧向上，用玻璃分针沿脊柱向后分离坐骨神经。再将背侧向上，剪断梨状肌及其附近的结缔组织，用玻璃分针循坐骨神经沟（在大腿背侧的股二头肌和半膜肌之间的缝隙处）分离坐骨神经的大腿部分。剪去坐骨神经上所有分支，并将神经游离至腘窝。

6．坐骨神经小腿标本的制备　　　将游离的坐骨神经搭于腓肠肌上，在膝关节以上剪除全部大腿肌肉，并刮净股骨上附着的肌肉，然后从股骨中部剪断，即制得坐骨神经小腿标本。

7．坐骨神经-腓肠肌标本的制备　　　将坐骨神经小腿标本在跟腱处穿线结扎，在结扎的下方剪断，并由下向上分离腓肠肌至膝关节处，然后在膝关节下方将小腿其余部分全部剪掉，即制得坐骨神经-腓肠肌标本，简称神经肌肉标本。标本包括附着在膝关节上的腓肠肌、一段股骨、坐骨神经和连于坐骨神经一端的一块脊椎四部分。

8．标本的检验　　　将制成的标本置于蛙板上，用经任氏液浸湿的锌铜弓接触坐骨神经，若腓肠肌立即收缩，则表明标本机能良好。将标本放在任氏液中，以供实验之用。

【注意事项】

1．避免损伤蟾蜍背部的腺体（尤其是眼后的大腺体），防止其分泌物溅入眼内或污染标本。

2．剥制标本时忌用金属器械触碰神经干，也不要使蛙或蟾蜍的皮肤分泌物、血液等污染神经和肌肉，也不能用水冲洗标本，以免影响标本的兴奋性。

3．制备标本过程中应随时用任氏液润湿神经和肌肉，以防干燥；分离神经时应将其周围的结缔组织剥离干净。

4．移动制备好的标本时，先将游离的神经搭在腓肠肌上，再用双手分别提拿跟腱和股骨断端，防止神经受力过大。

5．标本制成后须放在任氏液中浸泡数分钟，使标本兴奋性稳定。

【思考题】

1．通过制备坐骨神经-腓肠肌标本，你对动物生理学实验有何感想？

2．损毁脑和脊髓后的蛙或蟾蜍有何表现？若破坏脊髓不彻底，蛙或蟾蜍的四肢会有什么表现？

3．为什么在本实验中应经常给标本滴加任氏液？

4．锌铜弓为何能用来检查标本的兴奋性？

实验二　神经干动作电位

【实验目的】

1．学习离体神经干双相、单相动作电位的记录方法，了解其产生的原理。

2．辨别神经干动作电位的波形，测量其潜伏期、波幅及时程，观察刺激强度与神经干动作电位幅度之间的关系。

【实验原理】

神经干动作电位是神经兴奋的标志。当神经干受到适当强度的电刺激时，刺激电极下的神经纤维膜去极化达到阈电位，产生动作电位，并沿神经纤维膜传导。若将一对引导电极置于完整的神经干表面，当神经干的一端受刺激而兴奋时，动作电位将先后通过这两个引导电极处，便可引导出两个方向相反的电位偏转波形，这称为双相动作电位。若将两个引导电极之间的神经纤维损伤，阻断其间兴奋传导，那么兴奋波只能通过第一个引导电极处，不能传至第二个引导电极处，故只能记录出单方向的电位偏转波形，这称为单相动作电位。

神经干是由许多不同直径和类型的神经纤维组成的，因此神经干动作电位是许多神经纤维电活动的总和，是一种复合动作电位。与单根神经纤维的动作电位不同，神经干动作电位的幅度遵循非"全或无"原则，其幅度在一定范围内可随刺激强度的增加而增大，即强度法则。

【实验对象】

蛙或蟾蜍。

【实验用品】

器具：蛙类手术器械、BL-420F 生物机能实验系统、标本屏蔽盒等。

试剂：任氏液等。

【实验内容】

1．制作蛙或蟾蜍坐骨神经-腓肠肌标本　　见本章实验一。

2．连接实验装置　　用镊子夹住神经干标本两端的结扎线，将神经干平直地放置在标本屏蔽盒的电极上。神经干的中枢端置于刺激电极侧，外周端置于引导电极侧。盖上屏蔽盒盖，并将刺激电极（S_1、S_2）、引导电极（R_1、R_1''）及接地电极等与 BL-420F 生物机能实验系统相连接。

3．实验参数设置　　从信号采集系统中选择相应的实验模块，进入实验记录状态。设置刺激参数，波宽 0.2～0.5ms。

4．观察动作电位幅度与刺激强度之间的关系　　刺激模式选择连续单刺激，刺激强度从零开始递增，观察随着刺激强度的增大，神经干动作电位的幅度有何变化。记录一定刺激波宽的阈刺激和最大刺激的强度数值。

5．观察双相动作电位的波形　　选择"同步触发"，模式为单刺激，强度选择最大刺激的强度值，测量最大刺激时双相动作电位的潜伏期、波幅和持续时程。

6．观察单相动作电位的波形　　刺激参数设置2。用镊子将两个记录电极之间的神经干夹伤或用药物（普鲁卡因）局部阻断神经纤维的兴奋传导。此时电刺激坐骨神经干，双相动作电位的第二相消失，出现单相动作电位。测量最大刺激时单相动作电位的潜伏期、峰值和持续时程。

7．观察单相动作电位幅值与刺激强度之间的关系　　调节刺激强度，从零开始递增，观察单相动作电位幅度逐渐增大的过程。

【注意事项】

1．分离神经干时勿损伤神经组织。

2．实验过程中注意用任氏液保持神经干的湿润，但要避免标本上任氏液过量造成电极间短路。

3．神经干应平直地放置于电极上，并与各电极保持良好接触。神经组织或两端的结扎线不可接触屏蔽盒壁，神经干不可折叠置于电极上，以免影响动作电位的波形及大小。

4．刺激强度应由弱至强逐步递增，以免过强刺激损伤神经干。

【思考题】

1．随着刺激强度的增加，神经干动作电位的幅度和波形有何变化？为什么？

2．神经干双相动作电位的前、后相波形为何不同？

3．神经干双相动作电位是如何产生的？两个记录电极之间损伤神经后为什么只出现单相动作电位？

4．什么是刺激伪迹？如何区分刺激伪迹和神经干的动作电位？如何减小刺激伪迹？

实验三　刺激强度和频率对骨骼肌收缩活动的影响

【实验目的】

1．观察不同强度的电刺激对骨骼肌收缩张力的影响，理解阈刺激、阈上刺激和最大刺激等概念。

2．观察不同频率的电刺激对骨骼肌收缩形式的影响，分析骨骼肌产生不完全强直收缩与完全强直收缩的基本条件。

【实验原理】

骨骼肌受神经的支配，二者均属兴奋组织。电刺激使神经兴奋，神经冲动沿神经传向末梢，信号通过神经肌肉接头的传递，使骨骼肌兴奋，再经兴奋-收缩耦联引起骨骼肌收缩。组织兴奋性的高低一般用使细胞发生兴奋所需的最小刺激量来表示。刺激量通常包括三个参数：刺激强度、刺激时间及强度-时间变化率。在生理学实验中，常固定后两个参数，研究不同强度的刺激对骨骼肌收缩张力的影响。刚能引起骨骼肌产生收缩的最小刺激强度称为阈强度，此最小刺激称为阈刺激。随着刺激强度的增加，肌肉收缩张力也相应增大。强度大于阈值的刺激称为阈上刺激。当刺激强度增加至某一值时，肌肉产生的收缩效应达到最大，这种能引起组织产生最大反应的最小强度的刺激称为最大刺激。

当运动神经受到一次短促有效的刺激，引起所支配的肌肉出现一次收缩和舒张，这种收缩形式称为单收缩。骨骼肌细胞动作电位时程仅约 5ms，而其所诱发产生的骨骼肌收缩时程可达几十或上百毫秒。因此，用强度相同而频率不同的阈上刺激作用于神经组织，其所支配的骨骼肌收缩的形式也不相同。当刺激频率增加到一定程度时，下一次的收缩可与前一次的收缩发生融合。若刺激的频率相对较低，刺激的时间间隔短于肌肉的整个收缩舒张时程但长于收缩相时，下一次收缩出现在前一次收缩的舒张相，收缩张力曲线部分融合，产生不完全强直收缩。当刺激频率增加至一定程度时，若刺激的时间间隔短于肌肉的收缩相，下一次收缩出现在前一次收缩的收缩相，收缩张力曲线完全融合，肌肉产生完全强直收缩。

【实验对象】

蛙或蟾蜍。

【实验用品】

器具：BL-420F 生物机能实验系统、蛙类手术器械、标本屏蔽盒、张力换能器、铁支架等。

试剂：任氏液等。

【实验内容】

1．制备坐骨神经-腓肠肌标本　　见本章实验一。

2．固定标本　　将坐骨神经置于标本屏蔽盒的刺激电极上，股骨残端固定于标本屏蔽盒的小孔内。将腓肠肌跟腱的结扎线与固定于铁支架上的张力换能器相连，调节结扎线的松紧度。

3．连接仪器　　将张力换能器的插头插入生物信号采集分析系统第 1 通道的信号输入插孔，BL-420F 生物机能实验系统的刺激输出线连接标本屏蔽盒上的刺激电极接线柱。

4．改变刺激强度，记录肌肉的收缩张力变化曲线

1）设置刺激参数，刺激方式为单次，方波正电压，波宽 0.2～0.5ms，刺激模式为强度递增。启动刺激后，刚能引起腓肠肌收缩的刺激强度为阈强度，这种刚达到阈强度的刺激为阈刺激。

2）随着刺激强度的递增，可记录到肌肉收缩曲线的幅度逐步增加。当收缩曲线的幅度不再随刺激强度的增加而升高，即刚能引起肌肉发生最大收缩反应（收缩曲线幅度达到最高）时的最小强度的刺激，就是最大刺激。

5．改变刺激频率，记录肌肉的单收缩与复合收缩曲线

1）设置刺激参数：固定某一阈上刺激强度，波宽 0.2～0.5ms，刺激方式为连续，刺激模式为频率递增。

2）单收缩，频率为 1～3Hz；不完全强直收缩，刺激频率为 8～16Hz；完全强直收缩，刺激频率为 25～40Hz。

【注意事项】

1．实验中每次肌肉收缩后必须间隔一定的时间（0.5～1min）再给刺激，以保证肌肉良好的收缩力和兴奋性。

2．经常用任氏液湿润标本，防止组织标本干燥。

【思考题】

1．实验过程中，电刺激坐骨神经干是如何引起腓肠肌收缩的？

2．随着电刺激强度的增加，肌肉收缩的幅度发生何种变化？为什么？

3．对于同一块肌肉，其单收缩、不完全强直收缩和完全强直收缩的幅度是否相同？为什么？

4．肌肉收缩张力曲线发生融合时，神经干和肌细胞的动作电位是否也发生融合？为什么？

实验四　血液的组成和红细胞比容的测定

【实验目的】

1．观察血液的组成。

2．学习测定红细胞比容的方法。

【实验原理】

血液由血细胞和血浆组成。血液凝固后离心血凝块可析出血清。红细胞比容是指在互相压紧而又不改变红细胞正常形态的条件下，红细胞在全血中所占的容积比。

【实验对象】

供采血动物：马、牛、羊、驴、家兔。

【实验用品】

器具：温氏分血管、长颈滴管或长针头、试管、试管架、烤箱、采血针、小烧杯、带开叉橡皮管的玻璃棒、天平、离心机等。

试剂：草酸钾、草酸铵、蒸馏水、肝素钠等。

【实验内容】

1．抗凝剂的配制　　选择本实验抗凝剂的要求是不改变全血和红细胞的容积，因此不能用溶液形式的抗凝剂。可用粉末形式的草酸钾和草酸铵混合抗凝剂，其配制法为：用天平称取草酸钾 0.8g，草酸铵 1.2g，二者混合后加蒸馏水至 100ml，混匀后以 0.1ml

抗凝 1ml 血液的量加入试管，置于烤箱，在 80℃以下烘干。如温度超过 80℃，草酸盐将变为碳酸盐，则失去抗凝作用。也可用肝素抗凝剂，配制肝素钠溶液，以 8 单位肝素钠抗凝 1ml 血液的剂量加入试管，在 100℃以下烘干。

2. 采血 家兔可直接心脏采血；马、牛、羊、驴由颈静脉采血。

3. 血浆和血细胞 抗凝管中加血液数毫升，用拇指堵住管口，轻轻地倒转 2 或 3 次，使血液和抗凝剂充分混合。将该抗凝血试管以 3000r/min 离心 10～15min，取出观察血浆、红细胞、白细胞和血小板。

4. 血清和血凝块 向试管内加新鲜血液数毫升，静置数分钟后血液凝固。观察血清和血凝块。若室温低可将试管置于 37～39℃温水中一段时间，再离心，以加快血清析出。

5. 脱纤维蛋白血和纤维蛋白 向小烧杯中加新鲜血液 30～50ml，边加边用带有开叉橡皮管的玻璃棒搅动，最后可见橡皮管的开叉上绕有丝状物，即纤维蛋白。取下用水洗净，观察其颜色，用手撕拉，观察其韧性。去掉纤维蛋白的血液称为脱纤血，将其放置后，观察还能否发生凝固。将脱纤血离心，也可分离出血清和血细胞。

6. 红细胞比容测定 用长针头或长颈滴管吸抗凝血，插入温氏分血管底部，一边从底部缓缓加血，一边逐渐拔出针头（针尖须保持在液面稍下，以防产生气泡）。然后将温氏分血管放入离心机中，以 3000r/min 离心 30min 后取出，记录红细胞所占的容积。然后再离心 5min，观察红细胞容积是否与上次相同。如果相同，则说明红细胞已被压紧。将此容积换算为全血的百分比或体积比即红细胞比容。

【注意事项】

1. 选择抗凝剂必须考虑到不能使红细胞变形、溶解。草酸铵可使红细胞膨胀，草酸钾可使红细胞皱缩，两者以 2：3（m/m）配合，可使红细胞体积不变。

2. 血液与抗凝剂混合、注血时应避免动作剧烈引起红细胞破裂。

3. 离心前应使离心机旋转轴两端重量保持平衡。开离心机时速度应逐渐由慢而快，停止时也应逐渐由快而慢，以免损坏离心机和分血管。

4. 温氏分血管血柱中不得有气泡，离心后，若分血管内红细胞上层形成斜面，则读取倾斜部分的平均值。

【思考题】

1. 血液中各种成分所占的体积比各是多少？

2. 为什么去除了纤维蛋白的血液不会凝固？

实验五　红细胞脆性试验

【实验目的】

1. 了解红细胞膜与血浆渗透压的关系。

2. 学习测定红细胞脆性的方法。

3. 观察红细胞在不同浓度低渗 NaCl 溶液中的形态变化。

【实验原理】

0.9% NaCl 溶液与血浆的渗透压相等，将红细胞悬浮于 0.9% NaCl 的等渗溶液中，能保持其正常形态和功能；若将红细胞置于高渗的 NaCl 溶液中，会使细胞内失去水分而引起细胞膜皱缩；若将其置于低渗 NaCl 溶液中，它可吸收水分而膨胀破裂，该性质称为红细胞渗透脆性。随着溶液渗透压的逐渐降低，部分红细胞开始破裂甚至溶血。正常红细胞对低渗溶液具有一定的抵抗力，其大小可用刚刚引起红细胞溶血的低渗 NaCl 溶液的浓度来表示。开始引起部分红细胞溶血的 NaCl 溶液浓度称为红细胞的最小抵抗力；开始引起全部红细胞溶血的 NaCl 溶液浓度称为红细胞的最大抵抗力。红细胞抵抗力大者，不易破裂，表示脆性低；红细胞抵抗力小者，易于破裂，表示脆性高。

【实验对象】

供采血动物：马、牛、羊、驴、家兔。

【实验用品】

器具：20ml 试管 10 支、试管架等。
试剂：1% NaCl 溶液、蒸馏水等。

【实验内容】

1. 制备不同浓度的低渗 NaCl 液　取干净试管 10 支，排在试管架上，编号为 1～10，按表 4-1 准确地向各试管内分别加入 1% NaCl 和蒸馏水，混匀，制成不同浓度的低渗 NaCl 溶液。

表 4-1　不同浓度低渗 NaCl 液配制

试管号	1	2	3	4	5	6	7	8	9	10
1% NaCl/ml	4.20	3.90	3.60	3.30	3.00	2.70	2.40	2.10	1.80	1.50
蒸馏水/ml	1.80	2.10	2.40	2.70	3.00	3.30	3.60	3.90	4.20	4.50
NaCl 终浓度/%	0.70	0.65	0.60	0.55	0.50	0.45	0.40	0.35	0.30	0.25

2. 滴加血液标本　向各试管中滴加血液 2 滴，然后用拇指堵住试管口，将试管慢慢颠倒 2 或 3 次，使血液与 NaCl 溶液充分混合，在室温下静置 30min 后观察结果。

3. 观察实验结果　观察各个试管的色调和透明度。可出现三种结果。

1）试管内液体分层，下层红色混浊，而上层为无色或淡黄色的透明液体，表明红细胞未溶血。

2）试管内液体分层，下层红色混浊，而上层为微红色透明液体，表明部分红细胞破裂，称为不完全溶血。

3）试管内液体不分层，完全呈红色透明，说明红细胞完全破裂，称为完全溶血。

4. 记录红细胞的渗透脆性范围　通过观察结果，可以清楚地了解被测动物红细胞的渗透脆性范围，即开始溶血的 NaCl 溶液浓度到完全溶血的 NaCl 溶液浓度。写出所测动物红细胞的最小和最大抵抗力，以 NaCl 溶液浓度表示。

【注意事项】

1．试管应按编号顺序放置，以防颠倒弄错。
2．吸取蒸馏水和 NaCl 溶液的量要准确；每支试管内所加血液量应尽可能一致。
3．向试管内加血液时应轻轻滴入然后轻轻混匀，切勿剧烈振荡，避免破坏红细胞造成假象。
4．观察实验现象应在以白色为背景并在光线明亮处进行。

【思考题】

1．测定红细胞渗透脆性有何临床意义？
2．红细胞溶血、红细胞叠连与红细胞凝集的机制有什么不同？
3．为什么同一被测动物不同的红细胞对低渗溶液的抵抗力大小不同？

实验六　血红蛋白的测定（氰化高铁法）

【实验目的】

了解氰化高铁法测定血红蛋白的原理，掌握测定方法。

【实验原理】

血红蛋白有多种测定方法。世界卫生组织（WHO）于 1970 年公布氰化法为测定血红蛋白的标准方法。该法的试剂稳定，测定结果准确。原理是：血红蛋白（Hb）可被高铁氰化钾氧化为高铁血红蛋白（Hi），Hi 再与氰离子结合生成氰化高铁血红蛋白（HiCN），它在 540nm 处有一吸收峰，故用该波长测其光密度，查标准曲线即得含量。

【实验对象】

供采血动物：马、牛、羊、驴、家兔。

【实验用品】

器具：试管、棕色瓶、天平、血红蛋白计、分光光度计等。
试剂：$K_3Fe(CN)_6$、KCN、$NaHCO_3$、蒸馏水等。

【实验内容】

1．**试剂配制**　用天平称取 $K_3Fe(CN)_6$ 0.2g，KCN 0.05g，$NaHCO_3$ 1.0g，加蒸馏水至 1L。该溶液呈淡黄色透明，置棕色瓶内，室温保存至少稳定半年，如溶液变混浊或有絮状物出现，不能再用。

2．**标准曲线绘制**　在分光光度计上，使用 540nm、1cm 的比色杯，以试剂或蒸馏水校零，测定各 Hb 标准液的光密度。在坐标纸上以各 Hb 标准液的光密度为纵坐标，相应的 Hb 克数为横坐标，绘制标准曲线，该曲线应为过原点的一直线。

在试管中准确地加入 Hb 试剂 5.0ml；以血红蛋白计吸血管吸血 20μl，擦净管外血液，加入试剂中，吹吸 3 次，充分混匀，置室温下 30min。比色方法同标准曲线绘制。测得的光密度查标准曲线，即得样品中 Hb 含量。

【注意事项】

用血红蛋白计吸血剂量要准确，管外血液需擦净。

【思考题】

缺铁性贫血与巨幼红细胞贫血发病机理有何不同？血象有何区别？

实验七　红细胞沉降率（血沉）测定

【实验目的】

学习和掌握红细胞沉降率的测定方法（魏氏法）。

【实验原理】

红细胞膜表面有一层带负电荷的水化膜，使红细胞相互排斥。血浆蛋白中含量较多的白蛋白也带有负电荷，而球蛋白和纤维蛋白原带有正电荷。故在正常情况下，红细胞处于不易叠连下沉的悬浮稳定状态。将抗凝的血液加入血沉降管中，并将血沉降管垂直固定于血沉管架上静置，红细胞由于重力作用而逐渐下沉。临床上通常以第 1 小时末红细胞下降的距离作为沉降率的指标，称为红细胞沉降率（ESR），简称血沉。某些疾病可使血浆白蛋白减少，球蛋白和纤维蛋白相对增多，则负电荷相对减少，易使红细胞相互叠连下沉，导致血沉加快。此项检查对某些疾病具有辅助诊断意义。

【实验对象】

供采血动物：马、牛、羊、驴、家兔。

【实验用品】

器具：魏氏沉降管、血沉管架、橡皮吸耳球、小烧杯等。
试剂：3.8%枸橼酸钠等。

【实验内容】

取干净小烧杯一个，事先加入 3.8%枸橼酸钠溶液 1ml，再加入新鲜血液 4ml，使血液与抗凝剂充分混匀，制成抗凝血液。

1）将橡皮吸耳球置于魏氏沉降管的顶端，吸取抗凝血液至"0"刻度处，操作过程中不能有气泡混入。拭去沉降管尖端外周的血迹，将沉降管垂直固定于血沉管架上静置，立即计时。

2）到 1h 时观察沉降管内血浆层的距离，即只有淡黄色血浆的一段（沉降管的上端）。并记下数值（mm），该值即红细胞沉降率（mm/h）。

3）读取数据后，小心取下沉降管，排去管内血液，用清水洗涤晾干。

【注意事项】

1．烧杯、沉降管均应清洁、干燥。

2．抗凝剂应新鲜配制，血液与抗凝剂的容积比例为 4：1。

3．本实验操作应在 2h 以内完成，以免影响结果的准确性。

4．如血浆柱与红细胞柱之间的界面不清，应取混浊区的中间刻度。

5．魏氏法规定在测定血沉时不除去抗凝剂的量。

【思考题】

1．临床上影响血沉的因素有哪些？

2．血沉正常值（魏氏法）是多少？

实验八　血液凝固及其影响因素

【实验目的】

以发生血液凝固的时间为指标，了解血液凝固的机理及影响因素。

【实验原理】

血液流出血管后会很快凝固。血液凝固是由多种凝血因子参与的级联反应过程，其结果是使血液由流动状态变为胶冻状态。血液凝固分为内源性凝血与外源性凝血两条途径。前者是指参与血液凝固过程的凝血因子全部存在于血浆中，后者是指在组织因子的参与下血液凝固的过程。本实验直接从静脉或心室取血，血液几乎未与组织因子接触，其凝血过程主要由内源性凝血途径激活所致。血液凝固由血小板和 12 个凝血因子参与，大致可分为三个主要步骤，各主要过程中都需要 Ca^{2+} 的参与。

【实验对象】

供采血动物：马、牛、羊、驴、家兔。

【实验用品】

器具：注射器、9 号针头、5ml 小试管、水浴锅、棉花等。

试剂：液体石蜡、3.8%枸橼酸钠、5%草酸钾、5% EDTA-Na_2、5%氯化钙、肝素钠等。

【实验内容】

1）马、牛、羊、驴可颈静脉采血。

2）家兔可直接从心脏抽血。用 20ml 注射器连上 9 号针头，从心搏最明显处进针，若抽血阻力小，血量多，血液呈鲜红色，说明针尖已成功地刺入心室。

3）粗糙面对血凝的影响：取 5ml 小试管 3 支，第 1 管中加一条棉花，第 2 管的内壁涂少许液体石蜡，第 3 管中不加任何物质作为对照。向 3 支试管内各加新鲜血 1～2ml，每隔 30s 以 45°轻轻倾斜试管一次，观察血液是否凝固。3 支试管的血凝时间各为多少？为什么？

4）温度对血液的影响：取 5ml 小试管 2 支，各加新鲜血 1～2ml，一管置于常温或 37℃水浴中，另一管置于冷水或冰水中。两管的血凝时间各为多少？为什么？

5）钙离子对血凝的影响：取 5ml 小试管 4 支，在前 3 支试管中分别加入 3.8%枸橼酸钠 3 滴、5%草酸钾 3 滴和 5% EDTA-Na$_2$ 3 滴，另一管不加任何物质，作为对照。然后向 4 支试管内各加新鲜血 1～2ml，混匀，观察各管内的血液是否凝固？为什么？在前 3 支试管内再加 5%氯化钙 1～2 滴，混匀，观察血液是否凝固？为什么？

6）肝素对血液的影响：取一小试管，加肝素钠 8 单位，再加入新鲜血液 1ml，混匀，观察血液是否凝固？再向其中加 5%氯化钙 1～2 滴，混匀，观察血液是否凝固？为什么？

【注意事项】

1．每支试管的血量应一致。

2．试管、小烧杯必须清洁、干燥。

3．准确计时，由一位同学负责每隔 0.5min 报时一次，其他同学各观察试管的血液凝固情况，并记录所负责试管的凝血时间，最后将各管的凝血情况列表汇总。

【思考题】

分析上述各因素影响血液凝固时间的机理。

实验九　人的 ABO 血型鉴定

【实验目的】

学习和了解人的 ABO 血型的标准血清玻片法。

【实验原理】

当不同血型的血液混在一起时，可产生红细胞凝集，再在补体的协同下，发生红细胞破裂、溶血。为确保临床输血的安全，必须进行血型鉴定。

根据红细胞膜上的凝集原（抗原），与血清中相应的凝集素（抗体）混合在一起，产生特异性的凝集反应的现象，将受试者的红细胞加入已知的标准血清中，通过凝集反应的结果鉴定受试者的红细胞膜上存在的凝集原，即可确定受试者的血型。

【实验对象】

人。

【实验用品】

　　器具：采血针、玻片、记号笔、牙签、酒精棉球等。
　　试剂：A 型标准血清（抗 B 血清）、B 型标准血清（抗 A 血清）等。

【实验内容】

　　1）取一玻片，在其两端用记号笔各画一圆圈，分别注明 A 和 B。在 A 圈内滴一滴 A 型标准血清，在 B 圈内滴一滴 B 型标准血清。
　　2）将采血部位（耳垂或指端）用酒精棉球消毒，用采血针刺血，分别滴一滴血于两种标准血清中，各用一牙签混匀。一边轻轻旋转混匀，一边观察红细胞的凝集情况。
　　3）2min 后用肉眼观察红细胞有无凝集现象。如肉眼看不清楚，可置于显微镜（低倍镜）下观察。然后根据红细胞凝集现象的结果鉴定血型。

【注意事项】

　　1. 取血部位应严格消毒。
　　2. 用牙签混匀时，A、B 血清用各自的专用牙签，绝不能混合使用，而且要防止两个圈内的液体混合在一起。

【思考题】

　　1. 根据实验结果，分析临床上输血原则有哪些。
　　2. ABO 血型分类标准是什么？
　　3. O 型血为什么可以输给其他血型的人？给异型人输血要注意什么？
　　4. 如果你是 A 型血或 B 型血，在没有标准血清的情况下，能否检查未知人的血型？
　　5. 血液凝集和血液凝固有何区别？

实验十　蛙心的自律性及兴奋传导

【实验目的】

　　1. 学习暴露蛙类心脏的方法，熟悉心脏的结构。
　　2. 观察蛙类心脏传导系统不同部位自律性的高低及兴奋传导的方向。

【实验原理】

　　心脏的特殊传导系统各部分的自律性高低不同。哺乳动物以窦房结的自律性为最高，正常心脏每次兴奋都从窦房结发出，依次传到心房、心室，相继引起心房、心室收缩，所以窦房结称为哺乳动物心脏的起搏点。两栖类动物心脏静脉窦的自动节律性最高，所以静脉窦是两栖类动物心脏的起搏点。
　　正常情况下，蛙类心脏的活动节律服从静脉窦的节律，其活动顺序为静脉窦、心房、心室。当正常起搏点的下传冲动受阻时，心脏下部节律性较低的部位自动节律性才能表现。本实验用斯氏结扎的方法来观察蛙类心脏的起搏点和蛙类心脏不同部位自动节律性的高低。

【实验对象】

蛙或蟾蜍。

【实验用品】

器具：蛙类手术器械、蛙板、丝线等。

试剂：任氏液等。

【实验内容】

1）暴露心脏：取蛙或蟾蜍一只，用金属探针破坏脑和脊髓后，将其背位固定于蛙板上。用手术镊提起胸骨剑突下端的皮肤，剪开一个小口，然后将手术剪由切口处伸入皮下，向左、右两侧锁骨方向剪开皮肤。将皮肤掀向头侧，再用手术镊提起胸骨剑突下端的腹肌，在腹肌上剪一口，将剪刀伸入胸腔（勿伤及心脏和血管），沿皮肤切口方向剪开胸壁，剪断左、右乌喙骨和锁骨，在颈部剪去胸腹组织，使创口呈一倒三角形。用眼科镊提起心包膜，用眼科剪小心地剪开，暴露心脏。

2）观察心脏的结构：从心脏的腹面可看到心房、心室及房室沟。心室右上方有一动脉圆锥，是动脉根部的膨大。动脉干向上分成左、右两分支。用玻璃分针将心脏翻向头侧，可以看到心房下端有节律搏动的静脉窦。在心房与静脉窦之间有一条白色半月形界线，称为窦房沟。

3）将蛙心翻向头端或提起心尖，观察蛙心各部的收缩顺序，并计算其收缩频率。

4）用丝线在心房和心室之间结扎，此结扎称为斯氏第二结扎，以阻断心房和心室之间的传导，此时心室搏动停止，但心房和静脉窦仍然搏动。如心室出现搏动，其频率如何？为什么？

5）在主动脉之下穿线，将心脏翻向头端，用此线在心房和静脉窦之间结扎，此结扎称为斯氏第一结扎。此时心房、心室搏动均停止，但静脉窦仍搏动。如心房和心室出现搏动，计数各处的搏动频率是否一致，为什么？

【注意事项】

1. 实验时室内温度应适宜。

2. 三角形创口不要太大，尽量不要暴露肺和肝，剪胸骨和肌肉时紧贴胸壁，以免损伤心脏和血管。

3. 提起和剪开心包膜要细心，避免损伤心脏。

4. 做斯氏第一结扎时，结扎部位一定要准确，不可扎住静脉窦。

5. 实验中注意滴加任氏液，要保持暴露的组织湿润。

6. 如蛙心活动减弱，可先在温任氏液中浸泡数分钟。

【思考题】

1．分析蛙心兴奋的正常起搏点及传导方向，各部自律性的高低。

2．斯氏第二结扎后，心室为何突然停止跳动？心室跳动还能恢复吗？

3．两次结扎后，静脉窦、心房、心室跳动次数为何不一致？哪一部分的跳动频率更接近正常心率？这说明什么？

实验十一　蛙心兴奋性变化与收缩的关系

【实验目的】

1．学习在体心脏舒缩活动的描记方法。

2．在心脏活动的不同时期给予刺激，观察心肌兴奋性周期变化规律及心肌收缩的特点。

【实验原理】

心肌每兴奋一次，其兴奋性就发生一次周期性的变化。心肌兴奋性的特点在于其有效不应期特别长，约相当于整个收缩期和舒张早期。因此，在心脏的收缩期和舒张早期，任何刺激均不能引起心肌兴奋而收缩，但在舒张早期以后，给予一次较强的阈上刺激就可以在正常节律性兴奋到达以前，产生一次提前出现的兴奋和收缩，称为期前兴奋和期前收缩。

同理，期前兴奋也有不应期。因此，如果下一次正常的窦性节律性兴奋到达时正好落在期前兴奋的有效不应期内，便不能引起心肌兴奋和收缩，这样在期前收缩之后就会出现一个较长舒张期，称为代偿间歇。

【实验对象】

蛙或蟾蜍。

【实验用品】

器具：蛙类手术器械、蛙钉、蛙板、蛙心夹、BL-420F 生物机能实验系统、张力换能器、刺激电极、丝线、支架等。

试剂：任氏液等。

【实验内容】

1）破坏脑和脊髓：取蛙或蟾蜍 1 只，破坏其脑与脊髓，背位固定于蛙板上。

2）暴露心脏：用蛙钉将蛙或蟾蜍仰卧固定于蛙板上。左手用手术镊提起胸部皮肤，右手用手术剪沿正中线从剑突下向上剪开或剪掉，然后剪掉胸骨，左手用镊子轻轻提起心包膜，右手用剪刀剪开心包膜打开心包，用玻璃分针暴露出心脏。

3）装置连接：在心室舒张期用蛙心夹夹住心尖与张力换能器连线，记录心脏收缩活动曲线。将刺激电极固定于支架上,并使心脏处于两电极之间,无论心室收缩还是舒张时,均能与两极接触。

4)系统连接和仪器参数设置:连接并调整好记录装置。张力换能器输出线接 BL-420F 生物机能实验系统的第 1 通道,刺激电极接刺激器输出口。启动计算机,进入生物信号采集分析系统,在"实验项目"菜单中,选择"循环实验"栏目中的"期前收缩-代偿间歇",系统即自动设置好实验参数、弹出刺激器对话框,并处于示波状态,此时可在屏幕上观察到正常的心脏收缩活动曲线,曲线向上为心室收缩,向下为舒张。

5)描记正常蛙心的搏动曲线,观察曲线的收缩相和舒张相。

6)用中等强度的单个阈上刺激分别在心室收缩早、中、晚期和舒张早、中、晚期刺激心室(刺激前后要有三四个正常心搏作对照,不可连续输出两个刺激),观察能否引起期前收缩,若能引起期前收缩,观察其后是否出现代偿间歇。

【注意事项】

注意事项同本章实验十。

【思考题】

1. 分析期前收缩产生和代偿间歇产生的原因。
2. 心肌每发生一次兴奋后,其兴奋性的改变有何特点,其生理意义是什么?
3. 心率过速或过缓时,期前收缩是否会出现代偿间歇?

实验十二　　离体蛙心灌流

【实验目的】

1. 学习离体蛙心灌流的实验方法。
2. 观察灌流液中几种离子浓度改变对心脏收缩活动的影响,分析其影响机制。

【实验原理】

心脏的节律性活动需要一个适宜的理化环境,离子浓度、酸碱度、温度等均可影响其活动。

【实验对象】

蛙或蟾蜍。

【实验用品】

器具:蛙类手术器械、蛙板、蛙心夹、蛙心套管、BL-420F 生物机能实验系统、张力换能器、丝线、支架等。

试剂:任氏液、2% NaCl、1% KCl、2% $CaCl_2$、0.1%肾上腺素、0.01%乙酰胆碱、0.5% HCl、2.5% $NaHCO_3$、台式液等。

【实验内容】

1）制备离体蛙心：破坏蛙或蟾蜍的脑和脊髓，使之仰卧保定于蛙板上，暴露心脏。先结扎前、后腔静脉（注意勿伤及静脉窦）；再结扎主动脉干左侧分支；然后在右侧分支下穿一线备用。在主动脉根部剪一斜口，将盛有任氏液的蛙心套管尖嘴由此口插入，通过房室孔插入心室；如套管已插入心室，可见血液由心室射入套管，即可用准备好的丝线将主动脉结扎在蛙心套管尖嘴上，并固定于套管的小钩上，以免套管滑脱；并迅速吸尽心室中血液，更换为任氏液。最后将套管连同心脏一起提起，在结扎线的下方剪断与心脏连接的动、静脉及组织，注意保留静脉窦。将带有蛙心的套管固定在支架上，用蛙心夹连接心尖和张力传感器。

2）系统连接和仪器参数设置：连接并调整好记录装置。张力换能器输出线接 BL-420F 生物机能实验系统的第 1 通道。启动计算机，进入生物信号采集分析系统，在"实验项目"菜单中，选择"循环实验"栏目中的"蛙心灌流"，系统即自动设置好实验参数并处于示波状态，此时可在屏幕上观察到正常的心脏收缩活动曲线，曲线向上为心室收缩，向下为舒张。

3）描记一段蛙心正常收缩曲线：曲线幅度代表心室收缩的强弱，单位时间内的曲线个数代表心跳频率。曲线向上移动表示心室收缩，其顶点水平代表心室收缩所达到的最大程度；曲线向下移动表示心室舒张，其最低点即基线水平代表心室舒张的最大程度。

4）向套管中加入 2% NaCl 数滴，并与管中任氏液混匀，观察蛙心活动变化。待变化明显时迅速吸出管内溶液，并以任氏液反复冲洗数次，待蛙心活动恢复正常后，再进行下一项实验（以下各项皆同此）。

5）向套管中加入 1% KCl 1～2 滴，观察蛙心活动变化。

6）向套管中加入 2% $CaCl_2$ 1～2 滴，观察蛙心活动变化。

7）向套管中加入 0.5% HCl 1～2 滴，观察蛙心活动变化。

8）向套管中加入 2.5% $NaHCO_3$ 1～2 滴，观察蛙心活动变化。

9）向套管中加入 0.1%肾上腺素 1～2 滴，观察蛙心活动变化。

10）向套管中加入 0.01%乙酰胆碱 1～2 滴，观察蛙心活动变化。

11）向套管中换入冷台氏液（4℃左右），观察蛙心活动变化。

12）向套管中换入温热台氏液（37℃左右），观察蛙心活动变化。

【注意事项】

1．对离体蛙心表面经常用任氏液湿润。

2．套管插入心脏时要小心，逐渐试探，不宜过深，以免损伤心肌。

3．每种化学药物尤其是抑制心脏活动的药物作用已明显时，应立即换洗，以免心肌受损。反复用任氏液换洗数次，待心跳恢复正常后再进行下一步实验。

4．做每项实验时，套管内任氏液的液面应力求保持同一高度。

【思考题】

以上各项目中出现什么变化？分析其原因。

实验十三　容积导体及心电传导

【实验目的】

1. 论证机体内容积导体的存在，从而有助于了解由体表引导记录器官或组织活动的导电规律。

2. 学习在体蛙心和离体蛙心心电图的描记方法。

【实验原理】

正常人体和动物心脏各部分在兴奋过程中出现生物电活动，而心脏周围导电组织和液体，可作为容积导体，它可将心电的变化传到体表，将引导电极置于体表的不同部位即可记录到心电变化，即心电图。

典型的心电图主要由 P 波、QRS 波群和 T 波组成，它们分别反映心房去极化、心房复极化、心室去极化和心室复极化的次序和时程。

【实验对象】

蛙或蟾蜍。

【实验用品】

器具：蛙类手术器械、蛙板、BL-420F 生物机能实验系统、生物电导联线、培养皿等。

试剂：任氏液等。

【实验内容】

1）手术准备。

A. 用探针破坏蛙或蟾蜍的脑和脊髓，将其背位固定于蛙板上。

B. 打开胸腔，暴露心脏，剪开心包。

2）导联线连接：模拟心电图标准Ⅱ导联，将接有导联线的鳄鱼夹固定在蛙或蟾蜍的右前肢和双后肢的小腿上，红色导联线（负极输入端）接右前肢，黄色导联线（正极输入端）接左后肢，黑色导联线（接地）接右后肢，导联线输入端接 BL-420F 生物机能实验系统信号输入插口。

3）仪器调试：打开计算机，进入 BL-420F 生物机能实验系统操作界面，选择菜单栏实验项目→循环实验→全导联心电。此时可在屏幕上显示出蛙或蟾蜍的心电图波形。

4）观察蛙或蟾蜍的在体心电图波形，辨认心房和心室的去极化波。

5）用镊子夹住蛙心尖部，连同静脉窦一起快速剪下心脏，将心脏放入盛有任氏液的培养皿内，观察心电图波形有何变化。

6）从培养皿中取出心脏，再放回胸腔原心脏位置，观察心电图波形的变化。

7）将心脏心尖向上倒置于胸腔内，观察心电图波形方向的变化。

8）从蛙或蟾蜍腿上取下鳄鱼夹，呈三角形夹住培养皿的边缘，并接触任氏液，再将心脏置于培养皿内，观察屏幕上波形变化情况。

9）将心脏在培养皿内任意放置，观察心脏位置和方向改变对心电图波形的影响。

【注意事项】

1．取心脏时切勿损伤静脉窦，并且要求用剪刀快速剪下，以免对心脏造成过大损伤。

2．此实验如在冬季做，可在实验前将蛙或蟾蜍放于30℃左右的温水中游约10min，避免心率太低。所用任氏液也加温到30℃左右。

3．当用鳄鱼夹夹住培养皿边缘时，要将鳄鱼夹浸入任氏液中，为避免滑脱可垫一点脱脂棉。

【思考题】

1．上述实验结果说明什么问题？

2．本实验中观察到的蛙心电图波形与人体心电图波形有何不同？

3．蛙心电图波形与蛙心搏动有何关系？

实验十四　心电图描记

【实验目的】

1．学习描记人或动物心电图的方法。

2．熟悉人或动物正常心电图的波形，了解其生理意义。

【实验原理】

心肌在兴奋时首先出现电位变化，并且已兴奋部位和未兴奋部位的细胞膜表面存在着电位差，当兴奋在心脏传导时，这种电位变化可通过心肌周围的组织和体液等容积导体传至体表。将测量电极放在体表规定的两点即可记录到由心脏电活动所致的综合性电位变化。该电位变化的曲线称为心电图。

体表两记录点间的连线称为导联轴，心电图是心电向量环在相应的导联轴上的投影。心电图波形的大小与导联轴的方向有关，与心脏的舒缩活动无直接关系。

导联的方式有3种。

1）标准的肢体导联：是身体两肢体间的电位差，简称标Ⅰ导联（左、右前肢间，左正右负）、标Ⅱ导联（右前肢，左后肢，左正右负）、标Ⅲ导联（左前、后肢，前负后正），右后肢接地。

2）单极加压导联：左、右前肢及左后肢3个肢体导联上各串联一个5kΩ的电阻，共同接于中心站，此中心站的电位为0，以此作为参考电极。另一电极分别置于右、左前肢和左后肢，分别称为aVR（右前肢）、aVL（左前肢）、aVF（左后肢）。

3）单极胸导联：仍以上述的中心电站为参考电极，探测电极置于胸前。常规的有V_1～V_6共6个部位。

当心脏的兴奋自窦房结或静脉窦产生后，沿心房扩布时在心电图上表现为P波；兴奋继续沿房室束浦肯野纤维向整个心室扩布，则在心电图上出现 QRS 波群，此后整个心室处于去极化状态没有电位差，然后当心脏开始复极化时，产生 T 波。

【实验对象】

人或实验动物。

【实验用品】

器具：BL-420F 生物机能实验系统、生物电导联线、针状电极、剪毛剪、酒精棉球、橡皮布等。

试剂：导电糊（饱和盐水 500ml＋甘油 20g）等。

【实验内容】

1. 动物保定　　将站立动物保定，脚下垫以橡皮布以绝缘。在前肢系关节和后肢附关节周围用剪毛剪剪毛，用酒精棉球脱脂，涂以导电糊，并固定电极板，或将针状电极刺入皮下。电极与心电图机导联线连接。如测定人，受试者仰卧、安静、放松，手、脚腕部用酒精棉球脱脂，涂以导电糊，并固定电极板。按本章实验十三所述，描记心电图。

2. 心电图的初步分析　　用不同导联记录的心电图各不相同，但它们都有 P、Q、R、S、T 5 个基本波形。初学者应先识别这 5 个波形，然后分析各波的方向、形状，计算各波的电压（振幅）、经历时间及各波之间的间期。计算振幅时，量取从基线（等电位线）开始到波峰顶端的距离，每小格代表 0.1mV。计算各波经历时间是从各波开始到终止之间的距离，每小格为 0.04s。在分析上述数据的基础上，进一步分析心率、心律和心电轴。

3. 心率的计算　　量出一 P 波开始至下一 P 波开始所经历的时间，除 60s，即得心率，即心率＝60/（P—P 间期）（次/min）。如相邻的 P—P 间期不等，可取 5 个相邻的 P—P 间期的平均值计算。

4. 心律的确定　　确定心律可判定心脏的起搏点在何部位。正常情况下窦房结是心脏活动的起搏点，这时的心律称为窦性心律。在异常情况下房室结可能是心脏活动的起搏点，这时的心律称为结性心律。在人医，对窦性心律和结性心律的判定标准如下。

窦性心律：在 Ⅰ、Ⅱ 导联中 P 波正向，在 aVR 导联中 P 波负向，P—R 间期＞QRS。

结性心律：在 Ⅰ、Ⅱ 导联中 P 波负向，在 aVR 导联中 P 波正向，P—R 间期＜QRS。

5. 心电轴的测定　　心电轴是额面 QRS 波群的综合向量，测定心电轴对判断心房肥厚和束支传导功能有一定的诊断价值。测定方法是，先量出 Ⅰ、Ⅲ 导联中 QRS 波群的电压值，以波形向上为正值，向下为负值，计算其代数和。然后可用坐标法作图测量或直接查表。人正常心电轴范围为－30°～＋110°，－90°～－30°为心电轴左偏，＋110°～＋270°（－90°）为心电轴右偏。

【注意事项】

1. 在清醒动物上进行心电图描记必须保证动物处于安静状态，否则动物挣扎，肌电干扰极大。应在固定动物后稳定一段时间。

2. 针状电极与导线应紧密连接，防止因出现松动产生 50Hz 干扰波。

3. 在每次变换导联时必须先切断输入开关，然后再开启。变换导联时，若基线不平稳或有干扰，须调整或排除干扰后再做记录。

【思考题】

根据本实验测定的心电图，计算出实验动物的心率，判断其心律是否为窦性心律及心电轴如何。

实验十五　胸内负压的测定

【实验目的】

证明胸内负压的存在，了解胸内负压的产生机理及影响因素。

【实验原理】

胸内负压是由肺的弹性和肺泡表面张力而产生的回缩力造成的，并随呼吸运动而变化。胸内负压的存在是保证正常呼吸运动的必要条件。若胸壁发生穿透性损伤，引起空气大量进入胸膜腔，则负压消失，肺组织塌陷，呼吸运动停止。

【实验对象】

家兔。

【实验用品】

器具：兔手术台、哺乳动物手术器械（手术刀、手术镊、手术剪、眼科镊、眼科剪、剪毛剪、止血钳，其他实验中的同此）、止血钳、粗针头（尖头磨钝，侧壁开数小孔）、水检压计等。

试剂：麻醉药。

【实验内容】

1）将家兔麻醉，仰卧保定于兔手术台上；剪去颈部、腹部及胸部右侧4～5肋间处被毛；切开颈部皮肤、肌肉，分离气管、两侧迷走神经干，于其下穿一线备用。在气管上做一"T"形切口并插入气管套管，结扎固定；水检压计与粗针头用橡皮管连接，中间用止血钳夹闭，即进行下列实验项目。

2）将粗针头插入胸膜腔，打开止血钳即见水检压计与胸膜腔相同一侧的液面上升，而与大气相同一侧的液面下降，这表明胸膜腔内的压力低于大气压。

3）观察吸气和呼气时胸内负压有何变化，并思考为何会发生这种变化。

4）穿透胸膜腔，使胸膜腔与大气相同，观察水检压计的液面有无变化。

【注意事项】

用针检测胸膜腔内压时，不要插得过猛、过深，以免刺破肺组织和血管，形成气胸或出血过多。

【思考题】

1．平静呼吸时胸膜腔内压为什么始终低于大气压？
2．憋气并做呼吸运动时，胸膜腔内压有何变化？是否可以高于大气压？为什么？

实验十六　瘤胃内纤毛虫的观察

【实验目的】

观察纤毛虫的形态及其运动。

【实验原理】

饲料在瘤胃内微生物作用下发生了很大的变化。瘤胃微生物主要包括纤毛虫、细菌和真菌，它们将纤维素、淀粉及糖类发酵并产生挥发性脂肪酸等产物，同时分解植物性蛋白质合成自身的蛋白质。瘤胃中的纤毛虫对反刍动物的消化有重要作用，通过显微镜可观察到纤毛虫的形态及其活动。

【实验对象】

牛或羊。

【实验用品】

器具：胃管、注射器、显微镜、载玻片、盖玻片、滴管、平皿等。

试剂：碘甘油溶液[福尔马林 2 份，卢戈氏碘液（碘片 1g，碘化钾 2g，蒸馏水 300ml）5 份，30%甘油 3 份，混合而成]。

【实验内容】

1）牛用胃管采取瘤胃内容物，羊用注射器自瘤胃抽取瘤胃内容物约 100g，放入平皿，观察内容物色泽、气味，测定 pH。

2）用滴管吸取瘤胃内容物少许，滴一滴于载玻片上，盖上盖玻片，先在低倍镜下观察，然后改用中倍镜观察。

3）找出淀粉颗粒及残缺纤维片，注意观察纤毛虫的运动，区分全毛虫和贫毛虫并加以统计。

4）加一滴碘甘油溶液于载玻片上，观察经染色后的变化，注意纤毛虫体内饲料的淀粉颗粒呈蓝色。

5）对瘤胃中的纤毛虫进行分类统计。

【注意事项】

纤毛虫对温度很敏感，观察纤毛虫活动应在适宜的温度或保温条件下进行。

【思考题】

1. 为何将瘤胃内纤毛虫称为"微型反刍动物"？
2. 反刍动物在瘤胃内无纤毛虫的情况下，个体能否正常生长发育？

实验十七　胃肠运动的直接观察

【实验目的】

1. 观察神经和某些药物对胃肠运动的影响。
2. 观察哺乳动物在体胃肠运动的形式。

【实验原理】

消化道平滑肌兴奋性较低，收缩缓慢并有自律性。但在整体情况下消化道平滑肌受副交感神经和交感神经双重支配，副交感神经兴奋时，其节后纤维释放神经递质乙酰胆碱与平滑肌细胞膜上 M 受体结合，产生兴奋效应，使胃肠运动增强；交感神经兴奋时，绝大多数节后纤维释放去甲肾上腺素，与平滑肌细胞膜 α 受体、β 受体结合，产生抑制效应，使胃肠运动减弱。应用特定受体激动剂和受体阻断剂将分别产生特定的效应。

【实验对象】

家兔（实验前喂食）。

【实验用品】

器具：兔手术台、哺乳动物手术器械、BL-420F 生物机能实验系统、刺激电极等。
试剂：0.01%乙酰胆碱、0.1%肾上腺素、20%乌拉坦等。

【实验内容】

1）麻醉与保定：称重，由腹腔注射 20%乌拉坦（5ml/kg 体重）麻醉，将家兔背位保定于兔手术台用剪毛剪剪去兔颈部和腹部手术野的被毛。

2）手术：切开颈部皮肤 6～8cm，剪开筋膜，钝性分离肌肉，分离一侧迷走神经干，于其下穿一线备用。打开腹腔，暴露胃肠组织，在左侧腹后壁肾上腺的上方找出内脏大神经，并分离出 1～2cm，穿线备用。

3）打开 BL-420F 生物机能实验系统，连接刺激电极，先观察正常情况下胃肠运动的形式和频率。

4）以中等强度的电压刺激一侧迷走神经离中端，观察胃肠运动有何变化。

5）用手指按压胃，观察胃壁缓慢恢复原状，思考这说明什么。用镊子轻夹小肠，观察有何现象发生。

6）以中等强度的电压直接刺激胃和肠，观察结果如何。

7）在小肠上滴加 0.01%乙酰胆碱数滴，观察胃肠运动有何变化。

8）冲去药物作用后，再滴加 0.1%肾上腺素数滴，观察胃肠运动又有何变化。

9）连续电脉冲刺激内脏大神经 1～3min，观察胃肠运动的变化。

【注意事项】

1．避免腹腔内温度下降及消化管表面干燥影响胃肠运动，应经常用温热的生理盐水湿润。

2．每完成一个实验项目，间隔数分钟进行下一个实验项目。

【思考题】

1．正常情况下胃、肠运动有哪些形式？其生理作用如何？

2．胃肠平滑肌对机械刺激很敏感，有何生理意义？

实验十八　渗透压对小肠吸收的影响

【实验目的】

了解小肠吸收与肠内容物渗透压之间的关系。

【实验原理】

小肠吸收的机理十分复杂，肠内容物的渗透压为制约肠吸收的重要因素。同种溶液在一定浓度范围内，浓度越大，吸收越慢，浓度过高时，会出现反渗透现象，使内容物的渗透压降至一定程度后，再被吸收。

【实验对象】

家兔。

【实验用品】

器具：兔手术台、哺乳动物手术器械、止血钳、注射器等。

试剂：0.3% NaCl、0.9% NaCl、3% NaCl、饱和 $MgSO_4$、20%葡萄糖等。

【实验内容】

1）按本章实验十七的处理方式麻醉家兔，打开腹腔，找到家兔空肠，结扎幽门端，自结扎处轻轻将肠腔内容物往肛门方向挤压，使之空虚（挤压时避免损伤肠黏膜和肠系膜血管）。

2）选择经过如此处理的小肠 5 段，每段长约 8cm，两端用棉线结扎，使各段肠腔互不相通。

3）依次用注射器注入 0.3% NaCl、0.9% NaCl、3% NaCl、饱和 $MgSO_4$、20%葡萄糖各 5ml，做好标记，记下注入时间。

4）用止血钳闭合腹腔，覆盖上浸透温生理盐水的纱布，以防散热干燥。经 30min

后，首先观察各肠段涨缩情况，然后用注射器分别抽取各段内容物，记下数量，算出各肠段吸收的量并分析。

5）观察、记录各肠段对内容物吸收的情况，并比较、分析、解释。

【注意事项】

1. 各段一定要等长。
2. 注射时要斜插，避免漏出。
3. 避免损伤肠黏膜和肠系膜血管。
4. 结扎肠段时应防止把血管结扎，以免影响实验效果。
5. 注意实验动物保温。
6. 肠管的结扎以不使肠管内液体相互流通为准。

【思考题】

思考小肠吸收与肠内容物渗透压之间的关系。

实验十九　影响尿生成的因素

【实验目的】

1. 掌握导尿管插管技术。
2. 观察不同因素对尿生成的影响，分析其影响机制。

【实验原理】

尿生成包括三个过程：①肾小球的滤过；②肾小管和集合管的重吸收；③肾小管和集合管的分泌与排泄。凡影响上述过程的因素均会影响尿量或尿液性质的变化。

【实验对象】

家兔。

【实验用品】

器具：兔手术台、哺乳动物手术器械、导尿管、BL-420F 生物机能实验系统、刺激电极、注射器等。

试剂：20%乌拉坦、生理盐水、20%葡萄糖、6%尿素、0.1%肾上腺素、垂体后叶素等。

【实验内容】

1）麻醉与保定：将家兔用 20%乌拉坦（5ml/kg 体重）腹腔注射麻醉，仰卧保定于手术台上，剪去颈部被毛。

2）分离迷走神经：切开颈部皮肤、肌肉，分离右侧迷走神经干，于其下穿一线备用。

3）插导尿管：用 8～14 号导尿管（白色透明最好），充满自来水（将管内空气排尽），用止血钳夹闭底端，顶部蘸少许液体石蜡，经尿道口缓缓插入 10cm 左右，便可进入膀胱，此时松开止血钳，尿液会自行流出。

4）计数 1～3min 内尿的正常分泌滴数。

5）静脉注射 37℃的生理盐水 20～30ml，观察尿量有何变化。

6）剪断一侧迷走神经，以中等强度的电流刺激其离中端，待血压显著下降后，观察尿量有何变化。

7）静脉注射 20%葡萄糖 5ml，观察尿量有何变化。

8）静脉注射 0.1%肾上腺素 0.1～0.2ml，观察尿量有何变化。

9）静脉注射 6%尿素 5ml，观察尿量有何变化。

10）静脉注射垂体后叶素 1～2U（0.2～0.4ml），观察尿量有何变化。

【注意事项】

1．实验前给家兔饮水或喂多汁饲料。如实验时仍没有尿液分泌，生理盐水的注射量须加至 50～150ml。

2．实验中用听诊器听心音，以心跳显著变慢作为血压显著下降的标记。

3．实验顺序的安排是：在尿量增多的基础上进行尿量减少的实验项目；在尿量减少的基础上进行促进尿生成的实验项目。

4．在寒冷的冬季，要注意给动物保暖。

【思考题】

1．本实验中影响肾小球滤过率的因素有哪些？

2．影响肾小管和集合管重吸收和分泌的因素有哪些？

实验二十　反射弧的分析

【实验目的】

分析反射弧的组成部分，证明反射活动的完成有赖于反射弧的完整存在。

【实验原理】

在中枢神经系统的参与下，机体对内、外环境变化所产生的具有适应意义的规律性应答称为反射。反射活动是靠反射弧实现的。反射弧包括感受器、传入神经、中枢、传出神经和效应器五部分。反射弧结构和功能的完整是实现反射活动的必要条件。

【实验对象】

蛙或蟾蜍。

【实验用品】

器具：蛙类手术器械、大头针、铁支架、棉花、滤纸片等。

试剂：2%硫酸、2%盐酸普鲁卡因等。

【实验内容】

1）制备脊蛙或蟾蜍。去掉了脑组织只保留了脊髓的蛙，称为脊蛙。制备方法有两种：①用左手紧握蛙体，右手执剪刀从口裂插入，沿两眼后缘将头剪去；②用左手握蛙，食指压其头部前端，拇指按压背部，使头稍微下俯，右手持探针从头部沿正中线向尾端触划，当触到凹陷处，即枕骨大孔所在部位时，将探针垂直插入 1～1.5mm，再折向前方插入颅腔左右搅动以捣毁脑。以棉球压迫创口止血。

2）保定脊蛙或蟾蜍：用大头针勾住蛙或蟾蜍下颌，将其悬挂在铁支架上。

3）用 2%硫酸分别刺激蛙或蟾蜍两后肢趾端，观察有无反射活动。待出现反射后，立即用清水洗净后趾，并用纱布揩干。

4）在蛙或蟾蜍一后肢踝关节上方，将皮肤做一环形切口，剥去切口以下皮肤（注意除净趾尖皮肤），再用 2%硫酸刺激该肢趾端，观察有无反射活动。

5）在另一后肢剪开大腿背侧皮肤，在股二头肌和半膜肌之间分离出坐骨神经干，用一小棉花条包围神经干，滴加 2%盐酸普鲁卡因浸润麻醉（注意少量多次）。然后每隔数秒用 2%硫酸刺激该肢趾端，直到不能引起后肢的反射。

6）当该后肢不再出现反射时，立即用浸有 2%硫酸的滤纸片贴在该后肢躯干部皮肤或用镊子夹麻醉点上方皮肤，观察该后肢是否仍然出现反射。每隔数秒同样刺激一次，直到不能引起该后肢出现反射为止。

7）用蛙针破坏脊髓，再刺激蛙或蟾蜍身体的任何部位，观察有无反射活动。

注意：坐骨神经干中包括传入和传出神经纤维。由于传入纤维较细，易先被麻醉；而传出纤维较粗，麻醉所需时间较长。

【注意事项】

1．每次用硫酸液刺激后，均应立即用清水洗净趾尖硫酸，擦干，以保持皮肤感受器的敏感性，并应防止冲淡硫酸溶液。

2．每次浸入硫酸的趾尖范围应恒定。

【思考题】

1．试述脊休克的表现及其机制。

2．反射的基本过程是怎样进行的？

实验二十一　家兔大脑皮层运动区机能定位

【实验目的】

观察电刺激家兔大脑皮层不同区域引起的相关肌肉运动，以了解家兔皮层运动区机能定位及其特点。

【实验原理】

大脑皮层运动区是调节躯体运动的最高级中枢。它通过锥体系和锥体外系下行通路控制脑神经核运动神经元和脊髓前角运动神经元的活动，以支配肌肉的运动。运动区的不同部位直接支配特定肌群的运动。不同动物大脑皮层运动区的定位不同，草食动物的头面部肌群、咀嚼活动在运动区占较大区域。

【实验对象】

家兔。

【实验用品】

器具：兔手术台、纱布、哺乳动物手术器械、颅骨钻、咬骨钳、注射针头、BL-420F生物机能实验系统、刺激电极等。

试剂：20%乌拉坦、骨蜡、液体石蜡等。

【实验内容】

1）麻醉：从家兔耳缘静脉按 5ml/kg 体重的剂量缓慢注入 20%乌拉坦溶液。

2）手术：取俯卧位，将家兔四肢保定于兔手术台上，并将头固定在头架上。剪去头顶部的毛，从眉间至枕部正中将头皮与骨膜纵行切开，用刀柄向两侧剥离肌肉与骨膜。用颅骨钻钻开颅骨，然后用咬骨钳扩大创口，暴露一侧大脑。扩创过程中切勿损伤硬脑膜和矢状窦。若颅骨创口出血，可用骨蜡填塞止血。用注射针头将硬脑膜挑起，然后以眼科剪小心剪去硬脑膜。将 37℃左右的液体石蜡滴在暴露的脑表面上，以保护脑组织。术毕放松兔的四肢和头。

3）主要观察刺激大脑皮层运动区不同部位所引起的骨骼肌运动。接通 BL-420F 生物机能实验系统，选择合适的刺激参数：波宽 0.1～0.2ms，频率 20～50Hz，强度 10～20V。依次刺激大脑皮层的不同区域，每次刺激持续 5～10s。将观察到的实验结果标记在事先画好了的家兔大脑半球示意图上。

【注意事项】

1．麻醉不宜过深，否则将影响刺激的效应。当麻醉过浅妨碍手术进行时，可在头皮下局部注射普鲁卡因。

2．注意止血和保护大脑皮层。

3．为防止刺激电极对大脑皮层的机械性损伤，可将银丝电极的尖端烧成球形。

4．刺激大脑皮层运动区引起的骨骼肌收缩往往有较长的潜伏期，故每次刺激应持续 5～10s 才能确定有无反应，而且两次刺激之间应间隔 1～2min。

【思考题】

1．大脑皮层运动区的机能定位有哪些特点？

2．锥体系和锥体外系的作用有何不同？

实验二十二　去大脑僵直

【实验目的】

1．观察去大脑僵直的现象。

2．了解脑干在肌紧张调节中的作用。

【实验原理】

脑干网状结构易化区对躯体肌紧张有易化作用，其抑制区又有抑制作用。抑制区的始动作用全部有赖于大脑皮层运动区、纹状体、小脑前叶某些部位等高位中枢传来的冲动；易化区本身有兴奋活动，也有延脑前庭核、小脑前叶某些部位传来冲动的加强作用，以及从脊髓上传的肌梭传入冲动的加强作用。易化作用较强，故全身骨骼肌保持一定程度的肌紧张。如在动物的前、后丘之间切断脑干，则抑制区的始动作用被阻断，抑制作用减弱，而易化作用更强。躯体肌群中伸肌占优势，伸肌肌紧张加强的表现为四肢僵直、头尾昂起、脊柱硬挺的角弓反张，这种现象称为去大脑僵直。

【实验对象】

家兔。

【实验用品】

器具：兔手术台、哺乳动物手术器械、颅骨钻、咬骨钳等。

试剂：20%乌拉坦、骨蜡、液体石蜡等。

【实验内容】

1）利用本章实验二十一的家兔，但将颅骨创口向后扩至枕骨，直至暴露两大脑半球的后缘；松开兔的四肢，用刀柄自大脑半球后缘将枕叶轻轻向前推拨，露出中脑的前、后叠体，然后在前、后叠体之间用手术刀略向前倾斜，将脑干完全切断。随后即可见兔四肢僵直，头部后仰，尾部上翘，呈现角弓反张状态。

2）在上、下丘之间横断脑干后几分钟，可见家兔的四肢伸直，头部后仰，尾部上翘，呈现角弓反张状态，即去大脑僵直。若不明显，可用两手提起家兔的背部抖动，其四肢伸肌受重力牵拉作用，伸肌肌紧张将会明显增强。

3）出现明显僵直后，于下丘稍后方再次切断脑干，观察肌紧张有何变化。

【注意事项】

1．动物麻醉不宜过深。

2．手术时注意勿伤及矢状窦及横窦，避免大出血。

3．切断脑干的部位如偏后，则伤及延脑造成死亡；如偏前，则不出现去大脑僵直。所以开始可偏前一些，如不出现，稍向后再切，直至出现。

4. 为避免切断脑干时出血过多，可用拇指与食指在第一颈椎横突后缘压迫椎动脉数分钟。

【思考题】

去大脑僵直的机理是什么？

实验二十三　损伤一侧小脑后对躯体运动的影响

【实验目的】

1. 观察损伤小鼠或蛙一侧小脑对肌紧张、运动协调和维持姿势平衡的影响。
2. 熟悉小脑对躯体活动的调节功能。

【实验原理】

小脑是机体维持姿势、调节肌紧张、协调随意运动的重要中枢之一。它与大脑皮层运动区、脑干网状结构、前庭器官和脊髓有广泛的联系，其中前庭小脑与身体姿势平衡有关；脊髓小脑与肌紧张的调节有关；皮层小脑与运动计划的形成及运动程序的编制有关。小脑受到损伤后可出现随意和共济运动失调、肌张力降低、躯体平衡失调和站立不稳等表现。

【实验对象】

小鼠或蛙。

【实验用品】

器具：直缝针、大头针、棉球等。
试剂：乙醚等。

【实验内容】

1）破坏小鼠一侧小脑后的效应：用乙醚麻醉小鼠，沿两耳间正中线切开头皮，暴露顶骨与顶间骨。以左手拇指和食指捏住其头部两侧，用棉球将顶间骨上一层薄的肌肉轻轻往后分离，使包于小脑外的顶间骨能更多地显示出来，通过透明的颅骨即可看到小脑。用直缝针或大头针刺入顶间骨下约 3mm，破坏一侧小脑。注意刺入太深会破坏脑干，引起死亡。如有出血，用棉球止血。

2）破坏蛙一侧小脑后的效应：切除蛙头部皮肤，剖开颅骨，暴露小脑。小脑为一位于延髓前缘的狭窄白色条带，将一侧小脑破坏。

3）待小鼠清醒后，观察其姿势平衡的改变，小鼠身体是否向一侧旋转或翻滚；两侧肢体肌张力是否一样。待蛙清醒后，观察是否呈转圈运动。

【注意事项】

1．麻醉要注意适度，吸入乙醚时间不宜过长，一般为2～3min。

2．针刺入勿过深，以免伤及延髓。可在大头针外套一段细塑料管，将针尖只露出3mm左右，以便控制刺入的深度。

3．动物清醒后活动不出现明显变化，可能是因为破坏小脑不完全，可在原刺入处重新破坏一次。

【思考题】

小脑对躯体运动有何调节作用？

实验二十四　脉搏、呼吸频率、瘤胃蠕动音和体温等的测定

【实验目的】

1．学习心音、呼吸音、瘤胃蠕动音的听诊方法。
2．掌握脉搏、呼吸型、呼吸频率、体温测定的方法。

【实验原理】

心动周期中，心肌收缩、瓣膜启闭、血液流速的改变对心血管壁可产生压力作用并引起心血管壁发生机械振动，这些机械振动可通过心血管的周围组织传递到胸壁。如果将听诊器放在胸壁某些部位，就可听到"扑通"声，称为心音。第一心音又称为收缩音，声调低，历时长，于心尖冲动处听诊最明显。第一心音出现表明心室收缩开始，主要是由血流急速冲击房室瓣关闭及心室振动所引起。第二心音又称为舒张音，声调高，历时短，由半月瓣关闭引起，标志着心室舒张开始。第二心音增高是高血压的主要表现。听诊时，多数情况下只能听到第一心音和第二心音。听诊中有时还能听到杂音。杂音在临床上具有诊断价值，如在心室收缩期听到"隆隆"的回水声表明房室瓣闭锁不全，"呼呼"的高啸声则提示动脉口狭窄。舒张期房室瓣闭锁不全、房室瓣狭窄也会产生杂音，并且一般易于通过听诊等方法确认。由于马、骡的心脏较大，胸壁较薄，听诊较其他动物清晰。在马的心音听诊时往往可以听到正常的心杂音，尤其是在纯种马中约60%有收缩期或舒张期杂音，不过并无任何心血管异常。

在每个心动周期中，心脏收缩和舒张产生的主动脉壁振动沿着动脉系统的管壁以弹性压力波的形式传播，形成动脉脉搏。实际上也是主动脉脉压的一种表现形式。由于小动脉和微动脉可扩张性较大，对脉搏传播的阻力就大，脉搏传来时大大减弱，到达毛细血管处脉搏已经基本消失。

动脉脉搏的形成受心血管系统功能状态影响，所以检查其节律、频率、幅度、硬度、速度等有临床诊断价值。

呼吸运动时气体通过呼吸道等出入肺泡时，与其摩擦产生的声音称为呼吸音，常于胸廓的表面或颈部气管附近听取，包括喉呼吸音、气管和支气管呼吸音、支气管肺泡呼

吸音、肺泡呼吸音。根据呼吸肌活动的强度和胸腹部起伏变化的程度，将呼吸分为三种类型：胸式呼吸、腹式呼吸、胸腹式呼吸。呼吸频率是指平静呼吸时，每分钟呼吸的次数。它受品种、年龄、环境、温度、海拔、新陈代谢及疾病的影响。

瘤胃从背囊到腹囊收缩一周，称为瘤胃蠕动。可由体表左上腹部听诊及触及，蠕动音如远雷声和"沙沙"声，逐渐增强又逐渐减弱。瘤胃蠕动次数为 1～5 次/2min，每次持续 15～25s。

生理学上所说的体温是指机体深部的平均温度，即体核温度，也就是用肛门表量得的直肠温度。一般体温有三种表示方法：①直肠温度；②腋下温度；③口腔温度。

【实验对象】

马、牛、羊、驴等。

【实验用品】

器具：听诊器、体温计、酒精棉球等。

试剂：凡士林等。

【实验内容】

大动物要在保定栏内妥善保定，从侧前方接近，从头颈部逐渐抚摸至检查部位。使用听诊器时听头要和外耳道取同一方向；听诊人时多使用扁平式听头，听诊动物时多使用喇叭式听头。

1. 心音听诊　　最佳听取点在左侧 3～5 肋间，胸腔下 1/3 水平线上（简易听取点为左肘关节内侧胸壁、稍靠上面一点）。注意听第一心音和第二心音的特点，通过听诊计数心率。

2. 脉搏的测定　　马属动物在颌外动脉、尾中动脉或面横动脉检查，检查颌外动脉时检查者站于动物的左侧，左手抓住笼头，右手的食指、中指、无名指在下颌骨内侧、靠近血管切迹处前后滑动，触到动脉后用手指轻轻压住；牛在尾中动脉、颌外动脉、腋动脉或隐动脉处检查；羊一般在股内侧，股动脉上检查；猪在桡动脉检查；猫和犬在股动脉或胫前动脉检查；人在桡动脉或踝动脉检查。计数每分钟的脉搏频率。

3. 瘤胃蠕动听诊　　位置在反刍动物左侧上腹部；正常音强而有力，如由远而近的雷声或推磨声，逐渐增强，而后逐渐减弱停止。听取 2min 的瘤胃蠕动音和次数。

4. 呼吸型、呼吸频率的测定　　根据胸腹部起伏程度观察动物的呼吸型，并计数呼吸频率。

5. 直肠温度的测定　　使用体温计时先平拿体温计，旋转观察水银柱，如温度在 36℃以上，需要甩至 36℃以下（以后每次测定前均须同样操作）。然后用酒精棉球擦拭体温计，涂少许凡士林，左手拽起动物尾巴，右手将体温计插入肛门，方向稍朝上，将体温计全部插入直肠，连线的夹子夹住背部被毛。测量 3min，拿出体温计，擦净粪便，观察读数。

【注意事项】

检查环境须安静。

【思考题】

1. 第一心音和第二心音的特征有何不同？
2. 进行温度测量时，为何要以直肠内检测的温度代表体温？

第 五 章　　兽医病理解剖学实验指导

　　兽医病理解剖学实验是兽医病理学教学过程的重要环节，在实验过程中，要求学生通过对病变器官、组织的形态学观察和组织切片的显微镜观察，对理论学习过程中疾病的病理学特点有清晰的认识，并能将眼观变化和镜下变化有机联系，掌握各种疾病的发生、发展规律及病理学表现，更重要的是培养学生独立思考、综合分析问题的能力。

　　1. 标本肉眼可见病理变化的描述

　　1）一般观察：脏器的大小、形状、色泽、质地、边缘、切面结构形象，实质与间质的比例有无变化，被膜的变化，天然管腔（血管、气管等）的形状、大小、有无内容物及其特性，管壁的变化及色泽，管壁周围的组织变化等。

　　2）局部变化：有无局灶性病变，以及病变的位置、形状、大小、色泽、质地及结构。

　　3）将上述所见用文字或绘图表示。

　　2. 显微标本描述法

　　（1）低倍镜检

　　1）一般观察：首先记录标本名称及染色方法，再观察组织结构的形象是否保持正常或已被破坏，染色是否均匀，实质与间质的比例关系，被膜是否增厚或变薄，有无增生或坏死，其大小和波及的程度，中心和外围的情况。

　　2）血管系统：血液量的状态（充血、淤血、出血、贫血等）。出血的部位和范围，出血部位的组织状态。大、中、小血管及毛细血管管腔和管壁的状态，血管腔内白细胞、红细胞及其他核细胞的比例关系。

　　3）结缔组织：细胞的形态及数量多少，有无增生、水肿及炎性细胞浸润情况。

　　4）实质细胞：在整个标本上的染色情况，同结缔组织、网状组织的比例关系。

　　5）神经系统：如有病变可如实描述。

　　（2）高倍镜检

　　1）血管和毛细血管：观察管腔内红细胞和白细胞的状态，染色程度如何，各种血液细胞的比例，血管中血液充盈状态。大、中、小血管壁的状态，血管内膜、外膜、肌层及各部位细胞的状态。血管周围是否水肿、出血及炎性细胞浸润，并注意观察细胞成分及其数量和波及的范围。

　　2）结缔组织：结缔组织纤维和基质有无水肿、肿胀或混乱，成纤维细胞和结缔组织细胞的状态和特征。有无增生和浸润的细胞，并说明细胞成分和数量多少。

　　3）实质细胞：染色程度如何，细胞核和细胞质的构造，有何种营养不良过程（萎缩、变性、坏死等），并注意观察实质细胞和结缔组织的对比关系。

　　4）神经细胞及神经纤维：注意细胞核、细胞质、纤维的染色程度、构造及变化。

　　5）器官包膜：有无增厚、增生、坏死等变化。

　　根据以上所见的变化确定其病理过程，如纤维素性炎、实质性炎或间质性炎，同时还应写明是急性还是慢性及炎症部位，如急性肾小球性肾炎。

3．注意事项

1）在观察过程中，一定要遵循先低倍、后高倍的顺序进行观察，严格按显微镜的使用操作规范进行。

2）随着描述和判定技术的提高，可把高倍镜检和低倍镜检的所见合并成一个较为扼要的描述。

3）有些器官标本的描述应作为记录性质的资料，如在描述 10 个标本的基础上可综合发现的一切变化。

4）描述要客观，不应加以过多的或特殊的推论，只有在综合材料时，即在总结时可做出自己的论断，引用文献资料进行辩证等。

实验一 局部血液循环障碍（一）

【实验目的】

通过实验观察，认识由于局部血液循环障碍（充血、淤血、出血）所引起的各种形态学变化特征，从而加深理解各种局部血液循环障碍出现在机体主要器官时，对该器官和整个机体的影响。

【实验器材】

器具：显微镜、显微图像采集系统等。

材料：①大体标本，包括肺充血、肝淤血、各种出血，如瘀点、瘀斑、血肿等（大体标本观察由教师在实验过程中根据实际情况讲解，实验内容中不再赘述，本章其他实验同此）。②组织切片，包括肺动脉性充血、肝静脉性淤血、肺水肿。

【实验内容】

1．肺动脉性充血（支气管肺炎）

（1）低倍镜检　先在肺组织内找到细支气管，可见管腔内有脱落的黏膜上皮和各种细胞，支气管周围的动、静脉管腔内充满红细胞及少量白细胞，故呈现一片红色。

（2）高倍镜检　血管扩张，管壁结构尚清楚，红细胞和白细胞形态完整。肺泡壁毛细血管内也充满红细胞，并有部分红细胞进入肺泡腔内（出血现象）。

2．肝静脉性淤血（肝淤血）

（1）低倍镜检　肝小叶的中央部位被伊红染成红色，血管内含多量红细胞，小叶间隔中的血管也充满红细胞。

（2）高倍镜检　肝小叶中央部位的肝窦扩张，内充满红细胞，中央静脉扩张，肝细胞索被扩张了的血窦挤压而成扁平状，狭而细长，有的发生断裂与红细胞混在一起呈出血状态。肝小叶周边部血窦较正常，肝细胞索较完整，但肝细胞由于血液循环障碍所致的缺氧和营养障碍而发生不同程度的变性。

3．肺水肿

（1）低倍镜检　　　肺组织内的正常结构尚保存，肺泡内充满水肿液，血管轻度充血，肺胸膜及间质变成红染、均质的粗条索或呈一片均匀的淡染物。

（2）高倍镜检　　　肺泡上皮肿大，有的脱落，在血管内外及肺泡内有大量均质红染的无结构物质，夹杂有少量脱落的肺泡上皮细胞和中性粒细胞。

【实验报告】

在肺动脉性充血、肝淤血和肺水肿三张切片中任选两张切片绘图。

【思考题】

1．肺水肿发生的原因和机理是什么？
2．简述充血和淤血的区别。

实验二　局部血液循环障碍（二）

【实验目的】

通过实验观察，认识由于局部血液循环障碍（血栓形成、栓塞、梗死）所引起的各种形态学变化特征，从而加深理解各种局部血液循环障碍出现在机体主要器官时，对该器官和整个机体的影响。

【实验器材】

器具：显微镜、显微图像采集系统等。

材料：①大体标本，包括脾贫血性梗死、肺出血性梗死、血栓、栓塞。②组织切片，包括混合血栓、肾贫血性梗死、瘤细胞性栓塞。

【实验内容】

1．混合血栓

（1）低倍镜检　　　血管扩张，血管壁充血，血管壁的结构尚清楚，血管内的物质，有一部分被伊红染成较均匀的红色，主要由红细胞组成，此即红色血栓；另一部分被染成两种相互夹杂的颜色，其中被染成玫瑰红色的部分呈条状或块状，并散在许多深蓝色的小点，这些点主要在边缘，是白细胞的核，它们构成了白色血栓。

（2）高倍镜检　　　血管壁结构尚清楚，红色血栓由堆积在一起的红细胞构成，白色血栓由被伊红染成玫瑰红色的细丝状的血小板和各种白细胞构成，白细胞大部分布满在网柱的周边，网眼内由堆积的红细胞和细丝网状的纤维蛋白构成，血栓内的白细胞和红细胞的形态无变化，此外还可看到被染成褐色的含铁血黄素颗粒。

2．肾贫血性梗死

（1）肉眼观察　　　可见到紫红色切片中有一白色区域，此为梗死区，梗死区和紫红色的健康区之间有一条粗细不均的红色条带，此为分界线炎。

（2）低倍镜检　　梗死区被伊红染成淡粉红色，分布有许多深浅不一的淡蓝色小点（细胞核），肾实质的结构尚可分辨清楚，唯肾小体构造不明显，肾小管内也含有一些红染的物质，故管腔不清。在梗死区和健康区之间有一条红色的区域，此为分界线炎。

（3）高倍镜检　　梗死区内肾小管的周界大致可被区分出来，但肾小管上皮细胞已分离或相互融合，部分细胞质进入管腔内形成团块状，致使管腔不完整或消失，上皮的变化如下：细胞质分散凝固成许多细颗粒状物，有的已散入管腔内，所以绝大部分上皮细胞的周界不好划分出来，细胞核变化复杂，染色不均，有的被染成深紫色的小点（浓染），有的淡染或消失（溶解现象），也有的核已分解成许多碎片（核碎裂现象）。

肾小体扩张，充满肿胀的肾小球内皮，形成网状的一团结构模糊的细胞，外形也难以看清，核大多消失，有的肾小体间隙内还充满着淡染的渗出液与红细胞。血管壁结构也不清楚，管腔内有淡染的红细胞，间质变成丝网状，细胞核减少，部分部位存在许多破碎了的细胞核碎片。

以上变化说明梗死区的组织呈现凝固性坏死状态。

3. 瘤细胞性栓塞

（1）低倍镜检　　肺组织的正常结构被破坏，血管扩张充血，淋巴管扩张，其中充满瘤细胞团块。

（2）高倍镜检　　肺组织由于血管（小动脉、小静脉和毛细血管）的扩张充血、出血及渗出而结构致密，在某些扩张的淋巴管和静脉内有成团的细胞，细胞个体较大，深蓝色，是瘤细胞性栓塞。

【实验报告】

在混合血栓和肾贫血性梗死两张切片中任选一张切片绘图。

【思考题】

1. 充血、淤血、贫血、出血、血栓形成的发生机制、形态变化有何不同？对机体的影响如何？

2. 梗死的种类、发生机理、形态变化、结局和对机体的影响是什么？

实验三　细胞和组织的损伤（一）

【实验目的】

认识细胞、组织代谢改变和对机体的影响。重点掌握细胞、组织发生变性后的各种形态学变化，并了解它们的病因学、发病机理、病理过程及其对机体产生的影响；明确区分实验所观察的各种营养不良性变化的类型以了解它们的发生机制和结局。

【实验器材】

器具：显微镜、显微图像采集系统等。

材料：①大体标本，包括肝、肾、心脏颗粒变性，肝脂肪变性。②组织切片，包括肾颗粒变性、肝水泡变性、肾水泡变性、肝脂肪变性（普通染色及特殊染色）等。

【实验内容】

1. 肾颗粒变性（混浊肿胀）

（1）低倍镜检　　肾皮质部的肾小管被染成玫瑰红色，个别管腔结构难以区分，而肾小体结构清楚。

（2）高倍镜检　　肾小管上皮细胞肿胀，向管腔内突出，管腔狭窄或阻塞。个别肾小管内上皮细胞已彼此分离，故它们的周界很清楚，有的彼此连接在一起，细胞核分别排列于细胞的基底部，细胞质内有极细的颗粒，有的因细胞崩解而进入管腔内，使管腔变得极为狭窄或完全闭塞。病变严重部位的肾小管上皮细胞完全破裂，细胞质流失，细胞核从基底膜脱落，细胞核在肾小管内围成一个环形结构。

2. 肝水泡变性

（1）低倍镜检　　肝小叶之间界限不清，肝小叶结构破坏，细胞质内充满水泡，因而视野中肝细胞呈淡蓝色的细小空泡网状结构。

（2）高倍镜检　　肝细胞肿大，肝细胞内有大小不同、数量不等的空泡，核悬浮在中央，有的水泡融合成一个大泡，核被挤在周边。许多肝细胞核内也有一个或数个空泡，染色质溶解，核仁悬浮在中央或已消失。窦周间隙增宽，内充满水肿液。窦状隙狭窄。

3. 肾水泡变性

（1）低倍镜检　　肾各层结构清晰，着色较淡，间质增宽。

（2）高倍镜检　　肾小球及肾小管上皮基底膜增厚，球囊腔扩张，腔内有渗出液及脱落上皮细胞，肾小管上皮细胞肿胀，细胞质内有水泡，管腔狭窄或闭锁，上皮细胞脱离基底膜，形成细胞管型及透明管型。

4. 肝脂肪变性

（1）低倍镜检　　肝小叶结构及肝细胞索排列无明显变化，组织被伊红染成玫瑰红色，在切片中可见到许多大小不等的圆形空泡（脂肪滴），致使组织整个变成网状，肝小叶周界难以辨清，小叶间结缔组织及其中的毛细血管等变化不明显。

（2）高倍镜检　　以一个肝小叶为范围进行观察，肝小叶呈网状，网眼是由许多大小不等的圆形脂肪滴（脂肪在制片过程中被二甲苯溶解，所以只剩下空泡）构成，肝细胞索有的已被打乱而不呈原来的形状，细胞核染色不均，深浅不一，其形状也不一致，大多呈扁圆形，被脂肪滴挤压位于细胞的一侧呈戒指样，充满脂肪滴的肝细胞体积增大，细胞内含有脂肪滴的大小及数目不等，可以从小到大，由一个到数个。

用苏丹Ⅲ染色的切片，脂肪滴被染成橘黄色，十分醒目。

【实验报告】

对肾颗粒变性、肝水泡变性、肝脂肪变性三张切片进行绘片。

【思考题】

1. 颗粒变性和水泡变性有何联系？
2. 水泡变性和脂肪变性在镜下的区别有哪些？

实验四　细胞和组织的损伤（二）

【实验目的】

认识细胞、组织代谢改变和对机体的影响。重点掌握细胞、组织发生坏死后的各种形态学变化，并了解它们的病因学、发病机理、病理过程及其对机体产生的影响；明确区分实验所观察的各种坏死性变化的类型以了解它们的发生机制、结局。

【实验器材】

器具：显微镜、显微图像采集系统等。

材料：①大体标本，包括干酪样坏死（肺结核）、肝脓肿、湿性坏疽（坏疽性肺炎）。②组织切片，包括肺结核、肝脓肿等。

【实验内容】

1. 肺结核

（1）低倍镜检　　肺组织原有结构消失，只残存少数肺泡，可见多数均质无结构、粉红着染的坏死灶，坏死灶周围有蓝色的细胞层，个别坏死灶相互融合，细胞核消失。

（2）高倍镜检　　均质红染的坏死灶内有崩解的细胞碎片及蓝色无结构的钙质沉着，相互融合的坏死灶之间有上皮样细胞集聚灶。其中可见到许多细胞核集中于一侧的呈马蹄样排列的郎格罕细胞，其周围可见成纤维细胞、淋巴细胞等普通的结缔组织。

2. 肝脓肿

（1）低倍镜检　　脓肿区呈团块状，细胞较少，与正常肝组织染色不同，界限清晰。

（2）高倍镜检　　脓肿区肝组织结构被完全破坏，其中充满大量均质红染的坏死组织及少量处于不同坏死阶段的中性粒细胞，脓肿区边缘肝组织有不同程度的淤血、水肿和炎性细胞浸润。

【实验报告】

选取肺结核切片进行绘图（低倍观察和高倍观察）。

【思考题】

1. 肺结核病灶为何会形成干酪样？其发生机理是什么？
2. 肝脓肿标本中，早期病理变化和后期病理变化有何不同？

实验五　适应与修复

【实验目的】

通过对萎缩、肉芽组织、细胞的肥大和增生、机化、化生等的观察，了解上述病理变化在机体对创伤的修复和病理产物的改造中的意义及其对机体产生的影响。

【实验器材】

器具：显微镜、显微图像采集系统等。

材料：①大体标本，包括压迫性萎缩（囊尾蚴寄生的肝、肺及其他脏器）、脂肪组织的浆液性萎缩、萎缩性肠炎、肺萎缩、皮肤创伤愈合、纤维素渗出物的机化、包囊形成（寄生虫性包囊）、钙化（砂粒肝）、绒毛心。②组织切片，包括横纹肌萎缩、肝细胞的肥大与增生、肉芽组织、支气管上皮鳞状化生。

【实验内容】

1．横纹肌萎缩

（1）低倍镜检　　肌纤维变细且粗细不均，彼此间距离增宽，间质成分与肌纤维的比例增加。

（2）高倍镜检　　萎缩的肌纤维细长，细胞核密集增多并突出于肌纤维表面。间质中的结缔组织增生，有淡红色的水肿液，血管结构正常，管腔内不含或少含红细胞。

2．肝细胞的肥大与增生

（1）低倍镜检　　结缔组织大量增生，将肝小叶分隔成许多大小不等的假肝小叶，假肝小叶中大多没有中央静脉或中央静脉偏位，肝细胞索不呈放射状排列。

（2）高倍镜检　　在假肝小叶中，肝细胞的形态很不一致，有的肥大（细胞体积大，核大，染色较淡），有的萎缩（细胞体积小，核小而浓染），有的增生（带有双核的肝细胞增多）或许多增生的肝细胞密集在一起，核较小而浓染，这一切变化是由于间质增生引起实质细胞萎缩，继而发生剩余肝细胞代偿性的肥大与增生。

3．肉芽组织

（1）低倍镜检　　切片为血管壁及与之相连的肉芽组织，即血栓的机化。视野中可见离开肉芽组织的管壁为一层内皮细胞，而与肉芽组织相连处的血管壁内皮为数层细胞，向内即富含毛细血管的新生结缔组织——肉芽组织。

（2）高倍镜检　　在连接肉芽组织的血管壁内膜外，可见许多排列似复层上皮的细胞，核大而圆，染色较淡，其形态为圆形—卵圆形—梭形等且大小不一，为幼稚的成纤维细胞。此外，可见许多新生的毛细血管和淡红色的基质（它们是在形成过程中的胶原纤维），以及大量渗出的中性白细胞、较少的单核细胞、淋巴细胞及浆细胞。

4．支气管上皮鳞状化生

（1）低倍镜检　　支气管内腔高低不平，可见明显的细胞分层，支气管腔狭窄。

（2）高倍镜检　　可见到明显的支气管柱状细胞高低不平，在柱状细胞上有多层的上皮细胞，形态不规则或呈多边形，颜色深浅不均。

【实验报告】

选取肉芽组织切片进行绘图（低倍观察和高倍观察）。

【思考题】

显微镜下能观察到的肉芽组织主要成分，在肉芽组织形成过程中都发挥什么作用？

实验六　炎症（一）

【实验目的】

观察和区别变质性炎和各种渗出性炎的分类及形态学表现，从而认识它们的发生机理和对机体的影响。

【实验器材】

器具：显微镜、显微图像采集系统等。

材料：①大体标本，包括急性肾炎、胃水肿、卡他性肠炎、纤维素性肺炎（大叶性肺炎）、绒毛心、浮膜性肠炎（仔猪副伤寒）、固膜性肠炎（猪瘟）、肝脓肿、肺脓肿、出血性淋巴结炎、出血性肠炎。②组织切片，包括急性肾炎、纤维素性肺炎（大叶性肺炎灰色肝变期）、支气管肺炎、出血性肾炎等。

【实验内容】

1．急性肾炎

（1）低倍镜检　　组织被染成红色，细胞核不显著，由被膜到髓质部移动观察，被膜呈细丝状，皮质部肾小体及肾小管肿胀，髓质部肾小管萎缩，因而有许多圆形或环形的空圈，严重充血。

（2）高倍镜检

1）被膜：肿胀的纤维呈细丝状，具有少量坏死中的细胞核，故呈纤维素样坏死状态。

2）皮质部：肾小球上皮肿胀增生，与肾球囊壁之间的空隙变小，细胞核大多呈圆形，所以肾小球呈一多细胞核的球体，肾球囊上皮发生颗粒变性，有的已崩解，留有空隙，细胞核呈现不同的坏死状态，血管充血，红细胞因坏死而染色不鲜艳。

3）髓质部：上皮细胞颗粒变性、崩解、坏死，致使小管与基膜之间留下一个大的环状空隙，间质呈纤维素样坏死，血管极度充血。

2．纤维素性肺炎（大叶性肺炎灰色肝变期）

（1）低倍镜检　　呈一片红色，视野中看到的呈红色网状结构的是在恢复过程中的肺泡，肺泡腔内充满各种炎性细胞和细网状的纤维素，血管充血，细支气管上皮脱落。

（2）高倍镜检　　肺泡壁上皮逐渐恢复为单层扁平状，壁内毛细血管轻度充血或不充血，故肺泡壁增厚不明显，肺泡腔内充满网状的纤维素，并可穿过肺泡壁与邻近的肺泡腔内的纤维素相连。肺泡腔内的渗出物中有多量的中性白细胞、脱落的肺泡上皮，它们均处在坏死的各个阶段，细支气管上皮细胞脱落坏死，管腔内有崩解坏死的上皮和中性白细胞。

3．支气管肺炎

（1）低倍镜检　　先找到细支气管，细支气管管腔中被大量蓝染的细胞占据，其中夹杂有较多的淡粉色浆液，个别支气管的管腔完全堵塞。

（2）高倍镜检　　肺泡壁毛细血管充血，肺泡内充满均质红染的浆液和中性白细胞、脱落的肺泡上皮及少量红细胞，细支气管肺泡上皮脱落，管腔内有大量卡他性渗出物，间质水肿，血管充血。

4. 出血性肾炎

（1）低倍镜检　　肉眼观察和低倍镜下可观察到肾表面及切面上有均匀分布、大小一致的鲜红色小点。

（2）高倍镜检　　肾小球毛细血管扩张充血，肾球囊中有数量不等的红细胞。肾小管之间的间质中也散在分布有数量不等的红细胞。

【实验报告】

选取支气管肺炎或纤维素性肺炎切片进行绘图（低倍观察和高倍观察）。

【思考题】

1. 发生渗出性炎的基础是什么？
2. 几种不同类型的渗出性炎，其渗出的物质有何不同？

实验七　炎症（二）

【实验目的】

观察和区别增生性炎的分类及形态学表现，从而认识它们的发生机理和对机体的影响。

【实验器材】

器具：显微镜、显微图像采集系统等。

材料：①大体标本，包括各种组织器官的结核性肉芽肿、鼻疽结节、牛副结核的增生性肠炎、肝硬化。②组织切片，包括慢性肾炎、肺结核。

【实验内容】

1. 慢性肾炎

（1）低倍镜检　　由被膜到髓质部移动观察，被膜呈疏松的细丝状，为纤维素样坏死。皮质部肾小体及肾小管数量减少，残存的因受压而萎缩，间质增宽，其中血管充血，髓质部髓袢数量减少，间质也增厚，血管充血。

（2）高倍镜检　　从皮质部开始观察。

1）肾小体：肾小球上皮增生，核浓染呈多核性球状体，血管球内的红细胞已融合，难以区分，肾球囊呈明显的一圈紫红色环状，与肾小球之间的环形空隙已不完整或不存在。

2）肾小管：上皮细胞萎缩的程度不等，有的尚可见到一个完整的环状，细胞核也明显；有的已极度萎缩，很难辨别出上皮结构。肾小管不仅数量减少，而且体积和管腔也大大缩小。但个别肾小管管腔相对增大，个别肾小管管腔内含有网状的或小团状的尿液。

3）间质：结缔组织增生，其中有不同发育阶段的成纤维细胞，即其核由圆形、椭圆形、梭形到扁平形。血管壁内皮增生，核变圆，血管内充血。此外，在间质内还存在较多的淋巴细胞和一些中性白细胞。间质的这些表现，是肉芽组织的形态表现（可以和急性肾炎对照观察一下）。

2. 肺结核（特异性增生性炎）

（1）低倍镜检　　肺组织红染，在肺组织内可见到大块的中央红色、外周紫色的肺结核结节。在大多数结节的中间层内，具有不完整的一层多核巨细胞即郎格罕细胞，这是结核结节的典型特征，选择一个郎格罕细胞排列较多的结核结节进行高倍镜检。

（2）高倍镜检　　典型的结核结节有三层结构，中央区结构模糊，红染，内有细胞溶解和坏死物，这是干酪样坏死区，有的在坏死区中可见蓝染的钙盐沉着。中央区的外围是一层由郎格罕细胞（许多核排列在细胞周边，呈马蹄形）和上皮样细胞（类似扁平上皮细胞，呈梭形或椭圆形，核较大，淡染空泡样，细胞周界不清晰）组成的上皮样细胞层。最外层是由淋巴样细胞（核圆形，染色质比淋巴细胞少，故稍透亮）和成纤维细胞（核扁平而狭长，染色较深，细胞质较狭长，故不同于上皮样细胞）组成的普通肉芽组织所包裹。由于结核的发展阶段不同及发生变化的情况不同，上述结核结节的典型结构不是在每一个结核结节内均可见到。

【实验报告】

选取肺结核切片进行绘图（低倍观察和高倍观察）。

【思考题】

1. 普通增生性炎和特异增生性炎，在显微结构上有哪些不同？
2. 特异增生性炎形成的原因主要有哪些？

实验八　肿　瘤

【实验目的】

1. 要求掌握肿瘤结构的具体形态学表现、分类原则，以及良性肿瘤与恶性肿瘤的主要区别点。

2. 了解肿瘤的病因学和发生机理。

3. 对于肿瘤的眼观标本的病理变化要与显微镜观察联系起来，以获得一个完整的概念，并且借助这些形态学方法，可以对肿瘤进行早期诊断。

【实验器材】

器具：显微镜、显微图像采集系统等。

材料：①大体标本，包括纤维瘤、纤维肉瘤、鳞状上皮癌、黑色素瘤、鸡恶性畸胎瘤、绵羊肺腺瘤、淋巴肉瘤、鸡白血病、海绵状毛细血管瘤。②组织切片，包括纤维瘤、纤维肉瘤、毛细血管瘤、黑色素瘤、鳞状上皮癌。

【实验内容】

1. 纤维瘤

（1）低倍镜检　　肿瘤组织染色深浅不一，一侧由排列致密的成纤维细胞组成，但各层的厚薄、方向不一致。另一侧染成红色，主要由胶原纤维构成。

（2）高倍镜检　　以成纤维细胞为主的一侧，其中成熟的成纤维细胞（细胞核扁平细长）排列较致密呈束状，方向不完全一致，在这些细胞索之间填充有各级分化程度不一的成纤维细胞（核由圆形、椭圆形、梭形到扁平形），而且细胞核内因所含染色质多少不同而染色深浅不一。

组织内的血管方向不一，内充满红细胞。

2. 纤维肉瘤

（1）低倍镜检　　先找到一条红色的边缘，这是肿瘤的表面，为出血面，紧接是肿瘤的实质，瘤细胞的排列方向极其紊乱，散在的毛细血管较多，尤以表面为多，有的还充满红细胞。

（2）高倍镜检　　表面为出血的红细胞层，其中散在少量淋巴细胞。红细胞层的下面是一层以胶原纤维为主的结缔组织，紧接其下面的是富含血管的实质，再向下移动切片，是结构比较致密的实质。

实质结构：成束的瘤细胞与间质（结缔组织）之间无明显界限，仅根据瘤细胞束的方向可以勉强区别出来，排列成束状的瘤细胞核的大小和形状不一致，有圆形、椭圆形、梭形和扁平形等。胶原纤维很少，间质的结构疏松，主要由结缔组织细胞成分构成，细胞核多数为梭形，也有圆形的，细胞核浓缩或碎裂坏死，间质中的胶原纤维细而少，但富含毛细血管。

3. 毛细血管瘤

（1）低倍镜检　　先找到一块四周几乎完全被角化的复层鳞状上皮（皮肤）所包围的组织，其中有一块红染的区域，这是红血栓，整个皮下组织是由管腔扩张成大小不等、排列不规则的毛细血管组成的，管腔内充满大量红细胞。

（2）高倍镜检　　毛细血管由单层扁平上皮组成，间质在有的部位以胶原纤维为主，并呈水肿样即纤维素样坏死状，其中含有少量组织细胞、淋巴细胞和成纤维细胞等，在另一些部位，间质主要由发育阶段不等的成纤维细胞组成，它们的排列方向不规则，胶原纤维呈细网状分布在细胞之间。

4. 黑色素瘤

（1）低倍镜检　　在皮肤的真皮层结缔组织内有成团的或分散的黑色或褐色细胞，这便是瘤组织。

（2）高倍镜检　　瘤细胞呈多边形，核椭圆形，为蓝色，细胞质中有细颗粒状或块状的黑色素，含量过多时，细胞核被盖住而看不见。

5. 鳞状上皮癌

（1）低倍镜检　　肿瘤组织表面有一层角化的复层扁平癌细胞，癌组织是由许多大小不一、形状不整的中央为红色、四周为棕色的癌细胞巢和间质组成。

（2）高倍镜检　　癌细胞巢为中央染成红色的呈同心圆状成层排列的角化了的癌细胞团，特称"癌珠"（还可见到扁平的细胞核），癌珠外层被复层扁平癌细胞所围绕（癌细胞仍按复层鳞状上皮的层次排列），由于这些细胞核较圆，分裂性强，视野下可见细胞分裂相，因此是一种不成熟的扁平细胞癌，有的癌细胞巢内不含癌珠。

间质结构疏松，由许多发育阶段不同的成纤维细胞组成，还有少量中性白细胞和淋巴细胞，血管充血或出血。

【实验报告】

绘制纤维瘤、纤维肉瘤的对比图。

【思考题】

通过对上述肿瘤的观察，正确理解良性肿瘤与恶性肿瘤，以及上皮性肿瘤与间叶性肿瘤的主要区别。

实验九　心血管系统和造血系统病理

【实验目的】

1. 掌握心内膜、心肌、心包发生炎症时的主要形态学改变，分析其发生原因、机理及对机体的影响。

2. 掌握淋巴结炎和脾炎的形态学特征，分析其发生原因、机理和对机体的影响。

【实验器材】

器具：显微镜、显微图像采集系统等。

材料：①大体标本，包括猪丹毒心内膜炎、纤维素性心包炎（绒毛心）、创伤性心包炎、瓣膜增厚、心肌囊尾蚴寄生、淋巴结炎、脾炎。②组织切片，包括纤维素性心包炎、出血性脾炎、淋巴结炎（卡他性淋巴结炎、急性纤维素性淋巴结炎、出血性淋巴结炎、坏死性淋巴结炎）。

【实验内容】

1. 纤维素性心包炎

（1）心包　　间皮肿胀或脱落不见，血管充血，结缔组织增生，组织细胞、淋巴细胞浸润。

（2）心包腔　　充满大量纤维素，其空隙内充满渗出液、红细胞、中性白细胞及淋巴细胞等，有的部位开始机化。

（3）心外膜　　血管充血或出血，间质增生，间皮肿胀或脱落，组织细胞浸润。

（4）肌层　　血管充血或出血，肌纤维肿胀或萎缩。

（5）心内膜　　附有血栓，并机化，内皮肿胀，肉芽组织增生。

2．出血性脾炎

（1）脾髓　　高度充血、出血，白髓体积缩小，细胞成分减小。脾髓中有炎性坏死物，坏死灶中混有浆液、纤维素和血细胞。

（2）鞘动脉　　发生纤维素样肿胀，其中的网状细胞肿胀变性。

（3）脾小梁　　肿胀、变性。

3．淋巴结炎

（1）卡他性淋巴结炎　　淋巴结毛细血管扩张充血，淋巴窦内有大量多且呈圆形的巨噬细胞，淋巴的生发中心增大，淋巴细胞增多并且大量单核细胞浸润。

（2）急性纤维素性淋巴结炎　　淋巴结内血管充血，淋巴窦极度扩张，窦内充满浆液和纤维素（呈细网状），淋巴结失去正常结构。

（3）出血性淋巴结炎　　淋巴窦内聚集大量红细胞（出血），淋巴组织增生，淋巴小结增大，生发中心明显。

（4）坏死性淋巴结炎　　病变显著的部位，其组织处于坏死状，均质、红染、结构破坏，网状组织有增生，淋巴窦内还有大量纤维素样渗出。

【实验报告】

绘制 4 种淋巴结炎的对比图。

【思考题】

1．几种淋巴结炎的镜下观察各自有哪些特点？

2．几种淋巴结炎之间有何联系？

实验十　呼吸系统病理

【实验目的】

1．认识各类肺炎、肺萎陷、肺气肿的肉眼变化，以及肺脏疾患的形态学表现。

2．观察支气管肺炎、大叶性肺炎等的病变特征，并探讨其发病机理、结局和对机体的影响。

【实验器材】

器具：显微镜、显微图像采集系统等。

材料：①大体标本，包括支气管肺炎、大叶性肺炎、化脓性肺炎、肺坏疽、肺气肿、肺脓肿、肺棘球蚴寄生。②组织切片，包括支气管肺炎、大叶性肺炎（充血期、红色肝变期、灰色肝变期和消散期）、间质性肺炎、肺气肿、肺萎陷。

【实验内容】

1．支气管肺炎

1）支气管及肺泡上皮变性、坏死、脱落。在支气管腔内和肺泡腔内均有脱落的上皮、浆液渗出物，并混有中性白细胞和少量红细胞。

2）肺泡壁毛细血管扩张充血，个别肺泡腔中有红细胞渗出。

3）间质水肿，血管充血（注意观察间质的纤维素样坏死）。

2．大叶性肺炎

1）充血期：肺泡壁毛细血管显著充血与轻度出血，肺泡上皮肿胀、脱落，肺泡腔内含有少量淡染的红细胞，以及中性白细胞、肺泡上皮和少量渗出的纤维素。

间质水肿，组织细胞、淋巴细胞及中性白细胞浸润，血管充血及混合性血栓形成。

细支气管上皮空泡化或崩解破坏，有的呈卡他性炎，黏膜层及黏膜下层水肿。

2）红色肝变期：可见肺泡壁毛细血管充血及出血，肺泡内充满纤维素和红细胞，以及少量中性白细胞和上皮细胞，个别肺泡中有含铁血黄素颗粒。

3）灰色肝变期：肺泡壁不充血或轻度充血，肺泡腔内充满纤维素和细胞成分，其中以中性白细胞为主，肺泡上皮和红细胞次之。

4）消散期：不明显，肺泡壁血管又扩张，肺泡腔中纤维素开始溶解，呈淡染的团块状，细胞均处于坏死的不同阶段。

3．间质性肺炎

肺泡壁、小叶间组织、支气管周围及血管周围结缔组织增生，间质增宽，淋巴细胞、组织细胞浸润。结缔组织的大量增生可使肺泡和支气管发生闭塞，导致肺组织纤维化。

【实验报告】

对大叶性肺炎 4 个发展阶段的主要病理变化进行绘图与比较，对大叶性肺炎发展过程进行描述。

【思考题】

支气管肺炎与大叶性肺炎的发病机理、形态表现有何不同？

实验十一　消化系统病理

【实验目的】

认识胃肠道疾病及各种类型肝硬化的形态学表现，从而加深理解其发病机理和对机体的影响。

【实验器材】

器具：显微镜、显微图像采集系统等。

材料：①大体标本，包括卡他性胃炎、出血性胃炎、肠破裂、肠套叠、萎缩性肠炎、肥厚性肠炎、出血性肠炎、坏死后肝硬化、寄生虫性肝硬化、淤血性肝硬化、肝脓肿、肝中毒性营养不良。②组织切片，包括急性肝中毒性营养不良、坏死后肝硬化、胆汁性肝硬化等。

【实验内容】

1．急性肝中毒性营养不良　　肝小叶的结构被完全打乱破坏，肝细胞索断裂，不呈放射状排列，各部位的色彩深浅不一，窦状隙大部分被挤压破坏。肝细胞普遍发生不同程度的变性（颗粒变性、水泡变性和脂肪变性）和坏死。门管区血管充血，白细胞浸润。

2．坏死后肝硬化　　肝细胞内结缔组织大量增生，呈环状或不规则形状包围着假小叶，假小叶失去原有肝小叶的放射状排列，其中央静脉消失或偏于一侧。肝细胞萎缩变小，一部分已坏死崩解不呈索状排列，而部分肝细胞肥大、再生，表现为双核和细胞核浓染，肝细胞中有胆色素沉着。

增生的结缔组织中有大量淋巴细胞和组织细胞浸润，胶原纤维也变粗。此外，在结缔组织中常见增生的小胆管和由立方上皮构成的条索状的伪胆管。

3．胆汁性肝硬化　　除可见到明显的假小叶、伪胆管外，在切片中可见到大量棕色或绿色均质染色的胆色素沉积。

【实验报告】

对坏死后肝硬化进行绘图，重点表现假小叶和伪胆管。

【思考题】

分析假小叶、伪胆管形成的过程及机理。

实验十二　泌尿系统病理

【实验目的】

认识各种不同类型肾炎的形态学表现及其他可见肾脏病理学改变，从而加深理解其发病机理和对机体的影响。

【实验器材】

器具：显微镜、显微图像采集系统等。

材料：①大体标本，包括急性肾炎、慢性肾炎、固缩肾、肾囊肿。②组织切片，包括急性肾炎、急性出血性肾炎、肾硬化。

【实验内容】

1．急性肾炎

见本章实验六。

2．急性出血性肾炎

见本章实验六。

3．肾硬化

1）肾小体：肾小球为缺血状，呈一团多细胞核，并已纤维化，有的呈分叶状，与肾球囊之间的间隙减少，甚至没有。肾球囊上皮增生变厚，肾小体周围往往围有一圈细胞核致密的细胞层（组织细胞和淋巴细胞），肾小体数目减少。

2）肾小管：因间质增生受压而萎缩，有的呈扁平上皮状，在病变轻的部位，因间质较少而管壁稍厚，管腔内含有酸性尿蛋白（圆柱），有的肾小管由于间质的牵制，其管腔扩张及管壁变薄。

3）间质：结缔组织大量增生，增生的结缔组织细胞与淋巴细胞密集，血管充血，血管壁发生纤维化。

【实验报告】

对肾硬化的进行绘图，重点表现肾小体和肾小管的改变。

【思考题】

急性肾炎和慢性肾炎有何联系？病理变化有何区别？

实验十三　尸体剖检实验——禽的病理剖检

【实验目的】

通过鸡的尸体剖检实验，能够对禽的病理解剖方法、步骤、注意事项及需要掌握的技能考查要点有明确认识，并能够熟练按操作规程进行禽的病理剖检。

禽的病理剖检需掌握的技能考查要点如下。

1）掌握固定液配制的程序与方法，能正确配制固定液，配制过程操作熟练。

2）掌握禽外部检查的程序和方法，按外部检查的操作规范进行检查。

3）掌握禽体表消毒的方法。

4）掌握禽皮肤切开及皮下组织检查的方法，正确切开皮肤并对皮下组织和肌肉进行检查。

5）掌握禽体腔剖开的方法，按操作规范剖开体腔，并对体腔内器官进行全面视检。

6）掌握禽内脏器官摘取的程序和方法，按操作规范完好摘取各内脏器官。

7）掌握禽内脏器官检查和取材的程序和方法，对摘取的内脏器官进行详细检查，描述病理变化并进行固定。

8）做好尸体剖检记录。

9）根据掌握的病理诊断知识与方法，根据剖检所见病变，对各个器官的病理变化做出病理诊断，初步分析死亡原因，在上述基础上做出初步的疾病诊断。

10）掌握剖检后处理方法，主要包括对尸体和废弃物的处理、对台面和剖检器械的处理，以及解剖人员个人防护的处理。

【实验用品】

器具：医用台布、防护服、口罩、手套、解剖盘、骨钳、手术刀、手术剪、眼科剪、眼科镊等。

材料：病死鸡等。

试剂：甲醛溶液、消毒液、蒸馏水等。

【实验内容】

禽类的解剖与哺乳动物完全不同，禽类有发达的肌胃和贮存食物的嗉囊，肠管短，十二指肠较发达，盲肠两条，肺固定在肋间隙中，与气囊相通，肾固定在腰部，无膀胱，输尿管直接通泄殖腔。鸡没有淋巴结，泄殖腔上有一个独特的淋巴器官——腔上囊（法氏囊）。

在所有病理剖检过程中，均应做好剖检者的个人防护。在剖检开始前，即应该穿防护服，戴口罩和手套，并在剖检整个过程，保持全程剖检着装，如有手套破损等现象，应及时更换。

1．配制固定液　　配制 200ml 10%甲醛溶液。配制时需注意，市售的甲醛溶液为 40%的水溶液，40%的甲醛水溶液即福尔马林。因此，在配制 10%甲醛溶液时，1 份福尔马林加 3 份水即可。在配制过程中，要求度量准确，操作熟练，配比无误。

2．外部检查　　主要进行羽毛、天然孔、皮肤、关节、趾部和营养状态的检查，并能正确识别并描述所见病变。

检查前，先将一次性医用台布套在解剖盘上，然后将病死鸡尸体放于解剖盘内，首先检查体表羽毛状态，羽毛粗乱、脱落，经常是慢性病或外寄生虫病的主要表现，当患有鸡白痢或其他腹泻症状时，其泄殖孔周围的羽毛会被粪便污染；其次检查天然孔，主要检查口、鼻、耳和眼，观察有无分泌物、出血等病理变化，泄殖腔观察有无粪便颜色及肛门周围有无粪便污染；然后进行皮肤检查，检查头冠、肉髯的颜色和大小、腹壁和其他各处皮肤有无痘疹、出血、结节等病变；最后进行关节和趾部检查，检查关节有无肿大、变形，以及趾骨的粗细和有无骨折。

3．切开皮肤，进行皮下及肌肉检查　　用消毒液浸渍消毒羽毛和皮肤，在操作时应逆毛浸渍，以充分浸透。消毒后将病死鸡尸体仰卧放于解剖盘内，为便于解剖，可拔除颈、胸与腹部的部分羽毛，助手将尸体仰卧保定。用手术刀由泄殖腔切开皮肤，沿腹下、胸部和颈正中线到下颌间隙切开，也可反方向从前向后做切线。在跗关节做环形切口，然后从跗关节切线腿内侧与体正中切线垂直相交，掀开胸腹部、颈部和腿部皮肤。将两条大腿翻向背侧，使髋关节脱臼致两腿平摊。

检查皮下组织及肌肉表面有无异常。

胸肌检查：用手术刀沿胸骨两侧分别切开左、右两侧胸大肌，掀开并摘除胸大肌，检查胸大肌和胸小肌之间的间质有无异常、胸小肌表面有无异常，并摘除两侧胸小肌。

4．剖开体腔　　用手术剪从泄殖孔至胸骨后端沿腹正中线剪开腹壁，然后沿肋骨弓切开腹肌，暴露腹腔。从左右两侧肋弓开始，由后向前分别沿左右两侧肋骨与肋软骨连接处剪断肋骨，用骨钳剪断乌喙骨和锁骨，并切断周围软组织，掀开胸骨，暴露体腔器官。

打开体腔后，观察气囊表面有无霉菌生长或其他变化；体腔内是否有渗出物、体腔积血及观察卵黄状态，各器官表面状态有无异常；识别并描述所见的主要病变。

5．摘取器官　　用眼科剪和眼科镊分别摘取心脏、肝、脾、腺胃、肌胃、各段肠管、睾丸或卵巢和输卵管，再依次将肺、肾和法氏囊等体腔内器官仔细分离摘除，摘除肺、肾时应小心操作，以保持器官的完整性。

接着摘除颈部器官——胸腺、气管、食管和嗉囊。

最后开颅摘除大脑、小脑及延脑。开颅时经常采用两种方法，第一种为侧线切开法（用手术剪先剥离头部皮肤和其他软组织，在两眼中点的连线处做一横切口，然后在两侧做弓形切口至枕部）；第二种为中线切开法（剥离头部软组织后，沿中线做纵切口，将头骨分为相等的两部分），除去顶部骨质，分离脑与周围的联系，将脑取出。

6. 检查器官　　用手术剪从喙角开始剪开口腔、食道和嗉囊，检查黏膜的变化和嗉囊内食物的量和性状；检查腺胃黏膜表面有无出血，鸡新城疫时，腺胃黏膜上的腺乳头发生出血、坏死性变化；检查肌胃角质层下组织有无异常。剪开喉、气管，注意黏膜的变化和管腔内分泌物的多少和性状。

检查心脏心包腔、心外膜、心肌、心内膜的变化；检查肺的颜色和质地、有无结节和其他炎症反应；主要检查肝的颜色、大小、质地、表面的变化，注意有无坏死灶、结节、肿瘤等病变，结核病时肝内可见结核结节，急性巴氏杆菌病可在肝表面和切面见到许多小坏死灶；同时应检查胆囊、胆管和胆汁。

检查脾的大小、形状、表面、切面、质地、颜色的变化。结核病时，脾常有结核结节；白血病和马立克病时，脾可能肿大或有肿瘤性病变。

检查肾时，重点关注有无肿瘤性病变和尿酸盐沉积。

检查肠浆膜、肠系膜、肠壁和黏膜的表现时，注意肠内容物有无异常，鸡新城疫时，肠壁和黏膜有出血和坏死，盲肠球虫病时，盲肠发生明显的出血性炎症。

腔上囊是鸡的重要免疫器官，发生某些疾病时，腔上囊可发生明显改变。例如，淋巴细胞性白血病会导致腔上囊肿大，镜检可见淋巴滤泡区扩大；马立克病时，腔上囊也肿大，但镜检时表现为淋巴滤泡之间有多形性瘤细胞大量增生，而淋巴滤泡受压萎缩。

检查坐骨神经并取材固定，在发生马立克病时，坐骨神经经常变粗或呈结节状。用骨钳切开股骨检查骨髓，取股骨（带膝关节）进行固定。

7. 尸体剖检记录　　主检者在剖检时，随检查的进程描述所见病变，记录者对病变及时、详细地进行记录。记录要求客观真实、全面完整、条理清晰、语言规范、重点突出。在剖检记录中严禁出现病理学专业术语，而应记录真实表现，如大小、颜色、形状、状态等。

8. 病理诊断　　根据剖检记录中所见病变，对各器官的病理变化做出病理诊断，初步分析死亡原因，并在上述基础上做出初步的疾病诊断。

9. 剖检后处理　　剖检时除采集固定的脏器外，动物尸体及其他脏器收集并集中存放在尸体袋内，冷冻后集中进行销毁处理。其他剖检产生的医疗垃圾和废弃物收集并集中存放到废弃物桶中。

进行台面消毒，对剖检器械进行清洗和消毒。

【实验报告】

完成禽的剖检，并提交剖检报告。

【思考题】

请根据实验过程的操作，对禽的病理剖检过程中每环节的注意事项进行总结，并分析其原因。

　　兽医病理生理学是理论性、实践性较强的一门学科，其主要研究方法为动物实验。动物实验过程中，常在实验室人为控制的条件下，利用实验动物复制各种疾病的动物模型，通过观察疾病过程中的生理机能和生化代谢等方面的变化，进一步阐明疾病发生的原因和机理，揭示疾病发生、发展及转归的基本规律和病理表现，为治疗疾病提供理论和实践的依据。

　　兽医病理生理学常用的实验方法有两种：急性实验和慢性实验。急性实验常常在较短时间内，通过复制动物模型，观察其发展和结局，因为急性实验常常通过手术、失血、注射药物等方法创造实验条件，观察到的现象有时不能完全反映动物整体在生理条件下的机能、代谢等表现，因此对实验结果必须进行客观分析。但由于实验课学时限制，大多数病理生理学实验采用急性实验。慢性实验是对疾病动物模型进行细致而长期的动态观察，能够最大限度地体现实验动物机体的完整性及其与外界环境的统一性，观察到的结果最接近实际疾病过程，但慢性实验耗时长，实验设备和技术要求高。此外，由于实验教学学时限制，实验过程中也只能观察到慢性实验全过程的一部分。

　　兽医病理生理学实验课的目的，是要通过实验过程，使学生巩固所学的兽医病理生理学的理论知识，通过实验验证疾病发生发展过程中所表现出的机能和代谢改变，了解和掌握疾病模型的实验方法和兽医病理生理学实验的基本操作技术,培养学生分析问题、解决问题的能力。

　　为达到实验目的，要求学生必须遵守以下实验规则。

　　1）实验前仔细阅读实验指导，了解实验目的、实验过程和主要观察指标，明确指标所代表的意义。并通过对实验结果的分析和讨论，使课堂理论与实践相结合。

　　2）实验前按分组情况进行人员分工，检查器材、试剂是否齐全；实验过程中，加强小组协作，各尽其责，使实验过程有条不紊地进行。

　　3）实验过程中，严格按操作规范使用仪器设备，爱护仪器和公共财物。

　　4）实验过程中仔细观察实验动物的反应和发生的变化，实事求是地进行记录，并运用所学的理论知识，对实验结果进行分析讨论。

　　5）实验结束后，清洗实验所用器械，清点后统一上交。同时做好实验室的清洁，关好水、电等，经老师确认无误后方可离开实验室。

　　6）每次实验后，均应提交实验报告，实验报告书写要求规范、精确、全面，字迹清楚。兽医病理生理学实验报告应包括以下内容。

　　A．班级、小组、姓名、实验日期、实验时间。

　　B．实验名称。

　　C．实验目的。

　　D．实验动物：种类、性别、体重、数量、健康状况等。

E．实验方法：按实验过程简明扼要地进行叙述，不需占用大量篇幅。

F．实验结果：为实验报告中最重要部分，将实验过程中观察到的现象实事求是地进行记录。

G．实验讨论：讨论是根据所学的理论知识对实验结果进行分析、判断、推理的过程，是基于理论的科学解释，切勿盲目抄书和照抄他人。当本组因故未能完成实验时，应分析实验失败的原因并总结教训。

H．实验小结：结论是对实验结果中所能验证的概念、原理或理论做出的判断和总结。用简明扼要的语言高度概括，可包括个人的体会和经验教训。

实验一　脱　　水

【实验目的】

通过不同浓度食盐溶液引起红细胞形态变化，阐明机体脱水对细胞的影响。

【实验原理】

见第四章实验五。

【实验用品】

器具：带凹载玻片、滴管、显微镜等。

试剂：抗凝血、10% NaCl 溶液、0.9% NaCl 溶液、0.1% NaCl 溶液等。

【实验内容】

1）将 3 种浓度 NaCl 溶液用滴管分别滴入 3 块载玻片的凹内数滴，勿太多，以防溢出。

2）分别向各载玻片的不同浓度 NaCl 溶液中滴入抗凝血 1 滴。

3）将 3 张载玻片置于 3 台显微镜上进行观察，主要观察红细胞形态，直至出现变化为止，然后在高倍镜下观察红细胞的变化。

【思考题】

记录不同浓度 NaCl 溶液引起红细胞变化的结果，并分析其原因。

实验二　实验性肺水肿

【实验目的】

1．掌握实验性肺水肿动物模型的复制方法。

2．观察肺水肿时呼吸、心率、中心静脉压的变化及典型体征。

3．通过实验加深对肺水肿发生机制的理解。

【实验原理】

水肿的发生与影响血管内外液体交换的因素（流体静压、胶体渗透压及血管通透性等）改变有密切关系，血管内流体静压升高，血浆胶体渗透压下降及血管通透性增高均可促使水肿发生。当大量、快速输液时，血容量明显增加而致血管内流体静压上升，血液稀释而致胶体渗透压下降，有利于水肿的发生。在此基础上，注射肾上腺素，可引起外周血管广泛收缩，导致血液由体循环急速转移到肺循环，加之毛细血管通透性增高，结果使左心压力和肺毛细血管流体静压突然升高，液体进入肺泡及间质增多，影响肺呼吸功能，而出现肺水肿。

【实验对象】

家兔。

【实验用品】

器具：哺乳动物手术器械、止血钳、气管插管、台秤、听诊器、兔手术台、BL-420F生物机能实验系统、张力换能器、粗棉线、输液装置等。

试剂：生理盐水、20%乌拉坦、0.1%肾上腺素等。

【实验内容】

1）健康家兔一只，称重后经耳缘静脉注入 20%乌拉坦（5ml/kg 体重）进行全身麻醉，然后将其保定在兔手术台上。

2）剪去颈部兔毛，在颈部正中做长 6cm 的纵切口，钝性分离气管和一侧的颈总静脉。在气管上做倒"T"形切口，切开气管，插入气管插管，用粗棉线结扎固定，然后将气管插管的一端与张力换能器相连，并连接在生物信号采集系统上，描记呼吸曲线。结扎颈总静脉远心端，在近心端剪一小口，然后插入连有输液装置的静脉插管，打开输液装置检查是否通畅，然后将输液滴数调到 10～15 滴/min，以防止血液凝固。

3）打开生物信号采集系统，按常规操作进行通道和零点设置，然后描记正常呼吸曲线。观察呼吸、心率、中心静脉压的变化，并用听诊器听诊正常呼吸音。

4）由输液装置输入生理盐水，输液量按 100ml/kg 体重计算，输液速度控制在 150～180 滴/min，输完后，将 0.1%肾上腺素以 0.5mg/kg 体重计算，用生理盐水稀释 10 倍后加入输液瓶中，继续滴注。肾上腺素输完后，可滴注少量生理盐水，以 10～15 滴/min维持通道，以便必要时第二次给药。观察呼吸、心率、中心静脉压的变化。

5）输药过程中，应密切观察呼吸曲线的变化，有无呼吸急促、呼吸困难，听诊有无湿啰音，气管插管口有无粉红色泡沫痰溢出。如无以上肺水肿的典型表现，可重复使用肾上腺素，用法剂量同上，直至出现以上变化为止。

6）当动物出现肺水肿典型表现时，用止血钳夹闭气管，剪开胸前壁，然后用粗棉线在气管分叉处结扎，防止水肿液溢出，小心分离心脏和血管，将肺取出，用滤纸吸干肺表面水分后，准确称取肺重量，计算肺系数。

$$肺系数＝肺重（g）÷体重（kg）$$

正常肺系数为 4～5。

7）肉眼观察肺大体变化及双肺底有无淤血发生，然后用刀片切开肺组织，观察切面及挤压时是否有水肿液溢出（注意其量、性质、颜色）。

8）对照：另取家兔一只，称重麻醉后保定于兔手术台上，进行颈部手术，实验步骤和方法条件同前一只家兔，但不使用肾上腺素。比较两只动物的表现有何不同（实验组较多时，可只设置一只对照，共同观察）。

9）整个实验过程中，呼吸、心率、中心静脉压等指标需观察 3 次，分别在实验开始后、输完肾上腺素后及泡沫痰溢出时进行。

10）切片观察：取预实验时制作的肺水肿病理切片，放置在显微镜下进行低倍、高倍观察，了解肺水肿的病理变化。

【注意事项】

1．注射乌拉坦麻醉时速度要慢，否则容易造成动物死亡。

2．不能使用实验前有肺水肿指征（啰音、喘息、气促）的动物，否则会影响实验结果。

3．插完静脉插管后，应马上以 10～15 滴/min 的速度输液，这样可以防止静脉插管内凝血。

4．控制好输液速度和输液量，过慢时实验组和对照组均不发生肺水肿，而过快时对照组也会发生肺水肿。

5．当一次给肾上腺素肺水肿指征不明显需重新给药时，两次间隔宜在 10～15min，不宜过频。

6．取肺时要小心，防止肺组织破裂和水肿液流出，影响肺系数的准确性。

【思考题】

1．本实验中为什么要大量、快速输液？

2．输入肾上腺素导致肺水肿的机制是什么？

3．实验中为什么会出现粉红色泡沫痰？

4．输入肾上腺素为何会出现呼吸抑制甚至暂停？

5．本实验中如果输液过快、过多，对实验结果有何影响？

实验三　实验性缺氧

【实验目的】

通过复制不同的缺氧模型，掌握缺氧的分类及特点；观察缺氧时机体呼吸及皮肤、内脏、血液颜色的变化；了解中枢神经系统的状态和外界环境温度对机体缺氧耐性的影响。

【实验原理】

缺氧是指当组织供氧减少或不能充分利用氧时，导致组织代谢、功能和形态结构发生异常变化的病理过程。机体对外界氧的摄取、结合、运输和利用 4 个环节中任何一个环节发生障碍，都可造成机体缺氧。缺氧根据发生的原因和血氧变化的特点分为乏氧性缺氧、血液性缺氧、循环性缺氧和组织性缺氧。

将小鼠放入有钠石灰的密闭缺氧瓶中可以模拟乏氧性缺氧。CO 与血红蛋白的亲和力远大于 O_2 与血红蛋白的亲和力，给小鼠吸入大量的 CO，可形成碳氧血红蛋白而失去携氧能力，发生 CO 中毒。亚硝酸盐可将血红蛋白中的 Fe^{2+} 氧化为 Fe^{3+}，从而使其失去结合氧的能力，产生血液性缺氧。氰化物可破坏组织的呼吸链，从而使组织利用氧的能力减弱，产生组织性缺氧。

【实验对象】

小鼠，体重 20g 左右，雌雄皆可。

【实验用品】

器具：250ml 缺氧瓶、一氧化碳发生装置、搪瓷碗、广口瓶、酒精灯、小鼠笼子等。

试剂：1%咖啡因、0.25%氯丙嗪、生理盐水、5%亚硝酸钠、1%亚甲蓝、0.05%氰化钾、苦味酸、甲酸、浓硫酸、钠石灰等。

【实验内容】

1．乏氧性缺氧及中枢功能状态和环境温度对缺氧耐受性的影响

1）取体重相近、性别相同的小鼠 3 只，观察其一般状况及皮肤颜色后用苦味酸标记，区分为甲鼠、乙鼠、丙鼠。

2）甲鼠按 0.1ml/10g 体重的剂量腹腔注射 0.25%氯丙嗪，10min 后（待药效充分发挥）将其放入一缺氧瓶中，盖紧瓶塞，放入盛有 0～4℃冷水的搪瓷碗中，计时，作为实验开始的时间。

3）乙鼠按 0.1ml/10g 体重的剂量腹腔注射生理盐水，将其放入一缺氧瓶中，盖紧瓶塞，计时。

4）丙鼠按 0.1ml/10g 体重的剂量腹腔注射 1%咖啡因，10min 后将其放入另一缺氧瓶中，盖紧瓶塞，放入盛有 38～40℃温水的搪瓷碗中，计时，作为实验开始的时间。

5）观察甲鼠、乙鼠、丙鼠的活动情况、呼吸频率和幅度，直至死亡，准确记录其死亡时间。

6）解剖小鼠，观察其皮肤、内脏、血液颜色变化。

2．血液性缺氧

（1）一氧化碳中毒

1）取小鼠 1 只，观察其一般状况及皮肤颜色后放入广口瓶内。

2）在一氧化碳发生装置的烧瓶内加入甲酸 3ml；将分液漏斗置于关闭状态，并在其内加入浓硫酸 2ml。用酒精灯加热烧瓶，待烧瓶中的甲酸沸腾时，用连有橡皮管的广口瓶的瓶塞塞紧，同时开启分液漏斗的开关，使其内的浓硫酸缓慢滴下。记录此时时间。浓硫酸可以与加热的甲酸脱水产生一氧化碳，一氧化碳经橡皮管进入广口瓶内。当小鼠剧烈抽搐时，熄灭酒精灯。观察瓶内小鼠的情况直至其死亡。记录小鼠的死亡时间。

3）解剖小鼠，观察其皮肤、内脏、血液颜色的变化。

（2）亚硝酸盐中毒

1）取体重相近、性别相同的小鼠 2 只，用苦味酸标记，区分为甲鼠、乙鼠。

2）甲鼠按 0.1ml/10g 体重的剂量腹腔注射 5%亚硝酸钠，记录注射时间并进行观察（观察内容同上），直到死亡，记录死亡时间。

3）乙鼠按 0.1ml/10g 体重的剂量腹腔注射 5%亚硝酸钠，同时以 0.2ml/10g 体重的剂量在腹腔的另一侧注射 1%亚甲蓝，记录注射时间并进行观察。

4）注射药物后，小鼠可以放入无瓶塞的广口瓶中观察，也可以放在小鼠笼中观察。

5）解剖小鼠，观察其皮肤、内脏、血液颜色变化。

3. 组织性缺氧（氰化物中毒）

1）取小鼠 1 只，称重。观察其一般状况及皮肤颜色。

2）按照 0.4ml/10g 体重的剂量腹腔注射 0.05%氰化钾溶液，记录注射时间，观察小鼠直至其死亡，记录死亡时间。

3）尸解小鼠，观察其皮肤、内脏、血液颜色变化。

4. 实验结果 将上述实验结果记入表 6-1。

表 6-1 小鼠缺氧与耐缺氧实验结果记录表

	组别	一般状况	呼吸、皮肤、内脏、血液颜色	存活时间
乏氧性缺氧	氯丙嗪，0～4℃			
	生理盐水、室温			
	咖啡因，38～40℃			
血液性缺氧和组织性缺氧	一氧化碳中毒			
	亚硝酸钠			
	亚硝酸钠＋亚甲蓝			
	氰化物中毒			
正常对照				

【注意事项】

1. 小鼠腹腔注射，宜从左下腹进针，避免损伤肝，并注意避免将药液注入肠腔。

2. 同组实验所用缺氧瓶的容积应相等。

3. 复制模型时必须保证缺氧瓶完全密闭，可在瓶塞与瓶口之间的空隙处滴水，如果出现气泡，应重新盖紧瓶塞。实验前在缺氧瓶中放入钠石灰（约 5g），以吸收小鼠呼出的 CO_2。

4. 复制 CO 中毒模型时，CO 浓度不宜过高，注意控制浓硫酸的滴速，防止小鼠迅速死亡，影响观察结果。

5. 氰化物有剧毒，用后要洗手。CO 为有毒气体，应注意通风。实验结束后应妥善处理死亡动物。

【思考题】

1．本次实验复制了哪些类型的缺氧？其发生的原因和机制是什么？

2．各实验模型中小鼠的皮肤及血液颜色有何不同变化？为什么？

3．从"中枢功能状态和环境温度对缺氧耐受性的影响"实验中能得出什么结论？有何临床意义？

实验四　发　　热

【实验目的】

通过复制发热与单纯体温升高的动物模型，观察发热过程中和单纯体温升高时机体机能（体温、皮温、呼吸频率等）的变化，阐明发热发生的机理及其区别。

【实验原理】

动物体在外生性致热原（细菌、病毒感染、肿瘤等）的作用下，能产生并释放内生性致热源作用于丘脑下部体温调节中枢，使调定点上移，从而引起一系列神经-体液反应，使体温升高。本试验通过注射内生性致热源引起发热和通过单纯散热障碍引起体温升高，观察它们的体温和皮温等变化规律，比较它们的异同。

【实验对象】

家兔。

【实验用品】

器具：兔手术台、体温计、红外测温仪、冰箱等。

试剂：内生性致热源生理盐水溶液、凡士林等。

【实验内容】

1）内生性致热源生理盐水溶液的制备：取体重 2kg 以上的家兔 1 只，仰卧保定于兔手术台上，将其下腹部的毛剃除并消毒。在下腹正中避开膀胱处，向腹腔滴注无菌生理盐水 100ml/kg 体重，滴注速度为 2ml/min，为防止感染，生理盐水中加入青霉素 60U/ml、链霉素 0.8mg/ml。

滴注完毕，继续固定家兔 2h，然后将腹腔液吸入经热原处理的瓶内，储存于冰箱（4℃）中备用。

2）取体重相近的家兔 2 只，分别称重。分别用体温计测直肠温度，用红外测温仪测两耳皮温，记录呼吸频率，每 15min 测一次，共 3 次。

3）将一只家兔从耳缘静脉注入内生性致热原生理盐水溶液，剂量为 10ml/kg 体重。注射后，每隔 15min 测直肠温度、耳皮温一次，并观察两耳血管状态、呼吸等，持续 2h。

4）将另一只家兔固定在 40℃ 的恒温兔手术台上，盖上棉垫（将头露出）。每隔 15min 测直肠及耳皮温一次，并观察耳血管、呼吸等状态，持续 2h。

5）2h 后揭去棉垫停止加热，并将家兔放开，再每隔 15min 测直肠及耳温一次，观察耳血管、呼吸等变化，持续 3min。

6）以时间为横坐标，温度为纵坐标，画出两兔耳皮温和直肠温度的变化曲线，比较两者有何区别？为什么？

【注意事项】

1．测直肠温度时，体温计前端应涂少许凡士林。每次插入直肠内的深度应一致，一般以 5cm 为宜。

2．测耳皮温的位置应固定。

3．注射内生性致热原的家兔切忌捆绑。

实验五　失血性休克

【实验目的】

1．通过实验掌握失血性休克动物模型的复制方法。

2．观察失血性休克时机体的状态、呼吸、血压、心率、中心静脉压、尿量的变化，了解失血性休克的病理生理过程。

3．了解失血性休克的抢救原则和抢救方法。

【实验原理】

失血性休克是临床上常见的急性病理过程，失血造成血液总量减少，机体有效循环血量降低，从而使机体重要脏器血液灌流减少，而供血不足造成的微血管的持续收缩与痉挛又加重了器官的缺血，进一步导致器官功能障碍。本实验采用颈总动脉放血的方法，造成机体有效循环血量减少，模拟失血性休克。通过实验进一步了解失血性休克时心脏、肺、肾等器官的功能障碍，加深对失血性休克的认识。由于微循环障碍是失血性休克的基础，治疗的主要措施就是改善微循环灌流。因此，实验中可采用回输血液及输入生理盐水的方法来改善微循环灌流状态，对失血性休克进行抢救。

【实验对象】

家兔。

【实验用品】

器具：气管插管、动脉套管、动脉夹、台秤、兔固定台、止血钳、注射器、输液装置、呼吸描记装置、血压描记装置、细导尿管、粗棉线等。

试剂：20%乌拉坦、1%肝素、3.8%枸橼酸钠、生理盐水、安钠咖、654-2（山莨菪碱-2）等。

【实验内容】

1）家兔称重，然后自耳缘静脉注射 20%乌拉坦进行全身麻醉，注射剂量为 5ml/kg 体重。麻醉后将家兔仰卧保定于兔手术台上。

2）剪去颈部兔毛，沿甲状软骨下缘正中做长 6cm 的纵切口，用止血钳钝性分离气管、两侧颈总动脉及右侧颈总静脉，在气管上做倒"T"形切口，插入气管插管，用粗棉线结扎固定，然后与呼吸描记装置相连，描记呼吸曲线。

3）自耳缘静脉输入 1%肝素 1ml/kg 体重，然后用丝线结扎颈总动脉远心端，动脉夹夹闭近心端，插入充满 3.8%枸橼酸钠的动脉套管结扎固定，将套管一端与血压描记装置相连，记录血压，另一端放血用。

4）输液装置内加入生理盐水 200ml，结扎颈总静脉远心端，插入与输液装置相连的静脉插管，检查通畅后以 10～15 滴/min 缓慢输入生理盐水，以确保管道通畅。

5）在耻骨联合前上腹部做正中切口，长约 5cm，找出膀胱，排空尿液后，将膀胱从腹腔拉出，在背面膀胱三角区找出输尿管入口，分离双侧输尿管，插入细导尿管，记录每分钟尿液的滴数。

6）稳定 5min 后，观察放血前动物的一般状态及血压、呼吸、体温、皮肤及黏膜颜色、尿量的变化。

7）用丝线提起一侧颈总动脉或用动脉夹夹闭 15s，测加压反射。

8）测循环时间：静脉注射安钠咖 1g，记录呼吸变化所需时间。

9）打开颈总动脉套管的放血端，并与 50ml 注射器相连，使血液自颈总动脉流入注射器内，一直放血至血压 40mmHg[①]时，调节注射器内放出的血量，使血压稳定在此水平。

10）维持血压 40mmHg 20min，观察注射器内血量的变化，记录放血量并随时观察呼吸、血压的变化，并立即测加压反射、循环时间、体温并观察皮肤黏膜颜色。

11）停止放血，倒掉输液瓶中剩余的生理盐水，将注射器内的血液加入输液瓶中，快速从静脉输回放出的血液和生理盐水，进行抢救，输血输液总量为 3 倍失血量，速度为 150 滴/min。

12）输完血液及生理盐水后，观察动物状态及各项生理指标，评价抢救效果。

13）若实验中实验小组较多，输液治疗组还可分为：①与失血量等量的生理盐水＋失血全血＋去甲肾上腺素 0.75mg/kg 体重；②2 倍失血量生理盐水＋失血全血＋654-2 1mg/kg 体重；③失血全血治疗组；④生理盐水治疗组。

14）实验结果（表 6-2）。

表 6-2　失血性休克不同处理机体生理指标变化

组别	放血量/ml	血压/mmHg	呼吸/（次/min）	加压反射/mmHg	循环时间/s	尿量/（ml/10min）	可视黏膜颜色
正常							
放血 I							

① 1mmHg≈133.32Pa

续表

组别	放血量/ml	血压/mmHg	呼吸/ （次/min）	加压反射 /mmHg	循环时间/s	尿量/ （ml/10min）	可视黏膜 颜色
输血后							
放血Ⅱ							
输血后							
放血Ⅲ							
输血后							

【注意事项】

1. 本实验手术较多，要减少手术性出血。对部分项目如输尿管插管，手术可少做或不做，以确保实验的成功。

2. 各导管和注射器要肝素化并注意导管畅通，随时缓慢推注，以防凝血。

3. 插动脉插管前必须先向动物体内注射肝素，否则会造成插管内凝血，影响实验。

4. 插静脉插管时要小心，防止插管穿破静脉壁进入胸腔或其他软组织。

5. 若做输尿管插管，输尿管插入后切忌扭曲和折叠，正常情况下，导管插入即有尿液滴出；如果导管通畅但无尿液滴出，可少量快速输液。

6. 麻醉深浅要适度，麻醉过浅，动物疼痛，可致神经元性休克；麻醉过深，往往因麻醉性休克而突然死亡。

7. 手术要细心，防止大出血。

8. 储血瓶中，事先要加一定量的抗凝剂。

实验六　应　　激

【实验目的】

本实验以饥饿、低温、捆缚作为应激原，诱发大鼠应激性胃溃疡，进一步理解应激反应的发生机理及其对机体的影响。

【实验原理】

很多原因可引起应激性病变，引起应激性胃溃疡常见的原因有以下几种。

（1）强烈的精神刺激　　如恐惧、绑缚、转群等可引起应激性胃溃疡的发生。临床上，环境突然变化和小动物着凉（冷应激）而引起胃出血或胃溃疡非常多见。动物试验结果也证实了这一点：当把大鼠绑缚后放置在不同温度条件下，如4℃冰箱2~3h、冬季室外20~30min、−20℃冰柜10min均可引起胃溃疡或胃出血，而且温度越低病变越明显。

（2）严重疾病　　一些严重疾病可导致应激性胃溃疡，如呼吸衰竭、肝功能衰竭、肾功能衰竭、严重感染、低血容量休克、重度营养不良等。

（3）损伤胃黏膜的药物　　损伤胃黏膜的药物可引起应激性胃溃疡，这些药物主要有水杨酸类、肾上腺皮质激素。

【实验对象】

大鼠。

【实验用品】

器具：大鼠固定板、冰箱、哺乳动物手术器械等。

试剂：1%甲醛溶液等。

【实验内容】

1）取大鼠 3 只称重，其中 2 只禁食不禁水 24h，然后仰卧位捆缚于大鼠固定板上，置 4℃冰箱内 3h。另一只正常饲养做对照用。

2）冷应激 3h 后从冰箱中取出大鼠，立即断颈处死并剖检，其中一只用线结扎胃的贲门部及幽门部后，将胃取出并向内注入 1%甲醛溶液 8ml。然后再将胃置于 1%甲醛溶液中固定 10min。另一只不固定，直接剖检后取出胃。

3）未固定的胃将内容物冲洗干净后观察黏膜。固定胃沿着大弯部剪开，去除胃内容物把胃黏膜洗净后展平于平板上。观察胃黏膜的变化。

4）正常对照鼠断颈处死后同上述 2）、3）处理。

发生应激时，机体的各个组织器官会出现不同程度的变化，性别之间也有差异。在本次实验中，饥饿、低温和束缚应激后观察大鼠消化器官的病理变化。试验结果表明，饥饿和低温应激对大鼠的胃黏膜均有影响，应激会使大鼠的胃黏膜出血，特别是在低温和捆绑的双重应激下，大鼠胃黏膜出血明显。

实验七　渗出性炎症及炎性细胞的观察

【实验目的】

观察急性炎症过程中，在炎性介质的作用下，血管扩张充血、渗出的现象，掌握白细胞的渗出过程和吞噬作用。

【实验原理】

巨噬细胞吞噬功能的检测原理是利用巨噬细胞具有吞噬功能，在体外能吞噬多种颗粒物质，将小鼠巨噬细胞和鸡红细胞（CRBC）混合后孵育，通过巨噬细胞吞噬 CRBC 的百分率和吞噬指数判断小鼠吞噬细胞功能。通过观察 CRBC 消化程度反映巨噬细胞功能，在机体非特异免疫中具有重要意义。

【实验对象】

小鼠。

【实验用品】

器具：哺乳动物手术器械、注射器、尖嘴滴管、试管、显微镜、离心管、离心机、棉球、载玻片等。

试剂：0.01mol/L pH7.4 PBS、生理盐水、5%可溶性淀粉（5g 淀粉加于 100ml 灭菌的生理盐水中摇匀）、15%蛋白胨、瑞氏染液、甲醇等。

【实验内容】

1）实验前 2 天取一只小鼠腹腔注射 5%可溶性淀粉，1ml/只。实验前 8～12h 取另一只小鼠腹腔注射 15%蛋白胨 1ml，使之形成异物性急性腹膜炎。

2）1%鸡红细胞悬液的制备：翅静脉采集健康公鸡血液（抗凝血），4℃保存备用。使用前吸取红细胞悬液至离心管中，加入生理盐水洗涤 3 次，每次均以 1500r/min 离心 10min，将血浆、白细胞等充分洗去，沉积的红细胞用生理盐水稀释成 1%的悬液备用。

3）实验开始后，两种处理的小鼠均腹腔注射 1%鸡红细胞悬液 1ml。30～45min 后，将小鼠脱颈处死，暴露腹膜，于腹腔靠上部位用注射器注入 5ml 预温的 0.01mol/L pH7.4 的 PBS（或生理盐水），不拔出针头，并轻轻地把针头挑起，同时用棉球反复揉搓腹腔 1～2min，以尽可能多地洗出小鼠腹腔的吞噬细胞。然后，用注射器回抽腹腔液。或用镊子轻轻夹起腹膜（针头进针处），于进针处剪一小口，用尖嘴滴管吸取腹腔液置于洁净试管内。

4）1500r/min 离心 10min，轻轻吸弃上清，留少许液体旋转混匀（尽量避免产生气泡）。于载玻片上涂片。

5）涂片自然干燥后用甲醇固定 1min。

6）加瑞氏染液覆盖涂片，30～60s 后滴加等量的新鲜蒸馏水，与染料混匀染色 5～10min，注意不要让染液干到涂片上，水洗，用吸水纸吸干后，镜检。

7）结果观察。

A. 观察巨噬细胞吞噬 CRBC 的情况，计算吞噬百分率和吞噬指数，并对实验结果进行分析。

吞噬百分率＝200 个巨噬细胞中吞噬 CRBC 的巨噬细胞数/200（巨噬细胞数）

吞噬指数＝200 个巨噬细胞中吞噬 CRBC 的总数/200（巨噬细胞数）

正常参考值：吞噬百分率为 62.77%±1.38%，吞噬指数为 1.058±0.049。

B. 记录 CRBC 被消化的程度。未消化 CRBC 核清晰，着色正常；轻度消化 CRBC 核模糊，核肿胀，染色淡；完全消化 CRBC 核溶解，染色极淡。

8）小鼠的解剖观察：将小鼠剖检，检查体腔、浆膜和各器官的变化。

第七章 兽医药理学实验指导

兽医药理学实验课是在学生掌握兽医药理学理论的基础上，进一步了解兽医药理学实验的基本操作技术，通过实验观察、比较和分析兽医药理学实验现象，验证和巩固兽医药理学的基本理论，培养学生科学的思维方法和严谨的工作态度。

影响兽医药理学实验结果的因素很多，为了达到实验目的，学生必须在课前做好预习，了解实验目的、熟悉实验要求、步骤和操作程序。在实验过程中，应养成严谨、认真的工作作风，严格按照实验指导的操作规程进行，仔细观察实验过程出现的现象，随时做好实验记录，并与理论联系起来进行思考。实验后，清洗整理实验器械，打扫实验室，将动物尸体、标本和废弃物等按规定放到指定地点，课后认真整理实验结果，并仔细分析后撰写实验报告。

实验一 毛果芸香碱与阿托品对瞳孔及其对光反射的影响

【实验目的】

了解毛果芸香碱的副交感神经节后拟胆碱作用和阿托品的对抗作用。

【实验对象】

家兔。

【实验用品】

器具：兔固定盒、剪毛剪、瞳孔量尺等。

试剂：0.05%硫酸阿托品、0.1%盐酸肾上腺素、0.2%硝酸毛果芸香碱。

【实验内容】

1）取家兔放于兔固定盒内保定，避免阳光直射眼睛，用剪毛剪剪去兔两眼睫毛，然后用瞳孔量尺测量瞳孔大小，连续 3 次，取平均值。

2）在家兔左眼滴入 0.2%硝酸毛果芸香碱 3 滴，滴药时用拇指和食指将下眼睑提起，使之形成囊状，用中指压住鼻泪管开口处，防止药液流入鼻泪管而失去作用，再用右手滴入药液。15min 后测量瞳孔大小，连续 3 次，取平均值，并进行比较。

3）滴入毛果芸香碱 20min 后，分别在两眼滴入 0.1%盐酸肾上腺素 3 滴，15min 后测量两瞳孔大小，连续 3 次，取平均值并进行比较。

4）滴入肾上腺素 15min 后，分别于两眼滴入 0.05%硫酸阿托品 3 滴，15min 后观察两眼瞳孔变化，并测量其大小，连续 3 次，并取平均值。

【实验结果】

请将实验结果记入表 7-1 中。

表 7-1 不同药物处理对家兔瞳孔及对光反射的影响

瞳孔大小	正常	0.2%毛果芸香碱	0.1%肾上腺素	0.05%硫酸阿托品
左眼				
右眼				

【注意事项】

1．严格按实验方法操作，避免药液留到眼睛外或鼻泪管。
2．注意光线对瞳孔大小的影响。

【思考题】

1．毛果芸香碱、肾上腺素和阿托品为什么对瞳孔的大小有影响？
2．从实验结果中如何说明药物的协同作用和拮抗作用？

实验二 丁卡因和普鲁卡因表面麻醉作用的比较

【实验目的】

了解丁卡因和普鲁卡因表面麻醉作用的差异，以明了对表面麻醉药的要求。

【实验对象】

家兔。

【实验用品】

器具：注射器、剪毛剪、兔固定盒等。
试剂：1%丁卡因、1%普鲁卡因等。

【实验内容】

1）取无眼疾家兔一只，放入兔固定盒，剪去两眼睫毛，用兔须轻触角膜面的上、中、下、左、右 5 点，观察眨眼反射情况，记录阳性反应率。

2）用拇指和食指将下眼睑提起，使之形成囊状，再用中指压住鼻泪管，防止药液流入鼻泪管而不起作用，分别用 1ml 注射器于左眼滴入 1%丁卡因 2 滴，于右眼滴入 1%普鲁卡因 2 滴。轻轻揉动下眼睑使药液与角膜面充分接触，使药液停留 1min，然后任其流出。

3）滴药后每隔 5min 分别以同样方法测两眼的眨眼反射一次，直到 35min，同时观察有无角膜充血等反应，比较两药对兔眼角膜麻醉作用的强度，记录开始时间及持续时间。

【实验结果】

将实验结果记入表 7-2 中。记录方法以阳性反应率表示（阳性反应率＝阳性反应点数/刺激点数）。如刺激 5 点都引起眨眼反射记录为 5/5，5 点都不引起眨眼反射记录为 0/5。

表 7-2　丁卡因和普鲁卡因对家兔眨眼反射的影响

兔眼	药物	给药前	给药后/min						
			5	10	15	20	25	30	35
左眼	丁卡因								
右眼	普鲁卡因								

【注意事项】

1．给药前必须剪去眼睫毛，否则即使角膜已经麻醉，兔须触及睫毛时仍可引起眨眼反射。

2．用于刺激角膜的兔须宜软硬适中，实验中应使用同一根兔须，并采用垂直方法，以确保每次触力均等。

3．滴药时必须压住鼻泪管，以防止药液流入鼻腔吸收后引起中毒。

【思考题】

丁卡因和普鲁卡因表面麻醉作用有何不同，为什么，有何临床意义？

实验三　祛痰药药效观察

【实验目的】

观察祛痰药促进呼吸道黏膜上皮纤毛运动的作用。

【实验对象】

牛蛙。

【实验用品】

器具：蛙板、大头针、粗棉线、缝针、图钉、滤纸片、秒表等。
试剂：生理盐水、稀释度为 1：3000 NH_4Cl 等。

【实验内容】

1）取牛蛙一只，仰卧保定于蛙板上。用大头针钉住上颌，掰开下颌，用缝针穿粗棉线贯穿下颌及舌头并打结，固定于两后肢间的图钉上，使上腭的黏膜充分暴露，常以少许生理盐水湿润黏膜面。

2）于两眼窝前缘间黏膜上放置芝麻大小的滤纸片（提前用生理盐水湿润），因黏膜上皮细胞纤毛的运动，可见滤纸片渐向食道口方向移动，用秒表记录滤纸片从起始线到终点线移动所需时间，连续 3 次，求出平均值，即给药前时间。

3）在上腭面上滴 1∶3000 NH₄Cl，加药后 3min 用生理盐水洗去药液，用秒表记录滤纸片从起始线到终点线移动所需时间，连续 3 次，求出平均值，即给药后时间。比较用药前后滤纸片移动时间有何不同。

【实验结果】

实验结果记入表 7-3 中。

表 7-3　祛痰药对呼吸道黏膜上皮纤毛运动的影响

次数	滤纸片移动时间/s	
	给药前	1∶3000 NH₄Cl
1		
2		
3		
平均值		

【注意事项】

1. 实验前不给任何麻醉药，也不破坏脑和脊髓。
2. 不要使黏膜面过度干燥。

【思考题】

1. NH₄Cl 的祛痰作用如何？
2. 试述黏膜面的纤毛运动与祛痰作用有什么关系。

实验四　盐类泻药作用机理实验

【实验目的】

了解硫酸镁、硫酸钠的泻下机理。

【实验对象】

家兔。

【实验用品】

器具：兔手术台、注射器、手术刀、双缝线、剪毛剪、止血钳等。

试剂：3%戊巴比妥钠、5%硫酸镁、10%硫酸镁、5%硫酸钠、10%硫酸钠、生理盐水等。

【实验内容】

1）每组取家兔 1 只，称重，用 3%戊巴比妥钠 2.5ml/kg 体重腹腔注射，保定于兔手术台，腹部剪毛。

2）麻醉后沿腹中线剪开腹壁，切开腹膜，将家兔腹腔打开，选择一段小肠在不损伤肠系膜血管的情况下，用双缝线结扎隔开分为 5 段（每段在自然状态下长约 5cm）。

3）然后各段分别注射下列药品：第 1 段注射生理盐水、第 2 段注射 5%硫酸镁、第 3 段注射 10%硫酸镁、第 4 段注射 5%硫酸钠、第 5 段注射 10%硫酸钠（注射剂量以各组结扎肠管的长度而定）。注射后将小肠放入腹腔，用止血钳夹住腹壁创口，盖上用生理盐水湿润的纱布，以免干燥。

4）约 1h 后，打开腹壁创口，观察各段肠管变化情况（臌胀、充血情况等），并用注射器抽出各段肠管内液体，比较其容积。

【实验结果】

实验结果记入表 7-4 中。

表 7-4　　不同盐类泻药对家兔肠功能的影响

	生理盐水	5%硫酸镁	10%硫酸镁	5%硫酸钠	10%硫酸钠
注射量					
抽出量					
体积差					
肠管充血情况					

【注意事项】

1. 尽量少刺激内脏，并以少量温生理盐水湿润。
2. 结扎肠管之前，将内容物挤向两端。

【思考题】

1. 说明盐类泻药的作用机理。
2. 比较硫酸钠和硫酸镁两种药物的作用强度，并说明原因。

实验五　糖皮质激素的抗炎作用

【实验目的】

观察糖皮质激素的抗炎作用。

【实验对象】

雄性小鼠。

【实验用品】

器具：打孔器（直径 9mm）、剪刀、注射器等。

试剂：0.5%地塞米松、二甲苯、生理盐水等。

【实验内容】

1）取体重 25～30g 雄性小鼠 2 只，称重、标号。

2）每只小鼠用 0.1ml 二甲苯涂擦右耳前后两面皮肤，30min 后，1 号小鼠腹腔注射 0.5%地塞米松（0.1ml/10g 体重），2 号小鼠腹腔注射等量生理盐水。

3）2h 后将小鼠脱颈处死，沿耳廓基线剪下两耳，用打孔器在两耳同一部位打下圆耳片，分别称重、记录。同一鼠的右耳片重量减去左耳片重量，即右耳肿胀程度。

【实验结果】

实验结果记入表 7-5 中。

表 7-5　糖皮质激素对小鼠抗炎效果比较

鼠号	体重/g	药物	用量	耳片重量/g		肿胀程度
				左	右	

【注意事项】

1．所取耳片应与涂二甲苯的位置一致。

2．应使用锋利的打孔器。

【思考题】

1．说明糖皮质激素的抗炎机理。

2．两耳肿胀程度为什么有差别？

实验六　钙镁离子对抗作用的观察

【实验目的】

了解给家兔注射硫酸镁时所引起的作用及出现中毒时的救治方法。

【实验对象】

家兔。

【实验用品】

器具：注射器、台秤等。

试剂：25% MgSO$_4$、5% CaCl$_2$ 等。

【实验内容】

1）取家兔 1 只，称重，记录正常状态、肌紧张力、呼吸深度及次数、耳血管情况（粗细、颜色）。

2）肌内注射 25% MgSO$_4$ 3～4ml/kg 体重，观察家兔有何反应，待约 10min 作用显著时（呼吸高度困难、四肢无力等），记录状态、肌紧张力、呼吸深度及次数、耳血管情况（粗细，颜色）。

3）由耳缘静脉缓慢注入 5% CaCl$_2$ 注射液 3～5ml/kg 体重（剂量依症状改善的程度而定），观察状态、肌紧张力、呼吸深度及次数、耳血管情况（粗细，颜色）有何变化并记录。

【实验结果】

实验结果记入表 7-6 中。

表 7-6　钙镁离子对家兔呼吸和血液生理的影响

实验项目	体态	肌紧张力	呼吸		耳血管
			次数/min	深度	
给药前					
肌内注射硫酸镁					
静脉注射氯化钙					

【注意事项】

1．为使硫酸镁吸收良好，可分两侧臀部注射，注射后轻轻按摩注射部位，以促进药剂吸收。

2．本实验要观察用药前后耳血管变化情况，故不要抓兔耳，以免影响结果。

3．氯化钙注射液切勿漏出血管外。

【思考题】

1．给家兔肌内注射硫酸镁有何反应，为什么？

2．从实验结果说明临床应用硫酸镁注射时，要注意什么问题。

实验七　敌百虫中毒与解救

【实验目的】

了解敌百虫中毒症状及其解毒方法。

【实验对象】

家兔。

【实验用品】

器具：注射器等。

试剂：5%敌百虫、1%阿托品、碘解磷定注射液等。

【实验内容】

1）每组取家兔 2 只，观察并记录活动情况、呼吸情况（频率、有无呼吸困难、呼吸道有无分泌等）、瞳孔大小、唾液分泌、大小便、肌张力及有无肌震颤等。

2）分别给甲、乙 2 兔耳缘静脉注射 5％敌百虫 2～3ml/kg 体重（753ml/kg 体重）。按前述指标观察并记录中毒症状。

3）待中毒症状明显时分别做以下处理。

给甲兔立即静脉注射 1%阿托品 0.1ml/kg 体重，观察上述指标变化后，再用 10ml 注射器耳缘静脉注射 5%敌百虫，中毒明显后观察上述指标；然后甲兔再耳静脉注射碘解磷定溶液，观察上述指标变化。

乙兔中毒后立即耳缘静脉注射碘解磷定 3.2ml/kg 体重，观察上述指标变化；然后乙兔耳静脉注射 1%阿托品 0.1ml/kg 体重，观察上述指标变化。

【实验结果】

实验结果记入表 7-7 中。

表 7-7　阿托品和碘解磷定对家兔敌百虫中毒的解毒效果观察

兔号	体重/kg	实验项目	一般活动	呼吸	瞳孔	唾液	大小便	肌紧张
甲组		给药前						
		敌百虫						
		阿托品						
		碘解磷定						
乙组		给药前						
		敌百虫						
		碘解磷定						
		阿托品						

【注意事项】

1. 若给敌百虫后 20min 尚未出现中毒症状，可追加 1/3 剂量。

2. 耳缘静脉注射从兔耳的离心端开始。

3. 实验结束后再给家兔注射阿托品。

【思考题】

1. 有机磷中毒的解救方法是什么？

2. 有机磷的中毒机理和药物的解毒机理是什么？

第八章 综合性实验指导

动物生理学综合性实验是以整体动物及离体器官组织为主要研究对象，研究机体各种生理活动及规律、疾病发生发展过程的机能及代谢变化规律，并涉及发病机制和药物与机体相互作用及作用规律。它将动物生理学、病理生理学和药理学等多门兽医学基础课程的实验教学内容和手段进行有机融合，从整体的角度通过精心设计形成了一个新的综合性实验课程体系，有助于培养动物医学专业学生的实践能力、创新意识、科学思维方法和严谨的工作态度，为动物医学科技创新人才的培养提供了很好的基础。

兽医病理学综合性实验是学生在已经掌握家畜解剖学、组织胚胎学、动物生理学等课程的理论知识，并经过了相关的实验训练，对正常动物的解剖结构、组织学特点和生理生化特性有了初步认识，并通过兽医病理解剖学和兽医病理生理学实践环节，对动物疾病在诊断过程中需要掌握的病理学方法和病理变化的诊断进行的系统训练。兽医病理学综合性实验是对学生专业基础课理论掌握水平的一次检验，也是理论应用于实践，培养合格动物医学诊疗人员的重要实践环节，最终使学生掌握动物疾病的病理学诊断流程、方法和具体操作，是学生提升实践能力和诊断水平，成为合格的兽医工作者和宠物诊疗医生的最重要环节。

本章主要涉及动物生理学综合性实验和兽医病理学综合性实验。

实验一　动脉血压的调节和药物对动脉血压的影响

【实验目的】

学习哺乳动物动脉血压的直接描记方法，观察神经、体液因素及传出神经系统药物对动脉血压的影响，从而加深对动脉血压的调节及药物作用机理的理解。

【实验原理】

血压是指血管内流动的血液对单位面积血管壁的侧压力。动脉血压通常是指主动脉血压。动脉血压形成的前提条件是心血管系统内有足够的血液充盈，必要条件是心脏射血。另外，阻力血管对血流的阻力（外周阻力）也参与血压的维持。因此，血压的形成和维持是由机体的心血管活动共同完成的，而心血管活动又受神经、体液的调节和血液中化学物质的影响。心脏受心交感神经和心迷走神经双重支配，心交感神经兴奋增强心脏的活动，使心搏加快、心肌收缩力加强和传导加速，从而使心排血量增加，动脉血压升高；心迷走神经兴奋则抑制心脏的活动，使心搏减慢、心肌收缩力减弱和传导减慢，心排血量由此减少，动脉血压降低。支配血管平滑肌的神经统称为血管运动神经，包括缩血管神经和舒血管神经。绝大部分血管平滑肌仅受交感缩血管神经纤维的支配，该神经兴奋时血管平滑肌收缩，血管口径变小，外周阻力增加，动脉血压升高。神经调节可通过各种心血管反射实现，其中最重要的是颈动脉窦和主动脉弓压力感受性反射，即降压反射。此反射主要在短时间内快速调节动脉血压，维持动脉血压相对稳定。心血管活动的体液调节包括全身性的和局部性的众多调节因子，其中重要的有肾素-血管紧张素系统、肾上腺素、去甲肾上腺素等。无论是神经递质还是激素，都是通过与心肌和血管平滑肌上的相应受体相结合而发挥作用的。支配心脏、血管活动的受体主要有 α 受体、β 受体、M 受体。α 受体主要存在于血管平滑肌中，激动 α 受体可导致血管收缩，动脉血压升高。β 受体包括两大类型：β_1 受体主要存在于心肌中，激动 β_1 受体会使心搏加快、心肌收缩力加强和传导加速；β_2 受体主要存在于血管平滑肌和支气管平滑肌中，激动 β_2 受体能使血管舒张，动脉血压降低。M 受体主要分布于心肌、平滑肌和腺体，激动 M 受体会使心率减慢、心肌收缩力减弱、血压降低。

　　动脉血压除受神经和体液调节外，也可受到相应药物的影响。作用于传出神经系统的药物，如肾上腺素、去甲肾上腺素、异丙肾上腺素、氯乙酰胆碱、酚妥拉明、盐酸普萘洛尔、硫酸阿托品和多巴胺等均能影响心血管系统活动，其主要作用机制是这些药物能与心肌和血管平滑肌上的受体结合而兴奋或阻断受体。

　　本实验所用药物中肾上腺素是 α 受体和 β 受体激动药，可加快心率；氯乙酰胆碱是 M 受体激动药，与血压降低相关。由此可见，不同的药物作用于不同部位可产生不同的效果。

【实验对象】

家兔（体重 2.5kg 左右，雌雄皆可）。

【实验用品】

　　器具：BL-420F 生物机能实验系统、张力换能器、玻璃分针、哺乳动物手术器械、动脉夹、气管插管、兔手术台、小烧杯、头皮输液针、皮钳、丝线。

　　试剂：20%乌拉坦、生理盐水、0.3%肝素、0.1%肾上腺素、0.01%氯乙酰胆碱等。

【实验内容】

　　1. 仪器准备　　打开计算机，进入 BL-420F 生物机能实验系统，点击"实验项目"，选择"动脉血压的调节"实验模块，调节适当的实验参数，即可进行实验观测。

　　2. 动物准备

　　（1）称重、麻醉、保定　　取家兔 1 只，称重后，用 20%乌拉坦 5ml/kg 体重经耳缘静脉缓慢注射，待家兔麻醉后，将其仰卧位保定于兔手术台上。

　　（2）建立静脉给药通道　　用头皮输液针做耳缘静脉穿刺并固定，以 5～10 滴/min 缓慢输入生理盐水，以保持静脉通畅。

　　（3）颈部手术

　　1）气管插管：剪去颈部手术部位兔毛，在其颈中线从甲状软骨下到胸骨上缘做长度为 5～8cm 的切口，将皮肤分向两侧，皮钳固定，钝性分离皮下结缔组织、肌肉组织，暴露气管，分离出气管，剔尽周围组织，于气管下穿线备用，在甲状软骨下约 1cm 处剪一倒"T"形切口，插入气管插管，并用线扎紧，将余线绕气管插管的分叉处再行结扎，以防滑脱。

2）分离两侧颈总动脉及右侧迷走神经：将上述切口边缘的皮肤及其下方的肌肉组织向外侧拉开，即可见在气管两侧纵行的左、右颈动脉鞘。在鞘内，颈总动脉与颈内静脉、迷走神经、交感神经、降压神经伴行在一起。颈总动脉触及有搏动感，仔细辨认三根神经，迷走神经最粗，交感神经次之，降压神经最细，且常与交感神经紧贴在一起。用玻璃分针先分离迷走神经，再分离颈总动脉，分别穿线备用。

3）左颈总动脉插管：用 0.3%肝素注满与张力换能器相连的动脉插管，排净张力换能器和动脉插管里面的空气，调节张力换能器与兔心脏水平在同一高度。将分离好的颈总动脉远心端结扎，近心端用动脉夹夹闭，结扎处与动脉夹之间的颈总动脉长度约需3cm。用眼科剪在靠近远心端结扎处的动脉上剪一"V"形切口，剪开血管直径的 1/3。将已备好的动脉插管从切口处沿心脏方向插入合适的长度，打双结结扎，再固定于导管的胶布上，使动脉导管与动脉保持在同一直线上。注意结扎牢固，以免出血。然后慢慢松开动脉夹，可见导管内液体随心搏而搏动，此时计算机屏幕上可见血压曲线。

【观察项目】

1．描记一段正常血压曲线，有时可以看到三级波。

一级波（心搏波）：随心脏收缩和舒张出现的血压波动，与心率一致。记录心率（次/min）。

二级波（呼吸波）：伴随呼吸运动而发生的血压波动，故与呼吸节律（次/min）一致。注意吸气、呼气与血压变化的关系。

三级波：可能是由于血管运动中枢紧张性的周期性变化所致。

2．牵拉或压迫颈动脉窦，血压有何变化？为什么？

3．夹闭另一侧颈总动脉 15s，血压有何变化？为什么？

4．刺激右侧降压神经一段时间，血压有何变化？为什么？

5．剪断右侧降压神经，血压有何变化？电刺激其向中端，血压又有何变化？为什么？

6．剪断右侧迷走神经，血压有何变化？电刺激其向心脏端，血压又有何变化？为什么？

7．静脉注射 0.1%肾上腺素 0.2～0.5ml，血压有何变化？为什么？

8．静脉注射 0.01%氯乙酰胆碱 0.2～0.5ml，血压有何变化？为什么？

9．静脉注射生理盐水 20ml，血压有何变化？为什么？

【注意事项】

1．实验参数一经调好，整个实验过程中不要再变动。

2．分离迷走神经和颈总动脉时要顺其直行方向，用玻璃分针小心分离，切忌横向拉扯。

3．颈总动脉插管前必须先充满一定量肝素的液体，排出气泡，以防凝血。如果动脉导管内有小凝血块，可以从换能器推入肝素，冲开后继续记录血压。颈动脉插管切口以靠近远心端为宜，以便血管断裂后可在近心端重插。实验中应注意保护颈动脉插管，以免动物挣扎弄破血管壁。

4．实验过程中应注意观察动物的状态，如呼吸、肢体运动等。完成一个项目后，需待血压基本恢复正常后再进行下一个项目的观察。

【思考题】

1. 试讨论夹闭一侧颈总动脉和夹闭一侧股动脉，对血压的影响有何不同？为什么？
2. 当血压突然降低时，机体如何调节使血压恢复正常？
3. 肾上腺素和去甲肾上腺素对心血管的作用有何异同？为什么？

实验二　人体动脉血压的测定

【实验目的】

本实验旨在通过测量人体肱动脉血压来熟悉血压计、听诊器的正确使用方法，掌握动脉血压的形成过程、影响因素和临床意义。

【实验原理】

血液在血管内流动对单位面积血管壁产生的侧压力称为血压。血压通常分为动脉血压、毛细血管血压和静脉血压，动脉血压较高，尤其是从左心室射出的血液，在主动脉弓处形成的侧压力是全身血压最高的，临床上所说的血压即指此处的血压。

在血管内有适量血液充盈的前提下，动脉血压的形成还取决于两个重要因素，即心室射血和外周阻力。心室周期性的射血保证了血液始终向前的动力，而外周阻力则不断阻止血液向前流动，于是形成了血液对血管壁的侧压力，两者共同作用形成血压。

安静状态下，血压受以下因素影响。①搏出量：心室每次射出的血量越多，收缩压则升得越高，搏出量主要影响收缩压。②心率：心率加快时，心动周期缩短，且以心舒张期缩短更为明显，而舒张期大动脉处血液流向外周的量明显减少，该处的压力并未降到正常的舒张压数值，又随心室的下一次收缩射血开始升高，故舒张压较正常心率时要高，可见心率主要影响舒张压。③外周阻力：外周阻力增大时，心舒张期血液外流的速度减慢，故舒张压升高，可见外周阻力主要影响舒张压，舒张压的高低反映了外周阻力的大小。④主动脉和大动脉的弹性储器作用：血管弹性越好，对血压的缓冲能力越强，年轻人的血压常常不如老年人高，脉压也较小；老年人常由于大动脉胶原纤维增多，弹性下降，且伴有小动脉硬化、管腔狭窄、外周阻力增加，因而收缩压与舒张压均升高，出现持续高血压。⑤循环血量与血管容量匹配情况：生理状态下，两者相互适应，血压得以稳定。大失血或临床治疗过程中过量使用降压药或扩张血管药物，动脉血压将下降。

血压是"四大生命体征"中最重要的指标。血压不仅存在个体、性别和年龄差异，同一个体也存在昼夜波动，一般 2：00～3：00 最低，6：00～10：00 出现一次高峰，然后开始缓慢下降，到 16：00～20：00 又出现一次高峰，之后又呈缓慢下降趋势。安静状态下，我国健康青年人的收缩压为 100～120mmHg，舒张压为 60～80mmHg，脉压为 30～40mmHg，平均动脉压约为 100mmHg。

血压测量方法有直接法和间接法两种，人体动脉血压测量一般采用间接法。间接法测量血压所用血压计目前主要有三类：汞柱式、气压式和电子血压计。传统汞柱式血压计测量结果准确度高，目前临床上仍广泛使用。测量时给缚于上臂的袖带中橡胶袋内充气，袋内气压及压力变化可通过汞刻度指示，随着袋内气压降低，汞柱开始下降。当袋内压力高于收缩压时，袖带已将肱动脉血流完全阻断，无血流通过肘关节处的肱动脉，用听诊器在袖带下方听不到任何声音；当袋内气压降到略低于收缩压的瞬间，血液开始间断通过被压的肱动脉，形成湍流撞击血管壁，能在听诊部位听到有节律的声音，出现的第一声所对应的汞柱刻度数值即收缩压；当袋内气压降至略低于舒张压时，血液转变为连续通过肱动脉形成规则流动，听诊器听到的节律声音也突然消失或突然减弱，其所对应的汞柱刻度数值即舒张压。

【实验对象】

人。

【实验用品】

汞柱式血压计、听诊器等。

【实验内容】

1. 准备　　让被测者自然放松，保持平静，于对面侧向入座，将测试一侧上肢外展平放于桌面，掌心向上。打开汞柱式血压计开关，观察汞柱液面是否恒定于"0"刻度，检查血压计其他部件和听诊器是否完好可用。

2. 缚袖带　　给被测者卷袖暴露上臂，将血压计袖带缚于其上臂，要求袖带内橡胶袋两通气管朝下行经肘窝两侧，袖带下缘位于肘窝上方 2～3cm 处，松紧度以袖带内能伸进 1～2 指为宜，汞柱距观测者尽量远一点。调整被测者姿势，让袖带中部最高点与主动脉弓（平胸骨角）保持同一水平位置。

3. 定位　　一只手轻握被测者腕关节处，拇指触摸桡动脉感受其搏动，另一只手用食指、中指和环指于肘窝处触摸肱动脉感受其搏动，确定搏动最明显处为听诊部位。

4. 测量　　戴上听诊器，一只手将听诊头恒定按压于听诊部位，保证感应膜与皮肤紧密接触，也不可用力过大。另一只手手掌、中指、环指和小指握住血压计橡皮球，拇指和食指拧紧放气阀门，加压橡皮球向袖带里的橡胶袋内充气，可见汞柱开始上升，同时开始听诊，至听不到肱动脉搏动声音后继续充气使汞柱再升高 20～30mmHg（临床实践中也常常直接充气加压，使汞柱上升到 140～160mmHg 或更高一些），待汞柱稳定后缓慢旋开放气阀门，汞柱开始下降，保持下降速度在 2～3mmHg/s。仔细观察汞柱下降刻度并认真听诊，当听到第一声响时默记所对应汞柱刻度，即收缩压；随后声音持续规律出现，当声音突然消失或突然减弱时默记所对应汞柱刻度，即舒张压；完全拧开放气阀使汞柱迅速下降到"0"刻度，同法再测量 1 次，取 2 次测量结果平均值，记录为：收缩压（mmHg）/舒张压（mmHg）。

【注意事项】

1. 被测者需克服紧张情绪，保持轻松心态。测量前需平静休息 5～10min，运动过后或情绪波动者需休息更长时间。进行连续监测的需要定时测量。

2. 使用的血压计必须是经过校正准确的，使用过后一定要及时关闭汞槽开关，特别强调的是，必须将血压计汞柱向右侧倾斜至少 45°，轻拍汞柱几下，确认汞全部流入汞槽后再关闭。

3．要准确测量血压，规范操作尤为重要，血压测量方法需要反复练习才能全面掌握和减少误差。误差产生的原因主要有以下几方面：①运动过后或情绪紧张、激动时测量。②姿势不正确，如肩关节处血流不畅，袖带中部最高点未能与主动脉弓保持同一水平，肘关节弯曲，寒冷天气时被测者衣袖未上卷到位或上卷后太紧等。③操作不规范，如听诊头按压过紧或过松，听诊头直接插入袖带内，袖带两通气管缠绕产生摩擦声音，放气阀打开过大或过小，观察角度太大，读数不准确等。④环境嘈杂、听力不好等。⑤若测量的血压超过正常范围，则应让被测者再休息 10min 后复测，休息期间需将袖带解下。

【思考题】

1．血压是怎样形成的？血压受哪些因素影响？
2．测量血压应注意哪些问题？如何避免测量误差？

实验三　呼吸运动的调节

【实验目的】

观察体内、外某些因素对呼吸运动的影响，了解呼吸运动的调节机制。

【实验原理】

呼吸是指机体与外界环境之间的气体交换过程。通过呼吸，机体摄入 O_2，排出代谢过程中产生的 CO_2。呼吸肌收缩和舒张引起胸廓的节律性扩张和收缩称为呼吸运动，是在中枢神经系统的调节下，呼吸中枢节律活动的反应。机体内外环境改变的刺激可以直接或通过感受器反射性地作用于呼吸中枢，影响呼吸运动的深度和频率，以适应机体代谢的需要。机体通过呼吸运动调节血液中 O_2、CO_2 和 H^+ 的水平，血液中的氧分压（P_{O_2}）、CO_2 分压（P_{CO_2}）和 H^+ 浓度的变化又可以通过中枢化学感受器和（或）外周化学感受器反射性地调节呼吸运动，从而维持内环境中 P_{O_2}、P_{CO_2} 和 H^+ 的相对稳定。呼吸运动是保证血液中气体分压稳定的重要机制。肺牵张反射是保证呼吸运动节律的机制之一。

【实验对象】

家兔，体重约 2.5kg。

【实验用品】

器具：BL-420F 生物机能实验系统、寸带、止血钳、棉线绳、呼吸换能器、玻璃分针、哺乳动物手术器械、气管插管、兔手术台、CO_2 发生器、橡皮管等。

试剂：3%乳酸、20%乌拉坦。

【实验内容】

1．颈部手术

（1）麻醉与保定　　家兔称重后，用 20%乌拉坦（5ml/kg 体重）经耳缘静脉注射，对其进行麻醉。注射过程中注意观察动物肌张力、呼吸频率、角膜反射的情况，防止麻醉过深。将麻醉好的家兔仰卧位保定于手术台上，用寸带固定家兔门齿，使其充分暴露颈部手术术野。

（2）气管插管

1）用手术刀切开家兔颈部皮肤，用止血钳纵向逐层钝性剥离皮下组织和肌肉，暴露出气管，在气管下穿一棉线绳备用。

2）在环状软骨下约 1.5cm 处，做倒"T"形切口，插入"Y"形气管插管，用棉线绳结扎固定。插管的一端用螺旋夹调节，使动物的呼吸节律及幅度适宜，另一端与 BL-420F 生物机能实验系统和呼吸换能器相连，记录动物呼吸的节律及幅度。

（3）分离迷走神经

1）在气管两侧分别找到 3 条神经（迷走神经、交感神经、降压神经），以及由颈总动脉被结缔组织膜包被形成的血管神经束。

2）用玻璃分针分离出两侧迷走神经（最粗，具有较好的韧性，色洁白，一般位于外侧），各穿两线备用。

【观察项目】

1．描记一段正常的呼吸曲线，观察其特征。

2．堵住气管套管与空气相通一侧的入口数秒钟，使动物暂时窒息，呼吸曲线有什么变化？为什么？

3．使气管套管与 CO_2 发生器相连，使动物吸入纯 CO_2，呼吸曲线有什么变化？为什么？

4．气管套管与一段约 50cm 长的橡皮管相连，使无效腔增大，呼吸曲线有什么变化？为什么？

5．由耳缘静脉注入 3%乳酸 0.5～1ml，呼吸曲线有什么变化？为什么？

6．切断一侧迷走神经，呼吸曲线有什么变化？再切断另一侧迷走神经，呼吸曲线有什么变化？为什么？

7．刺激迷走神经向中端 5～10s，呼吸有何变化？为什么？

8．刺激迷走神经离中端 5～10s，呼吸有无变化？为什么？

9．打开胸腔，在纵隔上找到膈神经，刺激膈神经，观察膈肌的收缩。

【注意事项】

1．实验过程中，注意气管插管内如有血液或分泌物应及时清除，保持呼吸道畅通。

2．每做完一项实验后，都应等动物呼吸基本恢复正常后再做下一项实验。

3．每项实验前均应描记一段正常呼吸曲线作对照。

【思考题】

试比较并分析 P_{O_2}、P_{CO_2} 和 H^+ 对呼吸运动的影响。

实验四　离体肠段运动的描记

【实验目的】

本实验的目的是通过观察离体小肠平滑肌受各种理化因素、药物的影响而出现的收缩性变化，学习哺乳动物离体器官实验方法，理解消化道平滑肌的一般生理特性及某些因素包括药物对其产生的影响。

【实验原理】

机械性消化由消化道肌肉活动完成，在整个消化道中，除口、咽、食管上端和肛门端属骨骼肌外，其余部分均为平滑肌。与其他肌肉相比，消化道平滑肌具有自动节律性，富于伸展性，对化学物质、温度变化及牵张刺激较敏感等生理特性。离体肠平滑肌在适宜的液体中，仍能进行节律性活动，并对温度、pH 等环境变化表现不同的反应。

机体大多数器官接受胆碱能神经和去甲肾上腺素能神经的双重支配，两类神经兴奋时产生的效应相反而以优势支配的神经效应为主。胃肠平滑肌以胆碱能神经支配占优势，分布有高密度的 M 胆碱受体，同时也有一定密度的 α 和 β 受体分布。乙酰胆碱等拟胆碱药可兴奋 M 受体，引起胃肠平滑肌收缩，张力增强，收缩幅度加大。M 受体阻断药则可拮抗 M 受体激动药收缩胃肠平滑肌的作用。拟肾上腺素药则可激动 α 和 β 受体，引起胃肠平滑肌舒张，张力下降。

【实验对象】

家兔，体重 2~2.5kg，雌雄均可。

【实验用品】

器具：张力换能器、BL-420F 生物机能实验系统，恒温平滑肌实验系统、木槌、哺乳动物手术器械等。

试剂：0.01%乙酰胆碱、0.01%肾上腺素、0.01%阿托品、1mol/L NaOH、1mol/L HCl、台氏液等。

【实验内容】

1. 实验装置准备

1）张力换能器输出线接在 BL-420F 生物机能实验系统的通道插口。张力换能器固定于离体恒温平滑肌实验系统的铁支架上。打开 BL-420F 生物机能实验系统，点击菜单"实验项目"，选择"消化实验中消化道平滑肌的生理特性"项，即可开始实验项目。

2）离体恒温平滑肌实验系统装置准备。连通电源后，电源指示灯亮，仪器即可开始工作。加热指示灯亮，提示系统正在进行水浴加热。系统设定温度值，温度显示精度为

0.1℃，开始时，系统默认温度设定为37℃。当前温度值显示为水浴缸当前温度，温度显示精度为0.1℃。按下"＋"或者"－"，设定温度会向上或向下调节0.1℃；如果长按下"＋"或者"－"按钮，系统加快调节速度。按下照明按钮，可控制位于实验管旁边的照明灯，方便实验者观察标本。按下移液按钮不放，可将预热管中的液体单向移动至实验管中，当液体达到 10ml 刻度时，松开移液按钮，系统停止移动液体。按下排液按钮，系统将实验管中的废弃营养液移动至储液盒中，当排尽所有废弃液后，再次按下排液按钮，系统停止排液。系统默认为22s排液终止。按下"启/停"按钮，系统自动对水浴池中的液体进行加热。调节实验管中进气速度时，顺时针为调小，逆时针为调大（调节至浴槽中气泡一个一个逸出为止，1 或 2 个/s 为宜）。标本通过进气支架组固定在实验管中，水浴和进气管保证恒温富氧的环境，实验管上标有容积刻度，可控制滴入药物浓度。储液管用于预热药物或者其他营养液。传感器支架用于固定张力换能器，可升降式收纳，便于放置和运输。当排液阀门开启时，可通过排液口排出水浴池中的水。

2．离体肠肌标本制备　　取禁食 24h 家兔 1 只，用木槌击其头部致昏死，立即剖腹。找出胃幽门与十二指肠交界处，分离长 20～30cm 的肠管，剪去与肠管相连的肠系膜，在两端分别用线结扎，并分别于两端结扎处中间剪断肠管，拉起两端结扎线将肠管取出，置于台氏液中轻轻漂洗，待洗净肠内容物后，再将肠管分段结扎，两端各系一条线，每段长 2～3cm，剪断，保存于供氧的、盛有台氏液的培养皿（35℃左右）中备用。注意操作时勿牵拉肠段，以免影响收缩功能。

3．观察记录

1）取一小段肠管，一端连线系于浴槽固定钩上，然后放入 37℃麦氏浴槽中。再将肠管的另一端系在张力换能器的悬臂梁上，调节肌张力至 2～3g，待肠管活动稳定后描记出一段正常收缩曲线，观察收缩曲线的节律、频率、波形和幅度。

2）温度的作用：将肠段置于 20～30℃的台氏液中，观察小肠运动的反应，当效应明显后再换入 37～39℃台氏液，观察收缩活动的变化。

3）1mol/L NaOH 的作用：用滴管吸入 1mol/L NaOH，向灌流浴槽内滴 2 滴，观察小肠运动的反应。观察到明显效应后，用台氏液反复冲洗标本 3 次，待肠平滑肌收缩张力曲线恢复至给药前的基线后再进行下一步实验。

4）1mol/L HCl 的作用：按上述方法在灌流浴槽内滴 2 滴 1mol/L HCl，观察小肠运动的反应。后用台氏液反复冲洗标本 3 次，待肠平滑肌收缩张力曲线恢复至给药前的基线后再进行下一步实验。

5）观察肾上腺素的作用：向浴槽内加入 0.01%肾上腺素 0.1ml，记录给药后肠平滑肌收缩曲线，后用台氏液冲洗标本 3 次，待肠平滑肌收缩张力曲线恢复至给药前的基线后再进行下一步实验。

6）观察乙酰胆碱的作用：向浴槽内加入 0.01%乙酰胆碱 0.1ml，记录给药后肠平滑肌收缩曲线，后用台氏液冲洗标本 3 次，待肠平滑肌收缩张力曲线恢复至给药前的基线后再进行下一步实验。

7）观察阿托品的作用：向浴槽内加入 0.01%阿托品 0.1ml，记录给药后肠平滑肌收缩曲线，后用台氏液冲洗标本 3 次，待肠平滑肌收缩张力曲线恢复至给药前的基线后再进行下一步实验。

8）观察阿托品和乙酰胆碱的拮抗作用：向浴槽内加入 0.01%阿托品溶液 0.1ml，2min 后向浴槽内加入 0.01%乙酰胆碱溶液 0.1ml，记录给药后肠平滑肌收缩曲线。

将上述观察到的实验结果打印输出或描画于实验报告上，并分析各实验现象。

【注意事项】

1. 实验前对家兔先禁食 24h，但在 1h 前喂给食物，效果较好。
2. 制备离体肠肌标本时，动作宜轻柔，勿用手捏，以免损伤肠壁。冲洗肠管不能用力过猛，避免肠管过于膨胀，影响其正常功能。
3. 离体肠肌标本不宜在空气中暴露过久，以免影响其功能。
4. 实验过程中各仪器参数一经确定，勿随意调动，以免影响数据的准确性。
5. 每个实验步骤要有对照曲线。注意节律、幅度和紧张度（基线移动）的改变。

【思考题】

1. 通过本次实验，你认为胃肠道平滑肌有哪些生理特性？它与骨骼肌、心肌的生理特性有何异同？各有何生理意义？
2. 试从受体学说分析乙酰胆碱、阿托品、肾上腺素对肠平滑肌的药理作用。
3. 阿托品有哪些药理作用和临床应用？

实验五　影响尿生成的若干因素

【实验目的】

本实验的目的是观察神经、体液因素及药物等对尿生成的影响，并分析其作用机制；掌握导尿管插管技术，学习尿量的记录和测量方法。

【实验原理】

尿的生成过程包括肾小球滤过、肾小管与集合管的重吸收和分泌。

当循环血液流经肾小球毛细血管时，血浆中的水、低分子溶质，包括少许相对分子质量较小的血浆蛋白，凭借有效滤过压经具有通透性的滤过膜而滤入肾小囊的囊腔内，形成超滤液原尿，该过程称为肾小球滤过。单位时间内（每分钟）两肾生成的超滤液量称为肾小球滤过率（GFR）。GFR 取决于滤过系数（K_f，即滤过膜的面积及其通透性）及有效滤过压（P_{UF}，即肾小球滤过作用的动力）。K_f 在正常情况下较为稳定，因而对 GFR 影响较小，而 P_{UF} 则可明显影响 GFR。

$$GFR = K_f \cdot P_{UF}$$
$$P_{UF} = 肾小球毛细血管压 - （血浆胶体渗透压 + 肾小囊内压）$$

在入球端，$P_{UF} = 6.0 - (3.3 + 1.3) = 1.4$（kPa），因而血液滤过而形成超滤液。

动脉收缩压（以下简称血压）为 $10.7 \sim 24$kPa，对肾小球毛细血管压基本无影响，从而使 GFR 基本保持不变。当血压降到 10.7kPa 以下时，将对肾小球毛细血管压产生明显影响而使 GFR 降低。尤其血压降低到 $5.3 \sim 6.7$kPa 及 5.3kPa 以下时，GFR 可降低到零而无尿。

血浆胶体渗透压和肾小囊内压在正常情况下相对稳定，但如快速静脉注射生理盐水使血浆蛋白浓度稀释，则可使胶体渗透压降低而增加 GFR。此外，肾血流量对 GFR 有明显影响。肾血流量大，GFR 增加；反之，则降低。交感神经兴奋致血管阻力增加而使肾血流量减少，从而使 GFR 降低。

肾小管的近端小管能吸收原尿中 60%～65%的 Na^+ 和几乎全部葡萄糖、氨基酸和其他有机溶质。Na^+ 的重吸收主要通过 Na^+-K^+-ATP 酶的主动转运。

肾小管的髓襻重吸收 Na^+ 的部位是升支粗段，此段能重吸收 35%的 Na^+。其转运是通过 Na^+-K^+-$2Cl^-$ 同向转运系统和 Na^+-K^+-ATP 酶进行。随着 NaCl 的重吸收，尿液被稀释，其内的液体渗透浓度可低至 50mmol/L，形成低渗尿。而其所在间质区因吸收大量盐形成高渗区，与经过此区的远端小管和集合小管内的液体形成强大的渗透压差。此渗透压差加上血管升压素［抗利尿激素（ADH）］的作用，使管腔内的大量水分被吸收。因而在集合小管内，尿液又浓缩成高渗液。

肾小管的远端小管能吸收 10%的 Na^+，其转运是通过 Na^+-Cl^- 同向转运系统和 Na^+-K^+-ATP 酶进行的。

集合小管和集合导管只吸收原尿中 2%～5%的 Na^+，但此段决定尿液排泄 Na^+ 的最终浓度，同时又是盐皮质激素（醛固酮）和 ADH 显著作用部位及肾排 K^+ 的重要部位，醛固酮可进入肾小管上皮细胞，与细胞质内醛固酮受体结合形成醛固酮-受体复合物，此与细胞核内受体结合启动基因转录，促进 mRNA 的形成，增加醛固酮诱导蛋白（AIP）的合成，引起管腔钠通道结构改变，增强管腔膜对 Na^+ 的通透性。同时，ATP 还通过提高 Na^+-K^+-ATP 酶活性，促进钾通道开放，由此促进 Na^+ 的吸收和 K^+ 的排泄。

原尿在集合小管通过上述浓缩过程，最终的渗透浓度可高达 1200mmol/L。此尿液就是终尿，因而机体最后排出的终尿为高渗尿。

呋塞米等高效利尿药作用于髓襻升支粗段上皮细胞，抑制 Na^+-K^+-$2Cl^-$ 同向转运系统，减少 NaCl、Mg^{2+}、Ca^{2+}、K^+ 的再吸收，破坏了此段尿液的稀释过程。同时，呋塞米等使间质区高渗状态不能形成，破坏尿液的浓缩过程。即间质区远端小管和集合小管内的液体由于管内外没有强大的渗透压差而无法将水分大量再吸收，因而小管液在此段不是高渗的浓缩状态，而是低渗和等渗状态，最后排出带有大量水分的等渗或低渗尿而起到强大的利尿作用。

注入高渗葡萄糖可使血糖浓度超过肾糖，近端小管对滤液中高浓度的葡萄糖无法完全重吸收，而使小管液中溶质浓度增加，引起渗透性利尿作用，因而也使尿量增加。

【实验对象】

家兔，体重 2～2.5kg，雌雄均可，于实验前多饮水或多汁饮料。

【实验用品】

器具：哺乳动物手术器械、兔手术台、导尿管、止血钳、刺激电极等。

试剂：20%乌拉坦、液体石蜡、生理盐水、20%葡萄糖、6%尿素、0.1%肾上腺素、垂体后叶素、0.1%呋塞米等。

【实验内容】

按第四章实验十九的方法处理实验兔。此实验用雄兔最好，如果所用家兔是雌兔，插管时管顶部方向应略微向上倾斜，以免进入阴道。一旦误入，则导尿管进入 10cm 后仍无尿液流出，可将导尿管抽出重新插一次。为了便于观察，可事先在距导尿管顶端 10cm 处用丝线或胶布缠绕做标记。实验完毕只需拔出导尿管，用水冲净即可。然后进行具体实验项目。

具体实验项目同第四章实验十九实验内容 4）～10），并静脉注射 0.1%呋塞米 2ml/kg 体重，观察尿量有何变化。

【注意事项】

1．如实验时仍没有尿分泌，生理盐水的注射量须加至 50～150ml。
2．插导尿管时应轻柔，尽量避免尿道损伤。
3．观察实验结果一般需要 5min 左右，有些项目需时较长，可在 5min 以后观察。
4．每一项因素实验完后，都须等待一定时间，尽可能地使动物恢复到原先的尿量。

【思考题】

1．如果让你设计，你打算还设计哪些影响尿量的因素？怎样进行？
2．50%葡萄糖和呋塞米的作用原理及临床应用有何不同？

实验六　胰岛素和肾上腺素对血糖的影响

【实验目的】

本实验的目的是观察胰岛素、肾上腺素对家兔血糖浓度的影响。

【实验原理】

糖类是人体内的主要供能物质，人体内主要糖类是糖原（储存形式）和葡萄糖（运输形式）。正常人空腹时血液中的葡萄糖浓度（FBG，以下简称血糖浓度）一般为 3.89～6.66mmol/L。血糖浓度受神经系统和激素的调节而保持相对稳定，当这些调节失去原有的相对平衡时则出现高血糖和低血糖。糖尿病、颅内压增加、脱水症等均可引起高血糖，饭后、精神紧张可出现生理性高血糖。胰岛 B 细胞增生或肿瘤等，垂体、肾上腺皮质、甲状腺功能减退，以及严重肝病患者均可出现低血糖症状。饥饿和剧烈运动可引起暂时的低血糖。测定血糖浓度的方法有多种，常用的是葡糖氧化酶法，葡萄糖可由葡糖氧化酶氧化成葡糖酸及过氧化氢，后者在过氧化氢酶的作用下，能与苯酚及 4-氨基安替比林作用产生红色醌化合物，醌的生成量与葡萄糖量成正比。还有邻甲苯胺法，其原理为葡萄糖在热的酸性溶液中与邻甲苯胺缩合反应生成蓝色的席夫碱，因此根据其颜色深浅不同，用分光光度计测定其光密度可知血糖浓度。

胰岛素是促进合成代谢、调节血糖浓度稳定的主要激素。胰岛素能促进组织、细胞对葡萄糖的摄取和利用，加速葡萄糖合成糖原储存于肝和骨骼肌中，并抑制糖异生，促进葡萄糖转变为脂肪储存于脂肪组织，导致血糖浓度下降。胰岛素缺乏时，血糖浓度升高，如超过肾糖阈，尿中将出现糖，即糖尿。调节胰岛素分泌的最重要因素是血糖浓度，当血糖浓度升高时，胰岛素分泌明显增加，从而促进血糖浓度降低；血糖浓度下降至正常时，胰岛素分泌也迅速恢复至基础水平。胰岛素已由人工提取获得而成为药物，临床主要用于治疗糖尿病。注射给药如皮下注射吸收快，半衰期为 9～10min，作用可维持数小时。

肾上腺素由肾上腺髓质分泌，通过促进肝糖原和肌糖原分解而使血糖升高。

【实验对象】

家兔，体重 2～2.5kg，雌雄均可。

【实验用品】

器具：注射器、血糖试剂盒等。

试剂：胰岛素、生理盐水、0.1%肾上腺素等。

【实验内容】

1. 实验的准备　　选择体重相近的家兔 4 只，禁食（不禁水）24h，称重，分别标记编号为对照组（1 号）和实验组（2～4 号）。

2. 实验项目

1）将对照组和实验组家兔各抽心血 1ml 左右，抗凝，分离血浆（待测血糖浓度）。

2）给 2 号兔和 3 号兔按 30U/kg 体重静脉注射胰岛素；给 4 号兔按 0.1ml/kg 体重的剂量静脉注射 0.1%肾上腺素；对照组兔注等量生理盐水，开始计时。

3）10min 后再采各组实验兔心血，分离血浆（待测血糖浓度）。

经过 1～4h，实验兔出现不安、呼吸急促、全身痉挛、翻身打滚，以出现翻身打滚为胰岛素低血糖休克的标志。

4）出现休克时（对照兔在同样时间）各组实验兔再抽心血，分离血浆，按照血糖试剂盒说明同时测定所有采取血液的血浆葡萄糖浓度。分析两组兔胰岛素低血糖休克出现率与注药前后血糖浓度的变化，以及注射肾上腺素前后和对照组之间血浆葡萄糖的变化。

【注意事项】

1. 实验兔一定要禁食，否则将影响胰岛素低血糖休克的表现。
2. 胰岛素休克的表现以全身痉挛、翻身打滚为标志，此时可抢救。

【思考题】

1. 胰岛素可通过哪些途径降血糖？有何临床应用和不良反应？
2. 胰岛素过量所致的低血糖反应有哪些临床表现？如何预防？

实验七　不同功能状态时人体体温、呼吸、心率和血压的变化

【实验目的】

本实验的目的是学习测定人体体温、呼吸、心率和血压的简易方法，观察不同功能状态时人体体温、呼吸和循环功能的变化，并分析其变化机制和各指标间的内在联系。

【实验原理】

体温、呼吸、心率和血压是机体内在活动的客观反映，是判断机体健康状态的基本依据和指标，临床上称为生命体征。正常人的生命体征在不同功能状态下会发生相应变化，而且生命体征之间具有内在联系。单位时间内个体的体温、呼吸和心搏频率可以分别通过测定其腋窝温度、观察其胸腹部的起伏和体表动脉的搏动获得。人体动脉血压测定的常用方法是袖带间接测定法，它是利用袖带压迫动脉使动脉血流发生涡流，再通过听诊器测定由此产生的声音变化，进而判定收缩压和舒张压。

【实验对象】

健康人。

【实验用品】

体温计、听诊器、汞柱式血压计、手表、记录本等。

【实验内容】

1. 实验分组及分工　　首先由指导老师给学生介绍整个实验过程、观察指标及资料收集和统计的方法。各班班长对学生进行分组并设计记录表。每个实验组分别由 6 名男生或女生组成，其中 1 名学生任组长，负责本组的整个实验过程，包括对每位组员进行分工。实验分 2 天进行，第 1 天每组 3 名学生为受试者，另外 3 名为测试者；第 2 天彼此交换角色。3 名测试者分工如下：1 名负责测量体温和呼吸频率，1 名负责测定心率，1 名负责测量血压（测量 2 次，记录平均值）。

2. 不同时间和状态下的指标测定　　分别测量受试者在 7：00（未起床）、10：00、13：00（午餐后）、16：00（先测量对照，然后受试者跑步至出汗时立即测量各指标的变化）、19：00 和 22：00 的体温、呼吸、心率和血压，记录结果。

3. 资料整理和统计

1）测试者求出受试者在不同时间体温、呼吸、心率和血压的平均值和标准差。

2）各小组组长带领全组同学统计本组同学各指标的平均值和标准差，并对本组不同时间和状态下测量的指标存在的差异进行比较。

3）班长带领各组组长分别统计男生和女生各指标的平均值和标准差，并对不同时间和状态下各指标存在的差异进行比较。

4）班长向全班同学公布统计结果。每位学生根据结果制表和作图。

4. 结果讨论　　　班长带领同学讨论有关结果及相互间的联系。最后指导老师进行点评和总结。

【注意事项】

1. 测量时要保持安静。
2. 测量体温前，注意将体温计甩至 35℃ 以下。
3. 不可用拇指诊脉，以免拇指小动脉搏动与受试者脉搏相混淆。
4. 测量血压时，为了免受血液重力作用的影响，心脏、肱动脉和血压计"0"点应在同一水平位上；压脉带捆扎要松紧适宜；一般测量 2 次，取平均值。

【思考题】

1. 从整体思考上述指标在不同功能状态下发生变化的机制和内在的联系。
2. 测量动脉血压时有哪些注意事项？分别为了避免哪些影响血压的因素？

实验八　　人体腱反射

【实验目的】

熟悉人体脊髓反射-腱反射的临床检查方法，借以了解脊髓反射的机理和对躯体运动的调节机能。

【实验原理】

躯体运动受到中枢神经系统各级中枢的控制与调节，脊髓是最基本的中枢。通过脊髓可以完成一些比较简单的反射活动，如屈肌反射和牵张反射，后者包括肌紧张和腱反射。腱反射由快速牵拉肌腱引起，属深反射，其反射弧为仅通过一个突触的单突触反射，腱反射都具有固定的反射弧。临床上常检查腱反射以诊断疾病，被广泛用于检查脊髓反射弧完整性和上位中枢对脊髓的控制状态。腱反射不对称（一侧增强、减低或消失）是神经损害定位的重要体征之一。

【实验对象】

人。

【实验用品】

叩诊槌。

【实验内容】

1. 准备　　　根据所要检查的腱反射部位，受试者采取不同的姿势和位置。要求充分合作，避免紧张和意识性控制，四肢放松、位置适当对称放置，检查者叩击力量要均等。如果受试者精神紧张或注意力集中于检查的反射部位，可使反射受到抑制，此时可用加强法予以消除，即一边和受试者谈些无关的话题，以转移受试者的注意力，一边叩击肌腱进行检查。最简单的加强法是叮嘱受试者主动收缩所要检查的反射以外的其他肌肉。

2. 观察项目

1）肱二头肌反射，相关神经为肌皮神经，相关脊神经节段为颈椎第5～7节。受试者端坐位，前臂屈曲90°，检查者用左手托住受试者右肘部，左前臂托住受试者的前臂，并以左手拇指按于受试者的右肘肱二头肌腱上，然后用叩诊槌叩击检查者自己的左拇指。反应为前臂屈曲（屈肘）。

2）肱三头肌反射，相关神经为桡神经，相关脊神经节段为颈椎第5节至胸椎第1节。受试者上臂稍外展，半屈肘关节，检查者托住其肘部内侧，然后以叩诊槌轻叩鹰嘴突上方1～2cm处的肱三头肌肌腱。反应为前臂伸展（伸肘）。

3）膝反射，相关神经为股神经，相关脊神经节段为腰2～4。受试者坐位，双小腿自然下垂悬空。检查者右手持叩诊槌，轻叩膝盖下股四头肌肌腱。反应为小腿伸直。

4）踝反射，也叫作跟腱反射，相关神经为股神经，相关脊神经节段为骶1～2。受试者一侧下肢跪立于椅（凳）子上，踝关节以下悬空，检查者轻叩跟腱。反应为足向趾面屈曲（趾屈）。

3. 腱反射的诊断　无论何种腱反射，通过增减叩击强度，均可找出最弱的叩击强度，这个强度就是该腱反射的刺激阈值。可将左右肢体腱反射的阈值做比较借以判断是否有异常。由于肌肉种类不同，其阈值也不同。根据阈值的变化，临床上采用下述记录方法。

完全无反应，腱反射消失	一
阈值很高，只有微弱的反应	±
正常反应	＋
阈值较低，反射稍亢进	＋＋
亢进	＋＋＋
显著亢进	＋＋＋＋

腱反射的阈值按上述标准来判定，检查者在掌握上必然会有出入，而且检查方法也不同，所以这样的判定并不是绝对的。如能积累经验，并经常手握叩诊槌，很好地体验正常腱反射，在此基础上，是能够对反射异常情况做出判断的。

【注意事项】

1. 检查者应与被试者在密切配合下进行实验，消除被试者紧张。
2. 每次叩击的部位要准确，叩击的轻重要适度，大致相等。

【思考题】

简述腱反射和肌紧张的区别。

实验九　肾小球血流的观察

【实验目的】

了解肾小球的形态、结构及血液循环情况。

【实验原理】

肾的血流特点适合对尿液的形成，除血流量大，血管平滑肌受交感神经支配外，在肾皮质和髓质两次形成毛细血管网，第一次主要由入球小动脉和出球小动脉形成肾小球，肾小球血管管壁薄，血流速度快，与肾小囊间的结构为血液的滤过形成原尿提供条件；第二次在肾小管和集合管周围由出球小动脉再次分支形成肾小管周围毛细血管网，其血管流动速度慢，迂回曲折，主要为肾小管和集合管对原尿重吸收作用提供条件，因而了解肾血流特点是认识和理解肾作用、尿液形成的重要前提。

蛙或蟾蜍肾的边缘有一大血管通过，到肾的前端时开始分叉，所以在肾前端能很好地观察到肾小球血流的情况。

【实验对象】

蛙或蟾蜍。

【实验用品】

器具：显微镜（有较强光源）、蛙针、有孔蛙板、蛙类手术器械、大头针、棉球等。
试剂：任氏液等。

【实验内容】

1．标本的制备

1）调好显微镜光源及焦距。

2）用蛙针破坏蛙（蟾蜍）的脑和脊髓，使蛙（蟾蜍）处于完全瘫痪状态，然后将其仰置于有孔蛙板上。

3）从左侧或右侧偏离腹中线 1cm 剖开腹腔并作一纵向切口（前面达腋下，后面到腿部），然后再沿脊柱剪去一块长方形腹壁的皮肤和肌肉，以一棉球把内脏推向对侧。将蛙置于有孔蛙板的圆孔上，蛙（蟾蜍）体遮住孔的 1/3～1/2，用眼科镊在腹壁细心地镊起与肾相连的薄膜（如果是雌蛙可将输卵管拉出，其内侧与肾相连）。

4）用大头针将薄膜固定在圆孔上，大头针以 45°插在圆孔边缘（以便放入接物镜）；同时将蛙四肢也用大头针固定在有孔蛙板上，以防止移动；用棉球将蛙板底部揩净，再用镊子将肾底面的薄膜（壁层）去掉，然后将蛙板放于显微镜载物台上进行观察。

2．观察项目

1）用低倍镜观察肾小球的形态，肾小球是圆形的毛细血管团，外面包有肾球囊。

2）观察肾小球血流情况，血液经入球小动脉流入肾小球，最后经出球小动脉流出的循环情况。

【注意事项】

1．与蛙（蟾蜍）肾相连的膜有两层，与肾相连的称为脏层，其延续部折向腹壁的称为壁层，应去除。如果是雌蛙（蟾蜍），壁膜则与输卵管相连，而后折向肾下面，所以应小心将其去掉，但应注意不能将脏层的膜弄破。

2．本实验选择小蛙（蟾蜍）及雄性的效果较好。

3．如果冬天天气较冷，在实验前可将蛙（蟾蜍）置于温水中浸泡半小时，促进其血液循环后再进行实验。

【思考题】

肾脏的血液循环特点有哪些？

实验十 毁损下丘脑对家兔体温的影响

【实验目的】

观测刺激和损伤下丘脑对体温的影响；了解下丘脑在体温调节中的作用。

【实验原理】

体温是保证新陈代谢正常进行的重要条件。哺乳动物是恒温动物，体温能在一个狭小的范围内变化。哺乳动物的恒温是通过不断协调产热活动和散热活动而达到的。动物的产热过程包括机械性产热和代谢性产热。机械性产热由肌肉的收缩、骨骼肌的战栗完成；代谢性产热在蛋白质、糖和脂肪的分解氧化过程中产生，其中以脂肪代谢产热最多。动物的散热活动过程除了传导、辐射作用外，主要通过体表液体的蒸发、汗腺的分泌作用、肾排尿和呼吸作用完成。因此为了散热，往往要扩大散热面积，扩张皮肤的血管，增加皮肤内的血流速度和血流量等。下丘脑位于间脑的下端，是第三脑室两侧和底部的结构，是内脏和神经内分泌活动的高级整合中枢，对实现内环境温度（体温）的稳定十分重要。通过毁损法实验可以证实，若仅切断大脑皮层与下丘脑的联系，动物还可以维持体温的恒定，但切除下丘脑则可导致恒温动物变成变温动物。如果进一步精确地损伤下丘脑不同部位，可得知下丘脑前区是散热中枢；如果损伤前联合与视交叉之间的下丘脑前区，可导致动物产热，体温随环境温度升高而升高；下丘脑后区是产热中枢，刺激下丘脑乳头体的背外侧区，可诱发动物产热反应。

【实验对象】

成年家兔。

【实验用品】

器具：哺乳动物手术器械、温度计、骨钻、虹膜分离器、咬骨钳、不锈钢针、立体定位仪、刺激电极、明胶海绵等。

试剂：1%氯醛糖、10%脲酯、液体石蜡、骨蜡等。

【实验内容】

1. 标本的制备

1）麻醉：1%氯醛糖与10%脲酯按1∶1混合，以5ml/kg体重从耳缘静脉注射。

2）固定兔头：当需要对脑做精确定位时，动物的头部应用立体定位仪来固定。固定兔头时左右要对称、平稳，头部要稍高于躯体，使之不易发生脑水肿。

3）记录直肠温度：本实验用直肠温度代表体核温度。温度计要插入直肠内30mm。

4）暴露皮层：剪去颅顶毛，正中切开头皮，钝性分离，充分暴露颅骨，在钻孔处用钝刀片刮净骨膜，利用直径3mm的骨钻在垂直下丘脑的上方，矢状缝旁1mm和冠状缝前1mm处打孔。打孔时勿用力过大，严禁将硬脑膜和皮质创伤。打孔后，用虹膜分离器将硬脑膜和颅骨分离，然后用咬骨钳一小块一小块地咬去上述范围的颅骨断面，开一个5mm的骨窗。如果颅骨出血可用骨蜡止血。用针将硬脑膜掀起，用眼科剪将脑硬膜剪开，小心地掀起四周，操作时切忌伤及脑实质和脑表面血管。如果脑组织出血，要用明胶海绵止血。掀起后，立即滴入39～40℃的液体石蜡，以保温、防干燥，待实验。

2. 实验项目

待家兔清醒后，将一直径3mm的不锈钢针自骨窗垂直插下，观察损伤下丘脑对体温的影响。

【思考题】

1. 为什么损伤下丘脑的初期体温没有提高而是稍有下降？

2. 为什么损伤下丘脑的最后导致体温升高？

3. 如果在损伤下丘脑之前刺激该部位，体温将如何变化？

4. 如果在损伤下丘脑之前，将去甲肾上腺素或5-羟色胺分别加入此点，体温将如何变化？

实验十一　兽医病理学综合实验

【实验目的】

兽医病理学是动物医学专业中将专业基础课和专业课联系起来的桥梁学科，兽医病理医生又被称为"医生中的医生"，可为临床医生提供病理学诊断，并指导治疗。

兽医病理学综合实验从准备工作到诊断结果的确定是一个时间跨度大的过程，其主要包括外检工作、病理剖检、取材、固定、脱水、透明、包埋、切片、常规染色、特殊染色、免疫组织化学和分子生物学技术众多环节，整个流程从手工操作到半自动化（自动化）设备，从经验体会到质量管理均有相应的操作和技术规范，为学生成为一个合格的兽医工作者和病理诊断医生提供了重要保障。

而兽医病理学综合实验因流程复杂、环节众多、质量控制要求严格等，为保障学生在为期两周的综合实践训练过程中，既能掌握病理诊断的方法和技术，又能对病理诊断的整体流程和质量控制有清晰的认识，编者设计了此兽医病理学综合实验，使学生通过训练，在病理诊断的理论水平和实践操作两个方面均能得到较大的提高。同时，编者设计和开发了"兽医病理学综合实验虚拟仿真系统"（一个虚拟仿真项目，学生可借助网络平台开展虚拟实验教学的全过程，完成虚拟实验的学习后，再进行现实操作），将为学生的能力水平提升提供巨大的助力。

兽医病理学综合实验内容和整体架构如图 8-1 所示。

图 8-1　兽医病理学综合实验内容和整体架构

【实验对象】

可供病理剖检的病死牛、羊、禽等动物尸体。在无法获得自然发病病例时，可人工造病。

【实验用品】

器具：刀类（解剖刀、检查刀、脑刀、外科刀等）、剪类（外科剪、肠剪、骨剪、尖头剪、钝头剪、剪毛剪等）、镊钳（有齿镊、无齿镊、止血钳等）、锯类（弓锯、骨锯等）、瓷盆（方形搪瓷盘、搪瓷盆等）、注射器（抽取血液和渗出液用）、斧、凿子、金属尺、镊子、量杯、磨刀棒、棉球、纱布、服装（工作服、胶手套、工作帽、胶靴、围裙、防护眼镜）、录像机、照相机、放大镜、脱水机、包埋机、冰台、染色缸等。

试剂：3%～5%来苏水、石炭酸、肥皂水、消毒液、10%甲醛溶液、0.2%高锰酸钾、生石灰等。病理组织学用的梯度乙醇、二甲苯、石蜡、苏木素、伊红等。

【实验要求】

1. 剖检人员的防护

1）穿工作服、围裙等，戴胶手套、工作帽等，注意保护皮肤、以防感染。

2）剖检过程中保持清洁和注意消毒。

3）采某一脏器前，先检查与该脏器有关的各种联系。

4）切脏器的刀、剪要锋利。

5）剖检后注意消毒，按照肥皂水—消毒液—清水的顺序进行处理。

6）器械消毒、洗净、擦干。

2. 消毒和尸体处理

为防止病原扩散和保障人与动物健康，必须在整个尸体剖检过程中保持清洁并注意严格消毒。剖检人员应注意个人防护，剖检时，对于可疑传染病的尸体，用高浓度消毒液喷洒或浸泡，如需搬运或运输，应将天然孔用消毒液浸泡后的棉球堵塞，放入不漏水的运输工具中进行转运。

剖检结束后，应对剖检室的地面及靠近地面的墙壁进行消毒，然后用水冲洗干净，剖检器械用清水洗净后，浸泡在消毒液内消毒，然后用流水将器械冲洗干净，再用纱布擦干。

剖检完毕后，根据疾病的种类应对尸体妥善处理，基本原则是防止疾病扩散和蔓延及尸体成为疾病的传染源，严禁食用肉尸及内脏，未做处理的皮张不得利用。

【实验内容】

（一）病理剖检

为全面而系统地检查尸体内所呈现的病理变化，动物尸体的病理剖检必须按一定的方法和顺序进行。病理解剖的基本原则应是：①根据畜禽解剖和生理学特点，确定剖检术式的方法和步骤。②剖检方法要方便操作，适于检查，遵循一定的程序，但也应注意不要墨守成规，术式服从于检查，灵活运用。③剖检都应按常规步骤系统全面进行，不应草率从事，切忌主观臆断，随便改变操作规程。④可疑炭疽（烈性传染病）的动物不准剖检。

1. 剖检前的外部检查　　外部检查是在剥皮之前检查尸体的外表状态。外部检查结合临床诊断的资料，对于疾病的诊断，常常可以提供重要线索，还可为剖检的方向给予启示，有的还可以作为判断病因的重要依据，如口蹄疫、炭疽、鼻疽等。

检查内容如下。

1）畜别、品种、性别、年龄、毛色、特征、体态等。

2）营养状态：根据肌肉发育、皮肤和被毛等情况来判断。

3）皮肤：注意被毛的光泽度，皮肤的厚度、硬度及弹性，有无脱毛、褥疮、溃疡、脓肿、创伤、肿瘤、外寄生虫等。注意检查皮下有无水肿或气肿。水肿有捏粉样硬度或有波动感，常见于贫血、营养不良、慢性传染病、寄生虫病、心肾病等；气肿触之有捻发音。

4）天然孔：首先检查天然孔的开闭状态，有无分泌物、排泄物及其性状、色泽、气味与浓度等。其次注意可视黏膜的检查，主要是色泽的变化，如苍白、紫红、黄染及有无出血等。

5）尸体变化的检查：有助于判定死亡发生的时间、位置等。

2. 病理学剖检及检查

（1）剥皮和皮下检查　为检查皮下病理变化并利用皮革的经济价值，在剖开体腔前应先剥皮。臌气严重的要放气。

剥皮的方法：一纵四横切线法。

尸体仰卧，从下颌间正中线开始切开皮肤，经颈部、胸部，沿腹壁白线向后直至脐部，向左右分为两线，绕开乳房或阴茎然后又会合于一线，止于尾根部。尾部一般不剥皮，仅在尾根部切开腹侧皮肤，于第一尾椎或第3～4尾椎处切断椎间软骨，使尾部连在皮上。

四肢的剥皮可从系部开始做一轮状切线，沿屈腱切开皮肤，前肢至腕关节，后肢至飞节，然后节线转向四肢内侧，与腹正中切线垂直相交。头部剥皮可先在口端和眼睑周围做轮状切线，然后由颌间正中线开始向两侧剥开皮肤，外耳部连在皮上一并剥离。剥皮的顺序一般是先从四肢开始，由两侧剥向背侧正中线，剥皮时要拉紧皮肤，刀刃切向皮肤与皮下组织接合处，只切割皮下组织，不要使过多的皮肌和皮下脂肪留在皮肤上，也不要割破皮肤。

皮下检查：在剥皮的同时，要注意检查皮下有无出血、水肿、脱水炎症和脓肿等病变，并注意观察皮下脂肪组织的多少、颜色、性状及病理变化等。特别要注意皮下淋巴结（下颌、肩胛、膝上、乳房上和腹股沟淋巴结）的检查。观察其形态、色泽、大小、重量、硬度、切面等情况。

肌肉的检查：注意肌肉的丰瘦、色彩和有无病变。发现瘘管、溃疡或肿瘤等病变时，应立即进行检查。正常的肌肉为红褐色并有光泽。一般因窒息而死的，肌肉呈暗红色，肌肉发生变性则色彩变淡且无光泽。应注意败血症、药物中毒、恶性水肿或气性坏疽时的病变，有时某些微量元素缺乏时，肌肉也有明显病变。

乳房的检查：注意其外形、体积、硬度、重量。

皮下检查后，将尸体取合适卧位（反刍动物左侧卧位，单胃动物右侧卧位，小型哺乳动物可采取仰卧位，禽类可参照第五章实验十三尸体剖检实验——禽的病理剖检）。

（2）腹腔的剖开和腹腔脏器的视检

腹腔的剖开：先从䏜窝部沿肋骨弓至剑状软骨部做第一切线，再从髋结节前至耻骨联合做第二切线，切开腹壁肌层和脂肪层。然后用刀尖将腹膜切一小口，以左手食指和中指插入腹腔内，手指的背面向腹内弯曲，使肠管和腹膜之间有一空隙，将刀尖夹于两指之间，刀刃向上，沿上述切线切开腹壁。此时左侧腹壁被切成楔形，左手保持三角形的顶点徐徐向下翻开，露出腹腔。

腹腔脏器的视检：应在腹腔剖开后立即进行。内容包括腹腔液的数量和性状；腹腔内有无异常内容物，如气体血凝块、胃肠内容物、脓汁、寄生虫、肿瘤等；腹膜的性状，如是否光滑，有无充血、出血、纤维素的渗出、脓肿、破裂等；腹腔脏器的位置和外形，注意有无变位、扭转、粘连、破裂、寄生虫结节；横膈膜的紧张程度、有无破裂。

（3）胸腔的剖开和胸腔脏器的视检

1）胸腔的剖开：剖开胸腔前，必须先用刀切除切线部的软组织，并切除与胸廓相连的腹壁，锯断骨骼。为检查胸腔的压力，可用刀尖在胸壁的中央部刺一小孔，此时应能听到空气突入胸腔的音响，横膈膜向腹腔后退。同时检查肋骨的高度、肋骨和肋软骨结合的状态。

胸腔剖开的方法有两种，一种是将横膈的左半部从左季肋部切下，在肋骨上下两端切离肌肉并做二切线，用锯沿切线锯断肋骨两端，即可将左侧胸腔全部暴露。另一种方法是用骨剪剪断近胸骨处的肋软骨，用刀逐一切断肋间肌肉，分别将肋骨向背侧扭转，使肋骨小头周围的关节韧带扭断，一根一根分离，最后使左侧胸腔露出。

2）胸腔的视检：包括胸腔液的数量和性状；胸腔内有无异常内容物，如气体、血液、脓汁、寄生虫、肿瘤、脱出的腹腔器官等；胸膜的性状，注意有无出血、充血、炎症、肥厚和粘连等病变，正常的胸膜光滑、湿润而有光泽；肺的色彩、体积、退缩程度，纵隔和纵隔淋巴结、食道、静脉、动脉有无变化等，幼畜还要检查胸腺。

3）心脏的视检：先观察心包膜的状态，然后提起心包尖端，沿心脏纵轴切开心包腔，注意心包腔的大小，心包液的数量和性状，心脏的位置和大小、形态及房室充血程度，心内膜和心外膜的状态，并注意主动脉和肺动脉开始部分有无变化等。

（4）腹腔脏器的采出　　腹腔脏器的采出和脏器的检查可同时进行，也可先后进行。一般在器官本身或器官与其周围组织器官之间发生的病理变化会因采出受到改变或破坏，使病变的检查发生困难，如肠变位、穿孔等。因此，可采用边采出边检查的方法。但是在脏器的病变不受采出而改变或破坏时，通常用先采出后检查的办法。

1）肠的采出：先采空肠、回肠，再采小结肠，最后采大结肠和盲肠。

空肠、回肠的采出：先用两手握住大结肠的骨盆曲部，向外前方拉出大结肠，再将小结肠全部拉出，置于腹腔外背侧，剥离十二指肠小结肠韧带，在十二指肠与空肠之间做双重结扎，从中间断开，握住空肠断端，将空肠从肠系膜上分离至回肠末端，至盲肠15cm处做双重结扎，从中间断开，取出空肠、回肠。

小结肠采出：将小结肠拿回腹腔，将直肠内的粪便向前方挤压，在直肠末端做一次结扎，并在结扎后方切断。然后由直肠断端向前方分离肠系膜，至小结肠前端，于距胃状膨大部（十二指肠结肠韧带处）做二重结扎，中间断开，取出小结肠和直肠。

大结肠和盲肠的采出：先用手触摸前肠系膜动脉根，可查知有无动脉瘤。再检查结肠的动、静脉和淋巴结。然后将上下结肠动脉、中盲肠动脉、侧盲肠动脉自肠壁分离，于距肠系膜根30cm处切断，切断端由助手向背侧拉，术者左手握住小结肠和回肠的断端，以右手剥离附着于肠上的胰腺，然后将大结肠、盲肠同背部联结的结缔组织分离，即可将大结肠和盲肠全部取出。

2）脾、胃和十二指肠的采出：左手抓住脾头向外牵引，切断各部韧带，连同大网膜一同取出。在膈孔后结扎食道并切开，切断胃、十二指肠韧带并取出。

3）胰、肝、肾、肾上腺的采出。

胰的采出：可附在肝和十二指肠上取下，也可单独取下。

肝的采出：先切断左叶周围的韧带，后腔静脉，然后切断右叶周围韧带及门静脉、肝动脉后取出。

肾及肾上腺的采出：切断或剥离肾周围的浆膜和结缔组织，切断其血管和输尿管，取出肾，先取左肾，再取右肾。如检查输尿管有病变，将泌尿系统一并采出。肾上腺可在采集肾的同时或之后采出。

（5）胸腔脏器的采出

1）心脏的采出：在距左纵沟左、右各约 2cm 处，用刀切开左、右心室，检查心室内血量及性状。然后切断各主要动、静脉，取出心脏。

2）肺的采出：先切断纵隔的背侧部与胸主动脉，检查右侧胸腔液的数量和性状。然后切断纵隔、食道及后腔静脉，在胸腔入口处切断气管、食道等，并在气管环上做一小切口，手指伸入牵引气管，将肺采出。

（6）骨盆腔脏器的采出和检查　　腹腔脏器采出后，即暴露出骨盆腔器官，检查重点根据剖检动物的性别有所区别，公畜重点检查精索、输精管、腹股沟、精囊腺、前列腺和尿道球腺；母畜重点检查卵巢、输卵管、子宫和阴道。检查上述器官时，也可与泌尿系统器官的检查与采出同步进行。

（7）口腔和颈部器官的采出　　口腔中主要为舌的采出和检查，颈部器官主要采出和检查甲状腺、淋巴结。

（8）颅腔剖开、脑的采出和检查

1）切断头部：沿环枕关节切断颈部，断颈时注意观察脑脊液。

2）取脑：先将头部肌肉清除，沿二颗骨窝前缘锯一横线，再在其后 2～3cm 处锯第二横线，从第一横线中点至颧骨弓上缘左、右各锯一线，最后再由颧骨弓至枕骨大孔各锯一线。用镊子取下额窦部的三角骨片，将颅顶揭开，暴露脑组织。切开脑硬膜，助手将颅骨面朝下，仔细分离脑神经，将脑取出。

（9）鼻腔锯开　　沿双眼前缘横断，第一臼齿前缘横断，最后纵断，取下鼻中隔，检查鼻窦内的分泌物、溃疡、糜烂、寄生虫等。

（10）脊椎管的剖开，脊椎的采出和检查　　可在椎骨间隙将脊椎切断，从椎管中分离硬脊膜，取出脊髓。注意检查脊髓液的性状和颜色，并检查脊髓灰质、白质和中央管有无变化。

（11）肌肉关节的检查　　将关节弯曲，在紧张面横切关节囊，观察关节液的性状及关节面的状态。

（12）骨和骨髓的检查　　骨的检查，可视情况具体决定，如有病变部位，可将病变部位剖开，检查其切面和内部是否还有其他变化，必要时取材做组织学检查。骨髓的检查可与骨一起进行，主要观察骨髓的颜色、质地有无异常。眼观检查后可取材进一步做组织学、细胞学和细菌学检查。

完成病理剖检的检查后，即开展采样工作。采样将在病理组织学部分详细叙述。

（二）病理组织学

病理医生经过剖检，要检查的组织不仅包括大体标本，还应包括组织切片。因为组织切片能够观察到器官、组织和细胞最真实的病理变化，因此能够为诊断提供最真实可靠的依据。而诊断正确与否，取决于镜下观察是否准确，而制片的质量优劣将直接影响诊断结果的准确性，而取材和固定是保证制作良好切片的基础。另外，病理学标本的病理变化往往都很典型，可以供教学、科研使用，也可以作为法兽医检验的物证。

我们要在显微镜下研究一般生物体的内部构造，在自然状态下是无法观察的，因为整个动、植物体，大部分都是不透明的，不能直接在显微镜下观察，一定要经过特殊处理，先减少要观察材料的厚度及体积，使光线能够穿透，只有这样才能在显微镜下观察。为了适应这个需要，就有显微技术的产生。常用的有两种方法：一种是切片法，即用刀片将标本切成薄片，另一种是非切片法，用物理或化学的方法，将生物体组织分离成为单个细胞或薄片，或者将整个生物体进行整体封藏。切片法制片的结果是，生物体组织间的各种构造，仍能保持着正常的相互关系，对于某一部分的细胞和组织也能观察得很清楚，不过因为切得很薄，在一个切片上就不能看到整个组织，有时甚至一个细胞也被分开在两个切片上；非切片法则仍能保持每个单位的完整，但彼此间相互的关系（整体封藏除外）就不一定看得清楚了。

下面以常用的石蜡切片法为例进行介绍。

1．病理学采样　　标本的适当处理，是生物显微技术的基本工作之一。标本的处理方法，在实际操作上不需要特殊的技术或经验，但要求操作者特别注意以下几点。

1）新鲜标本要尽早固定，以免发生死后变化。

2）切块的大小与固定的速度有关，因此一般致密的组织，切块厚度不宜超过 4mm，固定液的总量应为组织切块总体积的 5～10 倍。

3）保证切块的平整，避免固定的组织互相挤压。

4）选择合适的采样部位，应从各个不同的部位及从病变部与正常部相接处采取切块。

2．组织的固定和修块　　固定方法因组织块种类、组织大小和实验要求不同等而有所差异，常用的固定方法有浸泡固定和灌注固定两种方法，具体采用何种方法依据实验要求确定。

甲醛或多聚甲醛固定是组织学制片过程中最常用的固定方法。二者透入速度中等。固定后组织不需要水洗，可直接投入乙醇中脱水。但经长期固定的标本，须经流水冲洗 24h 方可脱水，否则就会影响染色。

固定后的组织块形态稳定，可适当进行修整，以保证在后期包埋和切片过程中有利于操作。

3．组织的脱水和透明　　材料自固定液中取出后，须先进行冲洗，除去其中含有的固定液，一直到洗净为止。最常用的冲洗方法为水冲洗法。

将固定液倒掉后，材料移入试管并加入半管水，用纱布将管口扎住，倒置在贮水的水槽内，这样就可使试管半沉半浮在水中，经流水冲洗 12h 到一昼夜后，就能达到冲洗的目的。在这里须注意，水流不宜太急，以免冲坏材料。如果材料过多，此种方式较烦琐，可将要冲洗的组织置于大广口瓶中，瓶口覆盖薄层纱布扎紧，流水冲洗，程度以组织在广口瓶中上下轻微翻动为宜。

（1）脱水　　脱水的目的在于使组织中的水分完全除去，并使组织变硬，以便于最终将组织在包埋剂中定位包埋。各种材料经固定与冲洗后，组织中含有大量水分，而材料又逐渐变软，不能直接投入石蜡中包埋。因为水和石蜡是不能融合的，一定要使用脱水剂将水分脱净，透明剂透明后，才能进入包埋阶段。因此，这一步骤在整个制片过程中是很重要的，如脱水不干净，就会影响结果，甚至完全失败。

最常用的脱水剂为乙醇。在市面出售的乙醇，有两种不同浓度，即95%乙醇和无水乙醇。在脱水时，一般都不能直接投入这两级浓度的乙醇中，所以在实验室中常将无水乙醇稀释为各种不同级度（50%、70%、85%、95%）。

一般经水洗的动物材料，脱水可自50%乙醇开始，在梯度乙醇中停留的时间，依照材料的大小、性质及留在固定液中的时间长短和固定液的溶解性而定。一般的标准是一般动物组织，如厚2~4mm的小鼠肾，每级停1~2h。

脱水至无水乙醇时，需更换两次，每次30min至1h，材料大者，可多换一次。由95%乙醇换无水乙醇时，瓶子上的塞子也应更换干燥的，以免有水分渗入。

（2）透明　　组织块或切片在非石蜡溶剂中脱水后，不能直接进行浸蜡和包埋，因为乙醇不能溶解石蜡，因此在脱水结束浸蜡前，一定要经过透明剂处理。因透明剂处理组织后，可使组织变透明，因此称为透明剂。由此可见，透明的主要目的，在于使组织中的乙醇被透明剂所替代，使石蜡能很顺利地进入组织中，或增强组织的折光系数，并能和封藏剂混合进行封藏。

二甲苯为最常用的透明剂，二甲苯能溶于醇、醚和石蜡，但不溶于水，它的透明力强，但组织块在其中停留过久，容易收缩变脆、变硬，同时若脱水不净，就会导致浸蜡不完全。所以在应用时，必须特别小心。

为了避免组织收缩，组织脱水后，并不直接移入二甲苯中，而是先移入无水乙醇和二甲苯的混合液（1:1）中，然后再进入纯二甲苯中。

在纯二甲苯中应更换两次，总的停留时间以不超过2h为宜。大的组织可多换一次。

4. 组织浸蜡与包埋　　在脱水和透明之后，下一步程序就是浸蜡。经透明的组织，在熔化的石蜡内浸渍，使包埋剂透入组织的过程，称为浸蜡。

石蜡为最常用的包埋剂，其熔点为40~60℃。包埋所用的石蜡，其熔点在52~60℃，依所包埋的材料不同而异，软的材料用软石蜡，硬的材料用硬石蜡。

动物组织自透明剂中取出后应先移入透明剂和石蜡等量的混合液中15~30min，然后进入纯石蜡中，换新石蜡一次。总的石蜡透入时间，按一般标准为1~1.5h，如组织块小（长宽各约3mm，厚2mm），通过3个杯子的时间合计30min即可。组织块大时（长宽各约10mm，厚4mm），不仅每次转换的时间要延长，而且还需多加一只杯子，共需2h左右。

在整个透入期间，一定要保持熔蜡炉或恒温箱的温度恒定，切忌忽高忽低。同时还必须注意下列两点：①尽量保持在较低温度中，以石蜡不凝固为度，温度保持在60℃为宜；②力求在最短时间内完成石蜡透入的过程。温度过高或时间过长，都会引起组织变硬、变脆、收缩等，影响结果。

组织被石蜡透入达到饱和的程度后，就可以进行包埋。所谓包埋，就是被石蜡所浸透的组织连同熔化的石蜡，一起倒入包埋盒内，并立即冷却使其凝固形成蜡块的过程。

条件较好的实验室，会配备包埋用的包埋底模和包埋盒，以及专门用于冷却的冰台，操作更为简便，组织块包埋后修块较为容易，也容易在切片机上固定。需要注意的就是在包埋过程中，一定要在包埋底模中将组织待切的面进行准确定位，在冰台上冷却时，随时注意观察，冰台温度过低时，如果包埋盒没有及时移开或者取下，容易造成组织蜡块由于温度过低有开裂现象。

5．组织切片　　在包埋以后，就可进行切片。

此过程对初学者较难掌握，需要长期训练之后，方可切出质量合格的切片。新手一定要先由经验丰富、使用熟练的人在旁指导，研究清楚后才可动手操作。

贴片是把切片机切下的蜡带，按盖玻片的大小，分割成小段，分排粘贴于载玻片的一个步骤。切片最终成功的关键在于切片贴附牢固，在染色时不易脱落。

新购买的载玻片和盖玻片，除非是防脱载玻片和清洁级免擦型的，它们可以不需要进行处理即可使用（但价格昂贵），其他形式包装的载玻片和盖玻片均应该进行清洁处理，否则极易在染色过程中掉片。

已在载玻片上贴好的切片，可放置在 40℃烘箱中烘干，等待染色。

6．组织切片染色　　未加染色的切片在显微镜下除了能够辨认细胞和细胞核的轮廓以外，看不清楚其他任何结构，必须经过染色之后，方可在显微镜下看到清晰结构并检查病理组织学变化。

染色方法主要分为常规染色、特殊染色、组织化学染色和免疫组织化学染色等。病理学诊断，很大程度上依赖于组织染色后显现出的组织细胞病理形态学变化，然后在显微镜下观察分析后得出。目前，没有一种染色可以全面地反映出组织的所有病理变化，因此通常是以 HE 染色作为观察基础，特殊染色做鉴别诊断。

由于要染的切片尚包在石蜡之中，而所用的染剂又常常为水溶液，因此在染色之前，必须再度复水，石蜡切片在二甲苯中溶去石蜡，经过梯度乙醇，下降到蒸馏水。经染色后需再脱水，上升到二甲苯，然后封藏。这是一个程序化且烦琐的过程，初学者必须熟练掌握一般的复水与脱水方法，使这个过程中的各个步骤成为一个习惯。其步骤与方法分述如下。

将染色缸排列，并在缸的无槽一面贴上标签。

将所需用试剂倒入染色缸中；必须注意倒入的试剂应与标签相符。倒入的量约为缸的 2/3，以淹没切片为度。

将 2～5 张贴有石蜡切片的载玻片放入二甲苯中，停留的时间为 3～10min。具体所需时间，应依照切片的厚度及当时室内的温度而定，不能一成不变。在冬季室内温度过低，有时切片在二甲苯中 30min 以上石蜡尚未完全溶去。在这种情况下，应将此染色缸移到温暖处稍稍加热，或放在 37℃的烘箱中几分钟，以加速其溶蜡。

将载玻片按顺序，每次一张从二甲苯中移入另一缸二甲苯中。在移动时，应先用镊子把靠近自己的第一张载玻片从缸中提起，使载玻片的右下角与染色缸的边缘轻轻接触一下，以便使附于载玻片的试剂回流到染色缸中，这样就可使载玻片在移到下一个缸内时，较干不致带有过多的试剂。但必须注意，不能停留过久，若片子完全干燥，又会影响结果。

当所有的载玻片全部移入第二缸后，待第一张片子停留在第二个缸中的时间 3～5min 时，再从第一张载玻片开始，将它们依次移入第三缸（即二甲苯和无水乙醇 1∶1 混合液）中。以后按此方法继续进行，直到所有的载玻片都陆续经过各级乙醇，移到蒸馏水中为止。每级停留的时间 2～5min。

载玻片自水中取出，即可在各种水溶液的染剂中染色，如苏木精染剂、番红水溶液等。在染剂中停留的时间不等，如在苏木精中可染 3～5min（或稍短），在番红中可染 1～24h。然后按各自的需要在自来水中冲洗或再进行其他处理和对染。

染色完毕后按程序移入脱水系，经梯度乙醇，再到乙醇和二甲苯混合液，最后在二甲苯中透明约 5min。

若为双重染色，脱水到 85%乙醇后，可将载玻片移入 95%乙醇溶解的染剂，如 0.1%的固绿中染几秒至 1min，然后再继续脱水和透明。

透明后，制片的最后一步为封藏，封藏的目的一是使已经透明的材料，保存在适当的封藏剂中；二是应用适合折光率的封藏剂使材料能在显微镜下很清晰地显示出来。具体步骤如下。

在面前的桌上，放一张洁净而能吸水的纸。将载玻片从二甲苯中取出放在纸上（必须注意，载玻片放入染色缸时，有切片的一面，面对自己，此时应将面对自己的一面向上）。迅速地在切片的中央滴一滴树胶，千万不能待二甲苯干燥后再进行。

用右手持细镊子轻轻地夹住盖玻片的右侧，并把它的左边放在树胶的左边。然后用左手持解剖针抵住盖玻片的左边，右手将镊子松开逐渐下降，慢慢抽出。这样就可使树胶在盖玻片下均匀地展开并将其中的气泡赶出来。

每次封藏时，必须总结经验。根据盖玻片的大小来估计所需树胶的滴数，过多过少都会影响封片质量。树胶过多则将从盖玻片下向四周漫出来；太少则将在盖玻片下留有空隙。如发现这些情况，在事后必须加以补救。如树胶过多，可在干燥以后，用刀刮去，并用纱布蘸二甲苯拭去其残留的树胶。如树胶太少，则可用玻璃棒再滴一滴树胶在盖玻片的边缘，使其慢慢地被吸进去。

如为整体封藏或徒手切片及冰冻切片等，在封藏时应先滴上树胶然后将材料放在树胶上，这样在盖玻片下放时，不致将材料挤到边缘去，如果先放材料，再滴树胶，就会使材料被挤到边缘。

（三）病理学诊断

病理学诊断是建立在病理剖检所见和病理组织学检查之后的综合判断，是基于兽医病理解剖学和兽医病理生理学理论知识的综合实践应用，是长期实践经验的体现。刚开始从事病理学诊断的人员，往往缺乏足够的经验去判定出正确的结果，但病理剖检相关文件（剖检记录、剖检报告和剖检诊断书）的积累，可为个人经验的提升提供大量的素材。

尸体剖检文件是一种宝贵的档案材料，包括剖检记录、剖检报告等文件，是疾病综合诊断的组成部分之一，是进行诊断疾病、病理学科学研究、法兽医学判定的文献资料。

1. 尸体剖检记录　尸体剖检记录是进行尸体剖检时的原始记录，是尸体剖检报告的重要依据，也是进行综合分析研究的原始科学资料（表 8-1）。尸体剖检记录主要包括以下内容。

表 8-1　动物尸体剖检记录

共　　页　　　　　　　　　　　　　　　　　病理编号：

动物种类		性别		品种	
年龄		颜色		主要特征	
畜主姓名		发病时间		死亡时间	
畜主电话		营养状况		临床诊断	
剖检地点		剖检时间		辅助检验	
主检人		助检人		记录人	
临床诊断					
临床摘要（主诉、病史摘要、发病经过、主要症状、治疗经过、流行病学情况等）					
剖检病理变化（外部视检、内部剖检及各器官的检查等，内容较多可另加附页）					
病理组织学检查					
实验室各项检查结果（细菌学、免疫学、寄生虫学、毒物学检查等，附化验单）					
主检人签名：　　　　　　　　　　年　　月　　日					

1）基本记录：剖检记录号、剖检动物（动物种类、性别、年龄、品种、颜色和主要特征）、动物主人或所属单位及联系方式、动物临床摘要（发病时间、临床诊断、死亡时间）、剖检基本信息（剖检时间、地点、主检人、助检人、记录人信息）。

2）剖检内容：剖检病理变化（外部视检、内部剖检及各器官的检查，如各系统器官的位置、大小、重量和体积、形状、表面性状、颜色、湿度、透明度、切面、质度和结构、气味、管状结构变化）、病理组织学检查、实验室各项检查结果（细菌学、免疫学、寄生虫学、毒物学检查等，附化验单）。

3）主检人签名及日期。

2. 尸体剖检记录应遵循的原则　尸体剖检记录一般在剖检过程中由主检者口述，记录人进行记录，并在剖检结束后由主检人进行审查和修改。应尽量避免在剖检后凭回忆进行补记，只有在人力不足，现场记录确实有困难时，才会采用此种方式。但随着科技产品在剖检过程中的应用，可采用摄像机、录音笔等设备进行同步记录，以便于剖检后回放。

尸体剖检记录时应遵循以下原则。

（1）客观真实，完整详细　尸体剖检记录最重要的原则就是客观真实、实事求是。记录中所描述的眼观变化和组织学变化，应能客观反映出其本来的特征，在记录中不夸大、不缩小；不增多、不减少；不虚构、不臆造。

（2）主次分明，次序一致，既要全面详细，又要突出重点　在剖检过程中，根据剖检程序完整记录所有系统检查和变化，为疾病诊断提供全面翔实的线索，避免因记录不全给诊断造成困难。但在剖检过程中，应根据临床诊断和剖检时病畜所表现出的病理变化，对病理变化明显的组织、器官和系统进行重点检查。

（3）语言通俗，用词恰当　剖检过程中主要记录器官、系统病变的大小、重量、体积、形状、颜色、质地、气味、厚度、表面及切面变化、透明度、结构变化等内容，记录过程中禁止以病理解剖的学术用语来代替病理变化的表现。应以通俗易懂而明确的描述来记录，如大小可以根据实际情况描述为"小米粒大""绿豆大""黄豆大""鸡蛋大"等，形状可以描述为"锥形""卵圆形""菱形"等，颜色可以描述为"红色""淡黄色""咖啡色"等。对于没有肉眼变化的器官，一般不描述为"正常"或"无病变"，因为无眼观变化的组织器官，有可能在组织学检查时发现病变，所以应描述为"无肉眼可见变化"等。

3. 尸体剖检报告　其是剖检结束后对尸体剖检记录的整理，并包括后期实验室相关检查内容后的完整记录文件。尸体剖检报告主要包含以下内容（表8-2）。

表8-2　尸体剖检报告

病理编号：

畜主：		电话：		住址：	
畜别：	性别：	年龄：	毛色：	品种：	
死亡时间：		送检时间：		送检材料：	
剖检地点：		剖检时间：		剖检人：	
临床摘要： 送检目的：					
剖检所见：					
病理解剖学诊断：					
结论： 检验人：　　　日期：					

（1）概述　记载畜主信息，以及病畜的性别、年龄、特征、临床摘要及临床诊断、死亡时间、剖检时间、剖检地点、剖检号、剖检人等。

（2）剖检所见　以尸体剖检记录为依据，按尸体所呈现病理变化的主次顺序进行详细、客观的记载，此项可包括肉眼检查和组织学检查，剖检时或剖检后对所做的关于微生物学、寄生虫学、化学等检查材料也要记载。

（3）病理解剖学诊断　根据剖检所见变化和实验室检查结果，进行综合分析，判断病理变化的主次，用病理学术语对病变做出诊断，其顺序可按病变的主次及互相关系来排列。

（4）结论　根据病理解剖学诊断，结合病畜生前临床症状及其他有关资料，找出各病变之间的内在联系，病变与临床症状间的关系，做出判断，阐明病畜发病和死亡的原因，提出防治建议。

（四）病理诊断报告

尸体病理诊断报告是根据上下级业务部门、外单位、企业、畜主或个人的目的要求，对其送检的动物材料进行病理学检查后所做出的总结汇报（表8-3）。

表 8-3　病理诊断报告

病理编号：

畜主姓名或单位名称：
畜别：　　　　性别：　　　　年龄：　　　　毛色：　　　　品种：
死亡时间：　　年　月　日　时　　　　　剖检时间：　　年　月　日　时
尸体剖检结论（病理学诊断、死亡原因分析）
主检人（签名）
单位领导（签名及公章）
年　　月　　日

病理诊断报告是向畜主或委托人提交的材料，应为正式呈报文件，主检人和单位主管领导都要签名，并盖单位公章。

附录　常用实验动物生理常数参考值

附表 1　常用实验动物的一般生理常数参考值

动物	体温（直肠温度）/℃	呼吸频率/（次/min）	潮气量/ml	心率/（次/min）	血压（平均动脉压）/kPa	总血量（占体重比例）/%
家兔	38.5～39.5	38～60	19.0～24.5	123～304	13.3～17.3	5.6
犬	37.0～39.0	10～30	250～430	100～130	16.1～18.6	7.8
猫	38.0～39.5	10～25	20～42	110～140	16.0～20.0	7.2
豚鼠	37.8～39.5	66～114	1.0～4.0	260～400	10.0～16.1	5.8
大鼠	38.5～39.5	100～150	1.5	261～600	13.3～16.1	6.0
小鼠	37.0～39.0	136～230	0.1～0.2	328～780	12.6～16.6	7.8
鸡	40.6～43.0	22～25		178～458	16.0～20.0	8.0
青蛙		不定		36～70		5.0
鲤鱼				10～30		
猪	38.0～40.0	10～20		60～80	14.6	6.0
马	37.2～38.6	8～16		30～45	15.3	8.0
黄牛	37.5～39.0	10～30		40～70	16.0	7.0
乳牛	38.0～39.3	14～48		60～80		6.0
牦牛	37.0～39.7	10～30		35～70		7.0
绵羊	38.5～40.5	12～20		70～110	15.2	6.0
驴	37.0～38.0	8～16		60～80		7.0
骆驼	34.2～40.7	5～12		30～50		8.0

注：空白的含义为有些动物此处是无常数参考值的，下同

附表 2　常用实验动物血细胞正常参考值

动物	红细胞数/（×10^{12}/L)	白细胞数/（×10^9/L)	血小板/（×10^9/L)	血红蛋白/（g/L)	红细胞比容/%
家兔	6.9	7.0～11.3	38～52	123（80～150）	33～50
犬	8.0（6.5～9.5）	11.5（6～17.5）	10～60	112（70～155）	38～53
猫	7.5（5.0～10.0）	12.5（5.5～19.5）	10～50	120（80～150）	28～52
豚鼠	9.3（8.2～10.4）	5.5～17.5	68～87	144（110～165）	37～47
大鼠	9.5（8.0～11.0）	6.0～15.0	50～100	105	40～42
小鼠	7.5（5.8～9.3）	10.0～15.0	50～100	110	39～53
鸡	3.8	19.8		80～120	
蟾蜍	0.38	24.0	0.3～0.5	102	

续表

动物	红细胞数 /（×10^{12}/L）	白细胞数 /（×10^9/L）	血小板 /（×10^9/L）	血红蛋白 /（g/L）	红细胞比容/%
青蛙	0.53	14.7～21.9		95	
鲤鱼	0.8（0.6～1.3）	4.0		105（94～124）	
猪	5.7～9.8	14.8	13～45		42
马	6.7～8.8	8.5	20～90	80～150	33
黄牛	6.7～7.6	8.2	26～71	90～140	40
绵羊	8.9～10.7	8.2	17～98	100～150	32
骆驼	8.4～12.0	24.0	36～79	152	40
牦牛		10.0		102	44

附表 3　常用实验动物白细胞分类计数参考值（%）

动物	中性粒细胞	嗜酸性粒细胞	嗜碱性粒细胞	淋巴细胞	单核细胞
家兔	32.0	1.3	2.4	60.2	4.1
犬	66.8	2.6	0.2	27.7	2.7
猫	59.0	6.9	0.2	31.0	2.9
豚鼠	38.0	4.0	0.3	55.0	2.7
大鼠	25.4	4.1	0.3	67.4	2.8
小鼠	20.0	0.9		78.9	0.2
蟾蜍	7.0	27.0	7.0	51.0	8.0
鸡	13.3～25.8	1.4～2.5	2.4	64.0～76.1	5.7～6.4
猪	13.0	4.0	1.4	48.0	2.1
马	52.4	4.0	0.6	40.4	3.0
黄牛	31.0	7.0	0.7	54.0	7.0
绵羊	34.2	4.5	0.6	57.7	3.0
骆驼	54.0	8.0	0.5	35.0	1.5
牦牛	44.92	6.0	0.4	47.2	1.5

附表 4　常用实验动物红细胞的正常沉降率

动物	马	牛	绵羊	山羊	猪	犬	家兔	猫	豚鼠	大鼠
沉降率/（mm/h）	64	0.58	0.80	0.50	30	2.0	1～3	4	1.5	3

附表 5　常用实验动物红细胞的最小和最大抵抗力（NaCl，%）

动物	马	牛	绵羊	山羊	猪	犬	家兔	猫	豚鼠
最小抵抗力	0.59	0.59	0.60	0.62	0.74	0.46	0.46	0.52	0.42
最大抵抗力	0.39	0.42	0.45	0.48	0.45	0.33	0.32	0.50	0.31